Manfred Popp

Das PROFINET IO-Buch

Manfred Popp

Das PROFINET IO-BUCH

Grundlagen und Tipps für den erfolgreichen Einsatz

2., neu bearbeitete Auflage

VDE VERLAG GMBH • Berlin • Offenbach

Autor und Verlag haben alle Texte und Abbildungen mit großer Sorgfalt erarbeitet. Dennoch können Fehler nicht ausgeschlossen werden. Deshalb übernehmen weder der Autor noch der Verlag irgendwelche Garantien für die in diesem Buch gegebenen Informationen. In keinem Fall haften Autoren oder Verlag für irgendwelche direkten oder indirekten Schäden, die aus der Auswertung dieser Informationen folgen.

Aus der Veröffentlichung kann nicht geschlossen werden, dass die beschriebenen Lösungen frei von gewerblichen Schutzrechten (z. B. Patente, Gebrauchsmuster) sind. Eine Haftung des Verlags für die Richtigkeit und Brauchbarkeit der veröffentlichten Programme, Schaltungen und sonstigen Anordnungen oder Anleitungen sowie für die Richtigkeit des technischen Inhalts des Werks ist ausgeschlossen. Die gesetzlichen und behördlichen Vorschriften sowie die technischen Regeln (z. B. das VDE-Vorschriftenwerk) in ihren jeweils geltenden Fassungen sind unbedingt zu beachten.

Bibliografische Information der Deutschen Nationalbibliothek
Die Deutsche Nationalbibliothek verzeichnet diese Publikation in der Deutschen Nationalbibliografie; detaillierte bibliografische Daten sind im Internet über *http://dnb.d-nb.de* abrufbar.

ISBN 978-3-8007-3274-6

Druck: H. Heenemann & Co., Berlin
Printed in Germany

2010-11

Vorwort

Die Zielsetzung dieses Buches ist es, die Wirkungsweise und die Möglichkeiten zu erklären, die sich durch den Einsatz von PROFINET in der Automatisierungstechnik ergeben. Weiterhin ist es mir wichtig, die Zusammenhänge und die Anwendungsfälle der einzelnen PROFINET-Dienste darzustellen. Die beschriebenen Funktionen in diesem Buch basieren auf der PROFINET IO Specification V 2.3 PROFIBUS Nutzerorganisation. Hilfestellungen zu Planungsalgorithmen und Performance-Betrachtungen bietet die PROFIBUS Nutzerorganisation e. V. auf ihrer Homepage an (Planungsrichtlinien und Inbetriebnahmeanleitungen).

Möhrendorf, im Oktober 2010 *Manfred Popp*

Inhaltsverzeichnis

1 Die Situation in der Automatisierungstechnik

Ethernet-basierte Kommunikationssysteme sind mittlerweile im Feldbereich der Automatisierungstechnik fest etabliert. Dadurch sind die Grenzen zwischen den einzelnen Ebenen gemäß ISO/OSI-Modell innerhalb der Automatisierungspyramide kaum noch vorhanden. Übrig geblieben sind im Wesentlichen die MES-Ebene (**M**anufacturing **E**xecution **S**ystem) und der Feldbereich. Während für das international etablierte Feldbussystem PROFIBUS die Prognosen in den nächsten Jahren in Richtung 50 Millionen installierter Knoten tendieren, kann der designierte Nachfolger PROFINET mittlerweile ebenfalls mit beachtlichen Zahlen an installierten Knoten aufwarten.

Wenn man von Feldbussen spricht, muss man immer die zwei bestimmenden Einsatzfelder betrachten, die Fertigungstechnik und die Prozessindustrie (Chemie, Petrochemie). Feldbusse, die ihre Stärken nur in einem Bereich haben, werden generell wenige Chancen für den Breiteneinsatz haben, da die Anlagenbetreiber eine durchgängige Lösung erwarten.

Der Automatisierungsgrad mit Feldbussen in der Fertigungsindustrie ist im Vergleich zur Prozessindustrie sehr weit fortgeschritten. Die führenden Feldbusse haben sich in der Fertigungsindustrie einen beträchtlichen Marktanteil bei der RS485-basierten Übertragungstechnik aufgeteilt.

In der Prozessindustrie liefern sich neben dem HART-Protokoll (Punkt-zu-Punkt-Verbindung) bei den Feldbussen PROFIBUS PA und FF (Fieldbus Foundation) ein Kopf-an-Kopf-Rennen. Durch die weite Verbreitung von PROFIBUS-Systemen und die vorhandene Migrationsstrategie von PROFIBUS-Systemen hin zu PROFINET-basierten Anlagen ist der Weg für den Breiteneinsatz geebnet.

Mit „PROFIsafe on PROFINET" steht ebenfalls ein international akzeptiertes Anwenderprofil zur sicherheitsgerichteten Datenübertragung zur Verfügung. Bereits seit 2005 gibt es Zertifikate für *PROFIsafe on PROFINET-Produkte*. Das PROFIsafe-Profil wurde von der PROFIBUS Nutzerorganisation unter Beteiligung mehrerer Firmen definiert und liegt allen interessierten Anwendern als Spezifikation und als Softwaretreiber vor.

Für die Antriebstechnik bietet das PROFIdrive-Profil ein einheitliches Anwender-Interface. Es beschreibt die Anwendungen für einfache Drehzahlregelungen bis hin zu den Positionierantrieben, die eine taktsynchrone Datenübertragung fordern. Es ist sowohl für PROFIBUS als auch für PROFINET verfügbar.

PROFINET (ein Wortspiel aus **PROFI**BUS und ETHER**NET**) bietet von der Non-Real-Time-Kommunikation über die Real-Time-Kommunikation bis hin zur taktsynchronen Kommunikation bewährte Lösungen an. Es basiert auf der Ethernet-Kommunikation nach den IEEE-Standards und ist für die Anforderungen der Automatisierungstechnik optimiert. Die Taktsynchronität, bei Buszyklen im Bereich von einigen Hundert Mikrosekunden, garantiert einen Jitter < 1 µs. Dies ist über das *Precision Transparent Clock Protocol* gemäß IEC 61158 sichergestellt.

Der komponentenbasierte Ansatz ist als PROFINET CBA definiert. Der Anschluss der dezentralen Peripherie ist mit PROFINET IO realisiert. PROFINET ist in der IEC 61158 und der IEC 61784 verankert. Die Integration von bestehenden Feldbussen ist durch den Einsatz von Proxies (Stellvertreter) ohne Änderungen möglich. Alle Aktivitäten werden von der Profibus Nutzerorganisation ausgesteuert.

Ein zukunftsweisendes Bussystem muss folgende Kriterien erfüllen, um einen ernst zu nehmenden Verbreitungsgrad in der Automatisierungstechnik zu erreichen:

Es muss

- Offenheit für jeden Anwender vorhanden sein, d. h. eine internationale Norm ist erforderlich,
- von namhaften Firmen unterstützt werden,
- eine Vielfalt von Feldgeräten anbieten können,
- eine starke Organisation dahinter stehen, die die Technik vorantreibt,
- eine Durchgängigkeit von der Feldebene bis zur MES-Ebene bieten,
- bestehende Feldbusse nahtlos integrieren können,
- eine Lösung für die Fertigungstechnik und die Prozesstechnik bieten,
- ein ausreichende Anzahl von Anwenderprofilen unterstützen und
- ein qualifiziertes Zertifizierungsverfahren unterstützen.

Die Profibus Nutzerorganisation e. V. als Dachverband für PROFIBUS und PROFINET kann mittlerweile auf eine mehr als 20-jährige Erfolgsgeschichte zurückblicken, die diese Organisation zur Nummer 1 im Feldbusbereich geführt hat. Damit geht aber auch eine starke Verpflichtung gegenüber den Anwendern und Feldgeräteherstellern einher, diese Erfolgsstory zielgerichtet weiterzuführen. Mit der Anpassung der beiden bewährten Anwenderprofile PROFIdrive und PROFIsafe an die PROFINET-Technologie wurde ein weiterer Meilenstein gesetzt.

Eine von der PROFIBUS Nutzerorganisation (PNO) Ende 2009 aktualisierte Studie veranschaulicht die Anzahl der installierten Feldbusknoten in der Automatisierungstechnik. Ca. 32 Millionen installierte Knoten, die in der Automatisierungs- und Prozesstechnik mit PROFIBUS realisiert wurden, belegen den Verbreitungsgrad. Bei PROFINET sind derzeit ca. 3 Millionen Knoten im Einsatz. In den nächsten Jahren werden auch hier deutliche Zuwachsraten im zweistelligen Bereich erwartet.

2 Die PROFIBUS Nutzerorganisation

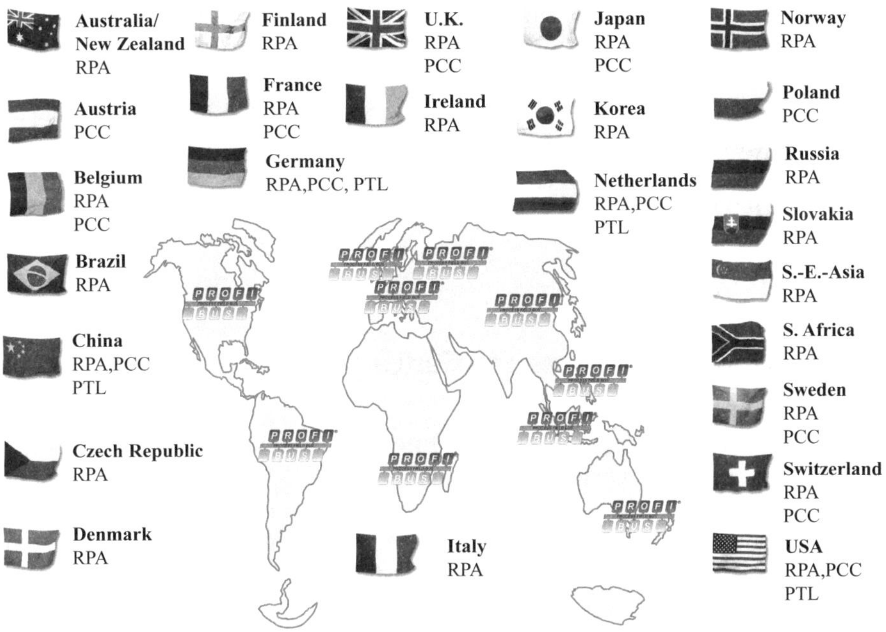

Bild 2.1: Die PROFIBUS Nutzerorganisation e. V. ist weltweit vertreten.

Die **PROFIBUS N**utzerorganisation e. V. (PNO) ist die koordinierende Dachorganisation, in der sich die Weltmarktführer der Automatisierungstechnik vereint haben, um die Feldbustechnik im Bereich PROFIBUS und PROFINET voranzutreiben. In über 70 Arbeitskreisen werden die Anforderungen von Anwendern gesammelt, bewertet und Lösungen erarbeitet. Allein für PROFINET wurden bis heute mehr als 10 Arbeitskreise ins Leben gerufen. In 27 Ländern gibt es nationale Nutzerorganisationen, die sich im Dachverband PROFIBUS International (PI) vereinigt haben und die Interessen der PROFIBUS-Anwender und Hersteller vertreten. Gemeinsam mit den Mitgliedern wird die internationale Durchsetzung von PROFIBUS und PROFINET gefördert. Über 1 400 Firmen gehören der Vereinigung an. Zu den Hauptaufgaben der PNO gehören im Wesentlichen:

- Weiterentwicklung der PROFIBUS-/PROFINET-Technologie,
- Definition von Anwenderprofilen (z. B. PROFIsafe, PROFIdrive, Encoder, ...),
- Erstellen von Prüfrichtlinien als Vorgabe für die Zertifizierungstests,
- Unterhalten eines Zertifizierungswesens zum Nachweis der Normkonformität von PROFIBUS- und PROFINET-Produkten,
- Vergabe und Verwaltung der PROFIBUS-Identnummern,
- Vergabe von Ethernet-Adressen mit dem **O**rganizationally **U**nique **I**dentifier (OUI) für PROFINET,

- Betreuung der Mitglieder,
- Informationsverbreitung,
- Öffentlichkeitsarbeit,
- gemeinsame Marketing-Aktivitäten,
- Koordinierung der Mitglieder-Interessen.

Alle Mitglieder der PROFIBUS Nutzerorganisation e. V. werden ständig über den aktuellen Entwicklungsstand in den Bereichen Feldbus und Industrial Ethernet informiert. Die Mitgliedschaft steht allen Anwendern und Herstellern sowie technischen und wissenschaftlichen Instituten offen. Weiterführende Informationen stehen der Öffentlichkeit unter *www.profinet.com* zur Verfügung.

2.1 PROFINET-Competence Center

Bis heute wurden weltweit 42 PROFIBUS- und PROFINET-Competence Center (PICC) und 16 Trainingscenter nach den Qualitätsrichtlinien der PROFIBUS Nutzerorganisation akkreditiert. Die Gültigkeitsdauer eines Competence Centers wird jeweils auf zwei Jahre ausgesprochen. Anschließend muss eine Nachakkreditierung erfolgen, um dem international geforderten Qualitätsstandard gerecht zu werden. Die durch die Competence Center angebotenen Leistungen sind beispielsweise

- Telefon-Hotline für technische Klärungen,
- Unterstützung bei Feldgeräte-Entwicklungen,
- Fehlersuche in Automatisierungsanlagen,
- Durchführung von individuellen, problemorientierten Workshops.

Bei den Workshops werden sowohl Grundlagen zu den Themen PROFIBUS und PROFINET, die den Einstieg in die Technologie erleichtern, als auch Detailinformationen vermittelt, die dem Entwickler Hinweise für die Entwicklung von Feldgeräten geben. Neu hinzugekommen sind die Workshops zur Ausbildung eines qualifizierten PROFINET-Installers und -Engineers. Alle Competence Center sind im Technischen Komitee 1 (TC1) in der Working Group 6 zusammengeführt. Jährliche Treffen stellen einen hohen, qualifizierten Ausbildungsstand sicher. Die Teilnahme an den Treffen ist Pflicht. Eine neu eingerichtete Working Group 9 innerhalb des TC1 überwacht den Ausbildungsstand und stellt einheitliche Akkreditierungsrichtlinien sowie Ausbildungsziele bei den angebotenen Kursen sicher.

Die aktuellen Kontaktadressen sind unter *www.profinet.com* nachzulesen.

2.2 PROFINET-Trainings-Center

Um interessierten PROFINET-Anwendern, Anlagenbauern und Inbetriebsetzern das nötige PROFINET-Wissen zu vermitteln, wurden von der PROFIBUS Nutzerorganisation Trainings-Center (PITC = PROFIBUS International Trainings-Center) etabliert. Ein Trainings-Center bietet technische Fachkurse an. Die Trainingskurse *Certified PROFINET Engineer* und *Certified PROFINET Installer* werden durch qualifiziertes, von der PNO akkreditiertes Personal durchgeführt. Nach bestandener Abschlussprüfung bekommt der Teilnehmer die PROFINET-Qualifikation durch ein Zertifikat bescheinigt. Um in einer Automatisierungsanlage einen problemlosen Betrieb zu gewährleisten, ist zu empfehlen, dass Anlagenbetreiber möglichst auf qualifiziertes Personal zuurückgreifen.

2.3 PROFINET-Prüflabore

Ein weltweit anerkanntes Feldbus-System muss heutzutage international standardisiert sein und in der IEC (International Electrotechnical Commission) verankert sein. Bei PROFIBUS und PROFINET ist dies die IEC 61158. Zur Sicherstellung der Normkonformität ist es notwendig, unabhängige Prüflabore einzurichten, die anhand der Zertifizierungstests eine Interoperabilität in jeder Automatisierungsanlage sicherstellen. Bei sicherheitsgerichteten Systemen erfolgt darüber hinaus noch die Anerkennung eines Prüflabors durch den TÜV oder des IFA (**I**nstitut **f**ür **A**rbeitsschutz der Deutschen Gesetzlichen Unfallversicherung; das ist die neue Bezeichnung des bisherigen BGIA). Die erstellten Richtlinien sowie akkreditierten Prüflabore werden von den einzelnen TÜV-Stellen international anerkannt und das Qualitätswesen ständig kontrolliert.

Von der PROFIBUS-Nutzerorganisation wurden PROFINET-Prüflabore akkreditiert. Die Aufgabe eines Prüflabors ist es, alle Testfälle, die in den Zertifizierungsrichtlinien definiert sind, durchzuführen, um dem Gerätehersteller im anschließenden Testbericht die entsprechende Qualität des getesteten Produkts bescheinigen zu können. Die Thematik PROFINET-Zertifizierung ist der *Working Group 5* innerhalb des Technischen Komitees 1 zugeordnet. Dies gewährleistet den permanenten Datenaustausch, um den Zertifizierungsstandard weltweit einheitlich erhalten und erweitern zu können. Die halbjährigen Treffen haben die Zielsetzung, offene Punkte einheitlich für alle Prüflabore zu klären und einen guten Ausbildungsstand sicherzustellen. Da nicht alle Prüflabore das komplette Spektrum an Zertifizierungstests anbieten, wird empfohlen, sich im Vorfeld einer Zertifizierung zu überzeugen, ob die gewünschte Prüfung von dem ausgewählten Prüflabor angeboten wird. Generell ist aus Erfahrung zu sagen, dass *plug and play* nur mit zertifizierten Produkten funktioniert. Für PROFINET-Geräte besteht die Zertifizierungspflicht. Produkte, die den Namen PROFINET tragen, müssen einen Zertifizierungstest durchlaufen haben. Die aktuellen Kontaktadressen sind unter *www.profinet.com* nachzulesen.

3 PROFINET im Überblick

PROFINET ist der offene Industrial-Ethernet-Standard der PROFIBUS Nutzerorganisation für die Automatisierung. Er deckt alle Anforderungen der Automatisierung ab. Für die Kommunikation werden die international etablierten und akzeptierten IT-Standards wie beispielsweise TCP/IP genutzt. Alle Ethernet-basierten Kommunikations-Standards wurden ohne Änderung übernommen. Nur die Bereiche, für die es keine oder keine befriedigenden technischen Lösungen im Bereich der Ethernet-Kommunikation gibt, wurden gemäß den Anforderungen der Endanwender erweitert und in die entsprechenden Normen zurückgeführt. Die wesentlichen Neuerungen betreffen deshalb das Real-Time-Konzept für die zyklische Datenübertragung und dem Melden von hochprioritären Ereignissen, die Taktsynchronisation und die Medienredundanz.

Ein Kommunikationssystem lässt sich am einfachsten beurteilen, wenn man es im ISO/OSI-Modell näher betrachtet (siehe Tabelle 3.1).

Tabelle 3.1: Die Einordnung von PROFINET im ISO/OSI-Modell

<table>
<tr><th>ISO OSI</th><th colspan="4"></th></tr>
<tr><td>7b</td><td colspan="2">PROFINET IO Services
PROFINET IO Protocol
(IEC 61158/61784)</td><td colspan="2">PROFINET CBA nach
IEC 61158 Type 10</td></tr>
<tr><td>7a</td><td rowspan="6"></td><td>Connectionless RPC</td><td>DCOM
Connection oriented
RPC</td><td rowspan="6"></td></tr>
<tr><td>6</td><td rowspan="2">leer</td><td rowspan="2">leer</td></tr>
<tr><td>5</td></tr>
<tr><td>4</td><td>UDP (RFC 768)</td><td>TCP (RFC 793)</td></tr>
<tr><td>3</td><td colspan="2">IP (RFC 791)</td></tr>
<tr><td>2</td><td colspan="4">Real-Time Enhancements nach IEC 61784-2
IEEE 802.3 Full Duplex, IEEE 802.1Q Priority Tagging</td></tr>
<tr><td>1</td><td colspan="4">IEEE 802.3 100 BASE-TX, 100 BASE-FX</td></tr>
</table>

3.1 Die Einordnung von PROFINET im ISO-/OSI-Modell

PROFINET ist in der IEC 61158 mit weiteren 22 Feldbussen standardisiert. Die IEC 61158 trägt den Titel *Digital data communication for measurement and control – Fieldbus for use in industrial control systems* und ist in 6 Teile gegliedert, die mit 61158-1 bis 61158-6 bezeichnet sind. Tabelle 3.2 gibt eine Übersicht über die einzelnen Teile der IEC 61158.

Tabelle 3.2: Die Gliederung der Feldbus-Systeme in der IEC 61158

IEC 61158 Document	IEC Document Content	OSI-Layer
IEC 61158-1	Introduction (hier nicht relevant)	
IEC 61158-2	Physical Layer Specification and Service Definition (hier nicht relevant)	1
IEC 61158-3	Data Link Service Definition (hier nicht relevant)	2
IEC 61158-4	Data Link Protocol Specification (hier nicht relevant)	2
IEC 61158-5	Application Layer Service Definition	7
IEC 61158-6	Application Layer Protocol Specification	7

Die zehn meist verbreiteten Ethernet-basierten Feldbus-Systeme finden sich in der IEC 61158 durch die Definition von zehn *Fieldbus Protocol Types* mit der Bezeichnung Type 1 bis Type 10 wieder. Tabelle 3.2 zeigt die Zuordnung dieser zehn Typen zu den Feldbus-Systemen.

PROFINET folgt zu 100 % dem Ethernet-Standard (nach IEEE 802.3), arbeitet vollduplex und unterstützt switched Ethernet mit einer Übertragungsrate von 100 Mb/s.

PROFINET kann in der Bürowelt als auch in der Automatisierungstechnik ohne Einschränkungen hinsichtlich Kommunikation und Nutzung von etablierten IT-Standards eingesetzt werden. Sowohl die bestehende Stecker-Technologie als auch die existierenden Ethernet-Kabel und die verfügbaren Netzwerk-Komponenten finden bei PROFINET ihre Anwendung. Aufgrund der 100 Mb/s-Technologie sind die Kabeltypen 100 Base TX (für Kupfer-Übertragung) und 100 Base FX (für Lichtwellenleiter-Übertragung) vorgeschrieben. Bestehende Ethernet-Anlagen können mit PROFINET erweitert werden. Neben dem bewährten RJ45-Stecker sind industrietaugliche Steckertypen verfügbar.

Um den modernen Anforderungen in der Automatisierungstechnik gerecht zu werden, setzt das PROFINET-Konzept auf internationale Standards mit ein paar notwendigen Erweiterungen, um den Forderungen der Endanwender gerecht zu werden. Diese sind jedem Anwender zugänglich und können somit auch in künftige PROFINET-Netzwerk-Komponenten von den Herstellern integriert werden. PROFINET IO-Feldgeräte werden anhand einer Ethernet- und IP-Adresse identifiziert. Die Datenkommunikation erfolgt sowohl drahtgebunden über Standardkabel als auch *wireless*. Für den verbindungslosen Datenverkehr nutzt PROFINET IO den internationalen Standard über UDP/IP. PROFINET CBA hingegen setzt TCP/IP für die Adressierung und die Datensicherung bei der sogenannten Non-Real-Time-Kommunikation (nicht zeitkritisch) ein.

Das PROFINET-Konzept ist modular aufgebaut, sodass der Anwender die benötigte Funktionalität selbst wählen kann. PROFINET kennt nur die beiden Sichtweisen

- **PROFINET IO** für die Integration der dezentral angeordneten Peripherie und
- **PROFINET CBA** für den modularen Anlagenbau auf Basis vorgefertigter Komponenten.

PROFINET arbeitet nach dem Provider-Consumer-Modell, wobei der Provider der Sender und der Consumer der Verarbeiter der Daten ist. PROFINET IO und PROFINET CBA können zur

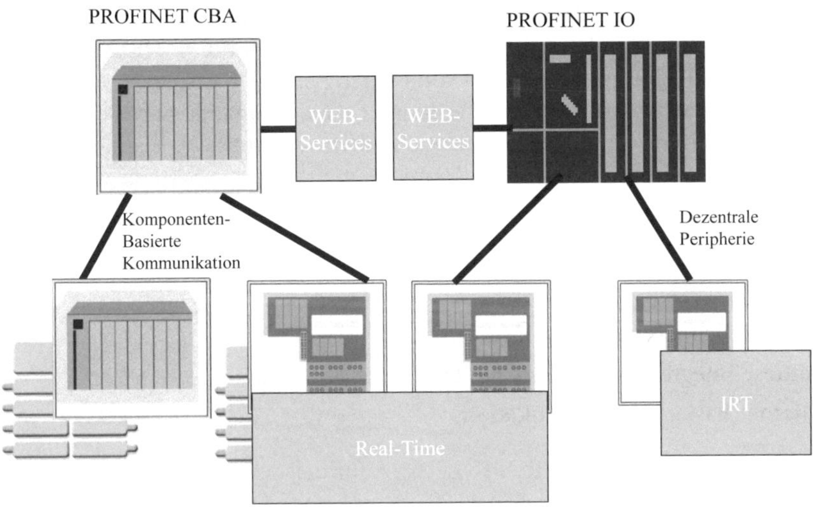

Bild 3.1: PROFINET gibt es in den Ausprägungen PROFINET CBA und PROFINET IO.

gleichen Zeit am selben Bussystem Daten austauschen und können sogar im selben Feldgerät implementiert sein. Dies ist allerdings nur in einem Controller sinnvoll. Ein Controller, der sowohl die Komponenten-basierte Kommunikation als auch die PROFINET IO-Kommunikation beinhaltet, wird als PROFINET-Controller bezeichnet.

Im Kontext von PROFINET bezeichnen RT und IRT die Echtzeit-Eigenschaften innerhalb von PROFINET. Die Tabelle 3.2 zeigt die Gliederung der IEC 61158-x-Dokumente.

PROFINET CBA nutzt beim Datenaustausch zwischen den Komponenten den TCP/IP-Kanal für nicht zeitkritische Daten (Update-Rate ca. 50 … 100 ms). Zeitkritische Daten (kleiner 10 ms) werden über den **R**eal-**T**ime-Kanal (RT-Kanal) übertragen.

Damit Sie einen schnellen Überblick über das PROFINET-Konzept bekommen und in den nachfolgenden Kapiteln den Zusammenhang leichter verstehen können, erhalten Sie hier einen Kurzüberblick zur Einordnung der definierten PROFINET-Funktionalität.

3.2 PROFINET und das Komponenten-Modell (PROFINET CBA)

PROFINET CBA definiert eine funktionsorientierte Sichtweise auf eine Automatisierungsanlage. Der Grundgedanke ist dabei, dass man in vielen Fällen eine gesamte Automatisierungsanlage in autonom arbeitende Teilanlagen (Funktionen) gliedern kann. Es ist nicht der Sinn, sich auf Bits und Bytes zu konzentrieren. Vielmehr besteht der Ansatz darin, eine bestimmte Funktionalität in einem Feldgerät oder einem Anlagenteil zu definieren. Eine ursprünglich komplex erscheinende Automatisierungsanlage kann dadurch in zusammengehörige, überschaubare Teileinheiten gegliedert werden. Jeder Anlagenteil übernimmt eigenständige, in sich abgeschlossene Arbeitsschritte. Diese logischen Funktionseinheiten bilden jeweils ein sogenanntes technologisches Anlagenmodul. Eine PROFINET-Komponente ist deshalb nichts anderes als ein standardisierter

Teil einer Automatisierungsanlage. In dieser Form aufgebaute Anlagen lassen sich wesentlich einfacher handhaben und fördern die Wiederverwendbarkeit. PROFINET-Komponenten sind normalerweise durch eine geringe Anzahl von Eingangssignalen gesteuert. Innerhalb der Komponente führt ein Anwenderprogramm die definierte Funktionalität durch und steuert mit den Ausgangssignalen eine weitere Komponente. Das damit verbundene Engineering ist herstellerunabhängig. Die Kommunikation eines Komponenten-basierten Systems wird nur projektiert und nicht programmiert. Im Mittelpunkt stehen deshalb beim Komponentenmodell

- die Strukturierung von logischen Anlagenteilen in leicht überschaubare Teileinheiten und deren Wiederverwendbarkeit,
- das übersichtliche Engineering einer Anlage,
- die nahtlose Integration von bestehenden Feldbussen und
- die Ethernet-basierte Kommunikation.

Neben dem TCP/IP-Kanal nutzt PROFINET CBA für den schnellen Datenaustausch zwischen PROFINET-Komponenten den RT-Kanal (RT = Real Time). Dies wird bereits beim Projektieren festgelegt und überprüft.

3.2.1 PROFINET CBA und die Gerätebeschreibung

Die **P**ROFINET **C**omponent **D**escription (PCD-Datei) erfolgt als XML-Datei. In der PCD-Datei sind alle für die Kommunikation zwischen den Feldgeräten relevanten Daten enthalten. Ein Komponenten-Editor sowie die benötigten Schemata werden von der PNO bereitgestellt.

3.3 PROFINET und die dezentrale Peripherie (PROFINET IO)

Innerhalb des PROFINET-Konzepts bezeichnet man die Anbindung der dezentralen Peripherie als PROFINET IO. Die Basis hierfür ist das Real-Time-Konzept. PROFINET IO bewerkstelligt den Datenaustausch im zyklischen Betrieb über den Real-Time-Kanal. Für höchste Ansprüche an Performance und Determinismus z. B. im Bereich Motion Control nutzt PROFINET IO die **I**sochronous-**R**eal-**T**ime-Kommunkation (IRT). Damit sind Bus-Zykluszeiten von ein paar Hundert Mikrosekunden erreichbar.

PROFINET IO beschreibt den gesamten Datenaustausch zwischen Controllern (Steuerungen) und Devices (Feldgeräte). Es eignet sich gut bei geforderten Buszyklus-Zeiten von ein paar Millisekunden. Die weit verbreitete PROFIBUS-Peripherie kann bei modularen Feldgeräten unverändert eingesetzt werden (Investmentschutz). Nur der Busanschluss ist auszutauschen. Aufgrund des geforderten schnellen Datenaustauschs verwendet PROFINET IO als Netzwerk-Komponenten nur Switches. Hubs eignen sich hierfür nicht. Bestehende, Hub-basierte Ethernet-Anlagen können auf einfache Weise erweitert werden. Es ist nur sicherzustellen, dass die PROFINET-Teilnehmer jeweils über einen Switch angeschlossen sind. PROFIBUS-Feldgeräte können nahtlos über einen IO-Proxy in das PROFINET IO-System eingebunden werden. Das Engineering ist bei PROFINET IO vom *look and feel* nahezu identisch wie bei PROFIBUS.

3.3.1 Der Funktionsumfang von PROFINET IO

- **Die zyklische Daten-Übertragung:** Prozessorientierte I/O-Daten werden in einem parametrierbaren Takt zwischen Provider und Consumer übertragen. Der Anlagenbetreiber kann das Sendeintervall unterschiedlich zum Empfangsintervall einstellen (im RT-Kanal).
- **Alarmbehandlung:** Sämtliche Prozess- und Diagnose-Ereignisse sind in einer PROFINET-Anlage per Alarm zu übertragen. Die Alarme überträgt das IO-Feldgerät als hochprioritäre RT-Nachrichten. Diese müssen quittiert werden (RT-Kanal).
- **Die azyklische Übertragung:** Bedarfsorientierte Daten wie beispielsweise das Schreiben und Lesen von Parametern oder das Lesen von Diagnoseinformationen können azyklisch über den UDP/IP-Kanal ausgetauscht werden.
- **Der Daten-Querverkehr:** Prozessdaten können auch ohne Beteiligung der übergeordneten Steuerung zwischen mehreren Feldgeräten direkt ausgetauscht werden.
- **Die Taktsynchronität:** Bei einer Standard-Ethernet-Kommunikation unterliegt der Datenverkehr einer gewissen Streuung. Der geplante Buszyklus kann um bis zu 100 % abweichen. Die Taktsynchronität sorgt dafür, dass der Buszyklus immer genau eingehalten wird. Abweichungen vom Beginn eines Buszyklus von $< 1\ \mu s$ werden garantiert (IRT-Kanal).
- **Die automatische Adressvergabe:** In einem bei PROFINET standardmäßig integrierten Protokoll erfolgt die Adressvergabe automatisch.

Das Gerätemodell bei PROFINET IO

Die Strukturierung eines PROFINET IO-Devices orientiert sich an einem modular aufgebauten Feldgerät. Dabei bilden die einzelnen Module die Schnittstelle zum Prozess.

PROFINET IO und Real-Time (RT)

Die RT-Kommunikation stellt die Basis für den Datenaustausch bei PROFINET IO dar. Da der Systemhochlauf und die azyklische Kommunikation über den UDP/IP-Kanal erfolgen, muss jedes PROFINET IO-Feldgerät die Kommunikation über UDP/IP parallel zum Real-Time-Betrieb unterstützen. Zeitkritische Dienste, wie beispielsweise der zyklische Datenaustausch, die Adressierung der Feldgeräte und das Übertragen von Alarmen werden über den RT-Kanal abgewickelt. Die Unterscheidung zwischen UDP/IP-Frames und RT-Frames sind anhand der unterschiedlichen Ethertypes im Datenframe sichergestellt.

Die zyklischen Daten überträgt der Provider ungesichert und ohne Quittierung zum Consumer in einem parametrierbaren Raster. Das Ausbleiben von zyklischen Daten überwacht der Consumer durch eine projektierte Überwachungszeit. Die sequenzgerechte Übertragung und die Gültigkeit der I/O-Daten sind bereits durch Statusinformationen beim Datenaustausch gekennzeichnet. Die Realisierung des RT-Kanals in einem Feldgerät kann mit Standard-Ethernet-Controllern erfolgen.

PROFINET IO und die Taktsynchronität (IRT)

Unter Taktsynchronität versteht man bei PROFINET die deterministische Datenübertragung mit einer garantierten maximalen Abweichung der Datenübertragung vom eingestellten Buszyklus.

Sowohl der Entstehungs- als auch der Aktualisierungszeitpunkt von Prozessdaten sind in vielen Applikationen wie beispielsweise in der Antriebstechnik von Bedeutung. Die Basis hierfür bietet die synchronisierte Kommunikation, die im Rahmen der IRT-Funktionalität bei PROFINET IO standardisiert ist. Feldgeräte mit IRT-Funktionalität haben den Switch im Feldgerät integriert, der die Synchronisationsmechanismen direkt in der Hardware unterstützt. Heutzutage gibt es standardmäßig hierfür ASICs mit integrierten *Switch Ports* und Taktsynchronisation. Buszyklen sind ab 31,25 µs einstellbar. Die Abweichung vom Beginn eines Buszyklus ist kleiner 1 µs. IRT benötigt man unter anderem bei hoch performanten Motion-Control-Systemen mit taktsynchroner Applikation. Allerdings findet IRT auch immer mehr Interesse bei einer rein deterministischen Kommunikation, mit hoher Performance ohne eine taktsynchron arbeitende Applikation.

Feldgeräte mit IRT-Kommunikation nutzen die zur Verfügung stehende Bandbreite bei der Kommunikation optimal aus, da der Datenaustausch auf einen einheitlichen Bustakt synchronisiert ist. Die dazu erforderliche präzise Taktsynchronisation basiert auf dem internationalen Standard gemäß IEEE 61588 und ist für PROFINET-Anwendungen als PTCP (**P**recision **T**ransparent **C**lock **P**rotocol) erweitert worden, um den harten industriellen Anforderungen gerecht zu werden.

Die PROFINET IO-Gerätebeschreibung (GSD-Datei)

Die unterstützte Funktionalität eines PROFINET IO-Feldgeräts wird in einer GSD-Datei (**G**eneral **S**tation **D**escription) beschrieben. In dieser Datei sind alle Daten enthalten, die für das Engineering und für den Datenaustausch relevant sind. Den internationalen Standards folgend ist GSDML (**G**eneral **S**tation **D**escription **M**arkup **L**anguage) als Beschreibungssprache der GSD-Datei entstanden. Wie der Name schon andeutet, handelt es sich dabei um eine XML-Datei (E**X**tensible **M**arkup **L**anguage), die sprachenunabhängig ist und die von nahezu allen Browsern verarbeitet werden kann. Die PROFIBUS Nutzerorganisation stellt XML-Schemata für die strukturierte Eingabe der Gerätedaten zur Verfügung. Die Eingabe einer GSD-Datei kann mit jedem handelsüblichen XML-Editor durchgeführt werden.

Für viele Anwender stellt sich nun die Frage, wann welches Gerätemodell am besten für die Automatisierungsaufgabe geeignet ist. Die Antwort darauf kann sicherlich nicht auf einfache Weise gegeben werden, da das komplette Anlagenumfeld mit in Betracht gezogen werden muss. Nachfolgendes Anlagenbeispiel soll deshalb die Situation anhand der Durchgängigkeit der Kommunikation etwas aufhellen.

Beispiel

Bild 3.2 zeigt symbolisch eine gemischte PROFINET CBA/IO-Anlage, die das Zusammenspiel der komponentenbasierten Kommunikation als auch der I/O-basierten Kommunikation enthält. Komponenten stellen hier eine bestimmte Teilfunktionalität in einer Anlage dar, die sich zwischen unterschiedlichen Automatisierungsanlagen entweder gar nicht oder nur minimal ändert. Innerhalb einer vom Anlagenbetreiber erstellten Komponente kann die Daten-Kommunikation ebenfalls über PROFINET IO durchgeführt werden. PROFINET IO und PROFINET CBA können innerhalb der gleichen Anlage angewendet werden. Die Integration der Feldbusse PROFIBUS und Interbus oder eines anderen Feldbus-Systems über Proxies ergänzt die Anlage. Komponente 3 bildet einen in sich abgeschlossenen Anlagenteil, der die Kommunikation über PROFINET IO durchführt. Zwischen den Komponenten 1 bis 3 erfolgt die Kommunikation allerdings über PROFINET CBA.

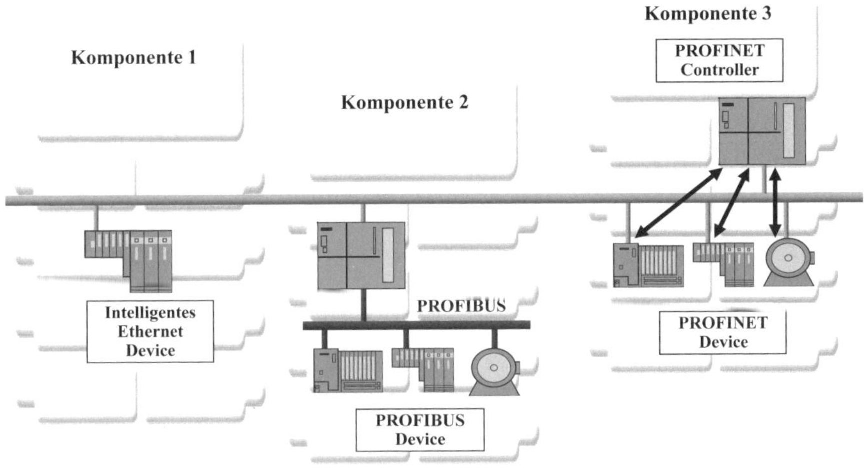

Bild 3.2: Mit PROFINET CBA können bestimmte Funktionalitäten zu einer Komponente zusammengefasst werden.

Die weiteren Ausführungen dieses Buches konzentrieren sich wegen des großen Verbreitungsgrades nur noch auf PROFINET IO.

3.4 PROFINET-Support für die Feldgeräteentwicklung

Für Feldgerätehersteller bieten einige Firmen wie beispielsweise Fa. Hilscher, Fa. Phoenix Contact und Fa. Siemens ASICs an, die entsprechenden Hardware-Support für die PROFINET-Optimierungen bereits integriert haben. Detaillierte und stets aktuelle Informationen können über die PROFIBUS Nutzerorganisation e. V. bezogen werden.

3.5 PROFINET-Software-Stacks

Für das Zusammenspiel eines Ethernet-ASICs mit dem Anwenderprogramm bieten einige Firmen PROFINET IO-Software-Stacks an. Detaillierte und stets aktuelle Informationen können über die PROFIBUS Nutzerorganisation e. V. bezogen werden. Für PROFINET CBA stellt die PNO ihren Mitgliedern einen Software-Stack kostenlos zur Verfügung.

Als Leser sollten Sie nun einen Kurzüberblick über den Funktionsumfang von PROFINET haben und in der Lage sein, gezielt in den relevanten Kapiteln weiterzulesen. Hierzu sind sicher einige Ethernet-Grundlagen nützlich, auf die im nächsten Kapitel eingegangen wird.

4 Ethernet-Grundlagen

Einleitung

Um die Wirkungsweise und die Stärken von PROFINET im Detail verstehen zu können, ist es vorteilhaft, die Funktionsweise von Ethernet und die damit verbundenen IT-Standards zu kennen. Ethernet ist ein Kommunikations-Standard, der Anfang der 1970er-Jahre entwickelt wurde und in der IEEE 802.3 definiert ist. Die Daten-Übertragungsrate wurde damals auf 10 Mb/s festgelegt. Über mittlerweile Jahrzehnte wurde dieser Standard weiter entwickelt und ist im Bereich der industriellen Automatisierungslandschaft etabliert. Damit wurde auch Industrial Ethernet eingeführt, was im Wesentlichen eine industrietaugliche Ausführung des Standard-Ethernets hinsichtlich Steckertechnik und Übertragungsmedien bedeutete. Mit Fast Ethernet (nach IEEE 802.3u) wurde die 100-Mb/s-Version geschaffen, die auch andere Kabeltypen als Übertragungsmedium benötigte. Mittlerweile ist die Gigabit-Ethernet-Variante in der IEEE 802.3z genormt. Wann diese Variante allerdings einen relevanten Verbreitungsgrad in der industriellen Automatisierung erreicht, bleibt abzuwarten. PROFINET ist darauf vorbereitet. Hingegen wird die kabellose Übertragung wie beispielsweise mit WLAN (**W**ireless **L**ocal **A**rea **N**etwork nach IEEE 802.11) und Bluetooth (IEEE 802.15) sehr schnell ihre Anwendungen finden.

Ethernet ist in der Office-Welt seit Jahrzehnten mit großem Erfolg im Einsatz, und spätestens durch E-Mail und Internet ist es aus der Kommunikationswelt mit seinen überlagerten Protokollen wie TCP/IP nicht mehr wegzudenken. PROFINET nutzt diese Standards unverändert, hat aber teilweise aus den vorhandenen Standards und Möglichkeiten spezielle Festlegungen getroffen. Es würde zu weit führen, in den folgenden Erklärungen Ethernet im Detail darzustellen. Deshalb konzentrieren sich die weiteren Ausführungen nur auf den Teil, der dem Verständnis dient und der für PROFINET ein entsprechendes Grundlagenwissen schafft.

Einführung in Ethernet

Nach dem OSI-Referenz-Modell (**O**pen **S**ystem **I**nterconnection) lässt sich eine Kommunikationsaufgabe in sieben Schichten unterteilen, die sich auch in den unterschiedlichen Ausprägungen von Kommunikations-Software-Stacks wiederfinden. Die unteren 4 Schichten sind netzwerkorientiert. Die Nummern 5–7 sind anwendungsspezifisch realisiert.

Gemäß ISO/OSI-Modell (**I**nternational **S**tandardization **O**rganisation, **O**pen **S**ystem **I**nterconnection) weisen die sieben Schichten genau spezifizierte Schnittstellen zur jeweils unterlagerten und überlagerten Schicht auf. Bei Feldbussen sind normalerweise nur die Schichten 1, 2 und 7 implementiert. Bei der Datenübertragung zwischen unterschiedlichen Subnetzen sind zusätzlich die Schichten 3 und 4 integriert. Die Funktionalität der einzelnen Schichten und deren Bedeutung bei der PROFINET-Kommunikation sind Bestandteil dieses Kapitels.

Ein Datenaustausch beginnt immer in der obersten Schicht (Schicht 7 → Anwenderschicht), durchläuft alle unterlagerten Schichten, bis die Daten auf dem physikalischen Medium von der Datenquelle übertragen werden. In der Datensenke durchläuft das Datenpaket dann alle realisierten Schichten in umgekehrter Reihenfolge. In jeder Schicht werden auf der Senderseite Protokoll-Informationen der entsprechenden Schicht hinzugefügt, die auf Empfängerseite wieder entfernt werden.

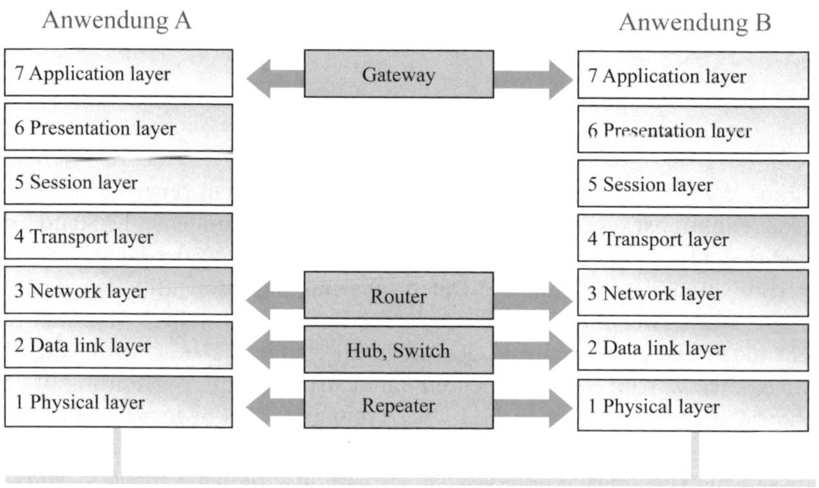

Bild 4.1: Das OSI-Referenz-Modell teilt eine Kommunikation in sieben Schichten auf.

4.1 Die sieben Schichten im OSI-Modell

Schicht 7 – Application Layer

Der Application Layer definiert die Schnittstelle zur eigentlichen Anwendung. Beim Datenaustausch zwischen unterschiedlichen Applikationen werden häufig Dienste in Form einer Anwender-Schnittstelle zur Verfügung gestellt, die einheitliche Zugriffsmechanismen zu den übertragenen Daten sicherstellen.

Gateways und Proxies

Besteht die Notwendigkeit, einen Datenübergang zwischen unterschiedlichen Protokollen vorzunehmen, erfolgt dies üblicherweise durch Gateways oder Proxies (Stellvertreter).

Schicht 7 und PROFINET

Aus PROFINET-Sicht kann durch den Einsatz eines Proxies oder Gateways beispielsweise ein Datenaustausch zwischen bestehenden Feldbussen, z. B. PROFIBUS-Teilnehmern und PROFINET-Teilnehmern, auf einfache Weise realisiert werden. PROFINET mit seinen Anwenderprofilen wie PROFIsafe und PROFIdrive, die eine einheitliche Interpretation der übertragenen Daten beschreiben, sind hier realisiert.

Schicht 6 – Presentation Layer

Die zu übertragenen Daten werden in der Schicht 6 in ein gemeinsames Format überführt. Auf Empfängerseite sorgt die Schicht 6 wieder für die vereinbarte Konvertierung. Die Kodierung und Dekodierung sowie die Kompression und Dekompression von Daten finden in der Schicht 6 statt.

Schicht 5 – Session Layer

Die Schicht 5 hat die Aufgabe, Verbindungen (sogenannte Sessions) zwischen den Anwendungen auf-/abzubauen.

Schichten 6 und 5 bei PROFINET

Die Schichten 6 und 5 haben bei PROFINET keine spezielle Bedeutung.

Schicht 4 – Transport Layer

Die Steuerung des Datenflusses, also die fehlerfreie und sequenzgerichtete Übertragung der Daten, erfolgt in der Schicht 4. Als bekannteste Datenfluss-Steuerung hat sich TCP (**T**ransmission and **C**ontrol **P**rogram) etabliert. TCP wird oftmals in einem Atemzug mit IP (**I**nternet **P**rotocol, repräsentiert die Schicht 3) genannt. TCP ist ein verbindungsorientiertes Protokoll.

Die Aufgaben von TCP sind beispielsweise

- zeitliche Überwachung des Datenaustauschs,
- sequenzgerechter Datentransfer,
- Überwachung der Bestätigung des Empfangs,
- Wiederholung eines Frames beim Ausbleiben der Empfangsbestätigung,
- Benachrichtigen der übergeordneten Schicht beim Zusammenbrechen der Verbindung.

Die Schnittstelle zu den Anwendungen ist über sogenannte Ports realisiert und wird anhand der zugeordneten Port-Nummern identifiziert. Die bekanntesten Port-Nummern sind beispielsweise

Programm	**TCP-Port-Nummer**
FTP	21
Telnet	23
SMTP	25
HTTP	80

Im Bild 4.2 ist der Aufbau des TCP-Headers (Datagram-Kopf) dargestellt, der innerhalb des Ethernet-Frames nach dem IP-Header folgt.

Erklärungen zum TCP-Header

Source Port (16 bits): Port-Nummer der Anwendung beim Sender.

Destination Port (16 bits): Port-Nummer der Anwendung auf dem Zielgerät.

Sequence Number (32 bits): Sequence Number des ersten Bytes. (Wenn das SYN flag 1 ist, gibt die Sequence Number die Initial Sequence Number (ISN) an, die benutzt wird, um die Sequence Number zu synchronisieren.

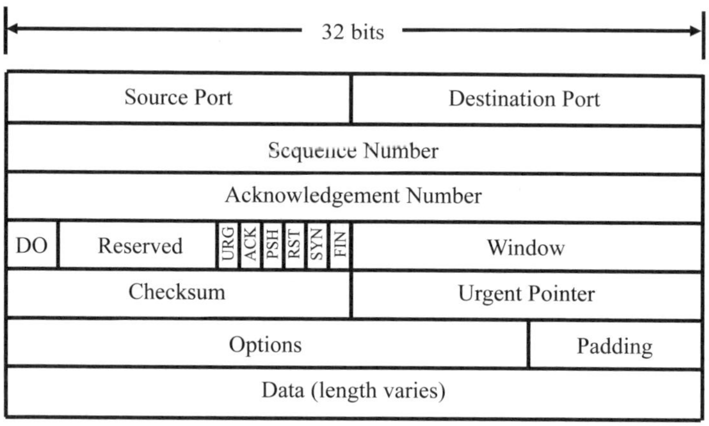

Bild 4.2: Der TCP-Header (Datagram-Kopf) enthält Daten für die Fluss-Steuerung.

Acknowledgement Number (32 bits): quittiert ein empfangenes Segment. Der Wert enthält die nächste Sequence Number, die der Zielteilnehmer erwartet.

D0-Data Offset (4 bits): teilt der TCP-Software auf Empfängerseite die Länge des Headers und den Beginn der Daten mit.

Reserved (6 bits): reserviert für Erweiterungen. Diese Bits sind auf 0 zu setzen.

Control Flags (jedes 1. bit):

- **URG** = 1: kennzeichnet die Daten als dringend.
- **ACK** = 1: definiert die *Acknowledgement Number* als gültig.
- **PSH** = 1: teilt der Software mit, dass alle empfangenen Daten an die Anwendung zu senden sind.
- **RST** = 1: setzt die Verbindung zurück.
- **SYN** = 1: besagt, dass die Sequence Number synchronisiert wird. Dies zeigt den Aufbau einer Verbindung an.
- **FIN** = 1: teilt dem Sender mit, dass keine Daten mehr zum Senden vorliegen. Dieses Flag zeigt das Ende einer Verbindung an.

Window (16 bits): wird für die Flusskontrolle benutzt. Es definiert den Wertebereich der Sequence Numbers und beinhaltet die letzte Sequence Number, die vom Sender ausgesendet wird.

Checksum (16 bits): enthält die Checksumme des Senders, die auf Empfängerseite verglichen werden kann, um die Gültigkeit der Daten feststellen zu können.

Urgent Pointer (16 bits): zeigt auf die Sequence Number, die den Beginn einer dringenden Information kennzeichnet.

Options: für optionale Einstellungen.

Padding: extra Null-Bits, um sicherzustellen, dass die folgenden Daten an einer 32-bit-Grenze beginnen.

Data: enthält die zu übertragenen Daten.

> **Hinweis:**
> Es ist nicht erforderlich, sich alle diese Bitkombinationen und Datenfelder zu merken, da sie in den verfügbaren Software-Stacks bereits bearbeitet werden. Für interessierte Anwender zeigt es allerdings, wie Datenverkehr und Quittungsmechanismen in einem Netzwerk ablaufen. Schließlich vermittelt es ein Bild, wie das TCP-Datenformat aussieht, was bei einer Fehlersuche sicherlich sehr nützlich ist.

In vielen zeitkritischen Anwendungen ist es durchaus notwendig, die Daten möglichst schnell zu übertragen. Deshalb werden keine Quittungs-Mechanismen durchgeführt. In solchen Fällen wird anstatt TCP dann UDP (**U**ser **D**atagram **P**rotocol) eingesetzt. UDP ist im Vergleich zu TCP verbindungslos, d. h. die Verbindung wird nicht überwacht. UDP ist sozusagen als Untermenge in den verfügbaren Software-Stacks enthalten.

Beim zyklischen Austausch von digitalen Ein-/Ausgängen ist das auch nicht unbedingt erforderlich, da die neuen Daten die jeweils alten Daten überschreiben.

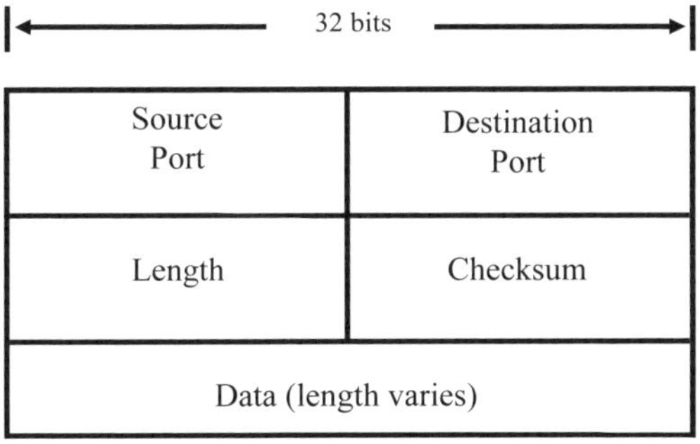

Bild 4.3: Der UDP-Header (Datagram-Kopf) enthält Informationen für den verbindungslosen Datenverkehr.

Erklärungen zum UDP-Header

Source Port (16 bits): Port-Nummer der Anwendung beim Sender.

Destination Port (16 bits): Port-Nummer der Anwendung auf dem Zielgerät.

Length (16 bits): gibt die Länge des Headers und der folgenden Daten an. Der Wert ist mindestens 8.

Checksum (16 bits): gibt an, ob das Datagram gestört wurde oder nicht.

Die bekanntesten UDP-Ports sind beispielsweise:

Programm	**UDP-Port-Nummer**
Echo	7
DNS	53
SNMP	161

Der zu sendende Datenframe hat nun folgenden Aufbau:

24/8 Bytes	1–1 500 Bytes
TCP/UDP Header	User Data

Schicht 4 und PROFINET

PROFINET IO nutzt nur UDP als Transport Layer. PROFINET-Anwendungen werden über die Source/Destination-Port-Nummern 34 962 bis 34 964 adressiert.

Schicht 3 – Network Layer

Im Network Layer werden anhand der IP-Adresse (**I**nternet **P**rotokoll) die adressierten Netzwerk-Segmente ausgewählt, an die das Ethernet-Frame weitergeleitet werden soll. Der Network-Layer legt fest, wie Daten durch unterschiedliche Netzwerke „geroutet" (transferiert) und adressiert werden. Daten-Netzwerke bestehen aus vielen Teilnehmern, die auf unterschiedliche Netzwerke verteilt sein können. Innerhalb eines Ethernet-Frames wird ein Netzwerk durch eine IP-Adresse identifiziert. Ein vorhandener Ethertype 0x0800 kennzeichnet, dass die darauf folgenden Daten als IP-Header zu interpretieren sind (inklusive IP-Adresse). Damit ist es möglich, eine unbestimmte Anzahl von Teilnehmern in unterschiedlichen Netzwerken zu adressieren.

Das IP-Protokoll ist ungesichert, deshalb wird häufig in der überlagerten Schicht 4 TCP für die Fluss-Steuerung verwendet.

Die IP-Adresse (in der Version 4, IPv4) ist eine 32-bit-Adresse in Dezimal-Darstellung (z. B.: 192.142.7.93). IPv6 ist das vom Adressiervolumen erweiterte Internet-Protokoll. Es besteht aus einer 128 Bit breiten Adresse, die den Adressbereich deutlich erweitert. Bis heute ist ein relevanter

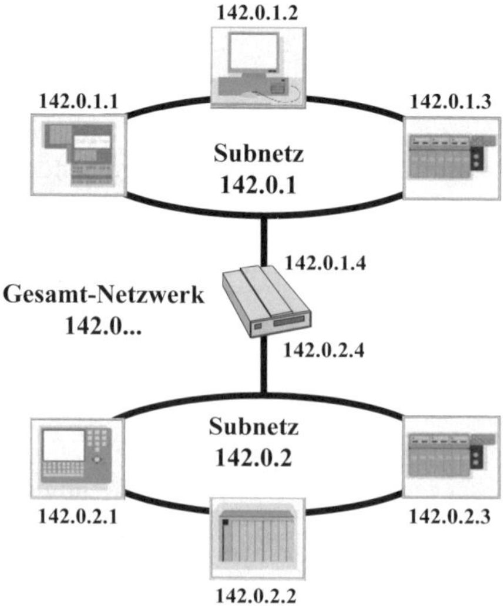

Bild 4.4: Die Adressierung von unterschiedlichen Subnetzwerken erfolgt anhand der IP-Adresse.

Tabelle 4.1: In der Automatisierungswelt werden drei Netzwerk-Klassen verwendet.

Klasse						Bereich	Netze	Host
A	**0**	7-Bits Netz	24-Bits Host			1–126	126	16777216
B	**10**	14-Bits Netz		16-Bits Host		128–191	16384	65536
C	**110**	21-Bits Netz			8-Bits Host	192–223	2097152	256

Verbreitungsgrad von IPv6 in der industriellen Kommunikation allerdings noch nicht zu sehen. PROFINET verwendet IPv4 und wird bei Bedarf auf IPv6 umstellen.

Eine IP-Adresse besteht aus zwei Teilen, einem Netzwerk-Teil und einem Host-Teil. Durch diese Unterscheidung können mehrere große Netzwerke für die Daten-Kommunikation benutzt werden, die als Netzwerk-Klassen definiert werden.

Per Definition gibt es fünf unterschiedliche Netzwerk-Klassen (A bis E). In der Automatisierungswelt finden aber nur die Netzwerk-Klassen A bis C ihre praktische Anwendung. Die Unterscheidung, um welches Netzwerk es sich handelt, wird in den höchstwertigen Bits des Netzwerkteils getroffen (siehe Tabelle 4.1).

Die Subnetz-Maske

Anhand der Subnetz-Maske kann der Anwender auswählen, welcher Teil der IP-Adresse die Netzwerk-ID und welcher Teil die Host-ID darstellt. Die Subnetz-Maske besteht aus lauter Einsen, die die Netz-ID kennzeichnen.

Beispiel

Im folgenden Beispiel ist ein Netzwerk der Klasse C dargestellt.

IP-Adresse: 192.143.016.025

	Klasse-C-Netz	Host-Anteil
Dez. Darstellung (IP-Adresse)	**192.** 143. **016**	025
Binärdarstellung	**11000000.**10001111.**00010000**	00011001
Subnetz-Maske	11111111.11111111.11111111	00000000

In der Netzwerk-Schicht erfolgt auch die Adressauflösung der angeschlossenen Teilnehmer. Hierzu sind folgende Standard-Dienste definiert:

Um einen Teilnehmer in unterschiedlichen Nertzwerken adressieren zu können, ist es notwendig, sowohl die IP-Adresse (zur Erkennung des Netzwerks) als auch die physikalische Adresse (zur Adressierung des Teilnehmers innerhalb des Netzwerks) zu wissen. Beim Austausch der Busanschaltung eines Feldgerätes ändert sich auch die physikalische Adresse. Somit ist der Teilnehmer vorübergehend nicht adressierbar. Mittels eines **ARP-Aufrufs** (**A**ddress **R**esolution **P**rotocol mit dem Ethertype 0x0806) und der physikalischen Adresse FF-FF-FF-FF-FF-FF (Broadcast-Adresse) an alle Teilnehmer des Netzwerks kann einer gesuchten IP-Adresse eine physikalische Adresse zugeordnet werden. Alle Teilnehmer werten diesen Rundruf aus, und der Teilnehmer, bei dem die IP-Adresse vorhanden ist, gibt seine physikalische-Adresse im Antwort-Frame zurück.

Somit kann der Aufrufer seine interne Tabelle wieder aktualisieren. Ist es erforderlich, einer physikalischen Adresse eine IP-Adresse zuzuordnen, erfolgt das mittels **RARP-Aufruf** (**R**everse **A**ddress **R**esolution **P**rotocol mit dem Ethertype 0x8035).

Der zu sendende Datenframe hat nun folgenden Aufbau:

28 Bytes	24/8 Bytes	1–1 500 Bytes
IP-Header	TCP oder UDP Header	User data

Router

Router sind Netzwerk-Komponenten, die ein an sie adressiertes Ethernet-Frame interpretieren und anhand der IP-Adresse an das entsprechende Zielnetzwerk weiterleiten. Dabei sind folgende Unterscheidungen zu treffen:

- Gehört die IP-Adresse zum gleichen Netzwerk, wird der Frame nicht weiter behandelt.
- Adressiert die IP-Adresse ein anderes Netzwerk, wird der Frame entweder direkt an das entsprechende Netzwerk oder an einen weiteren Router gesendet.

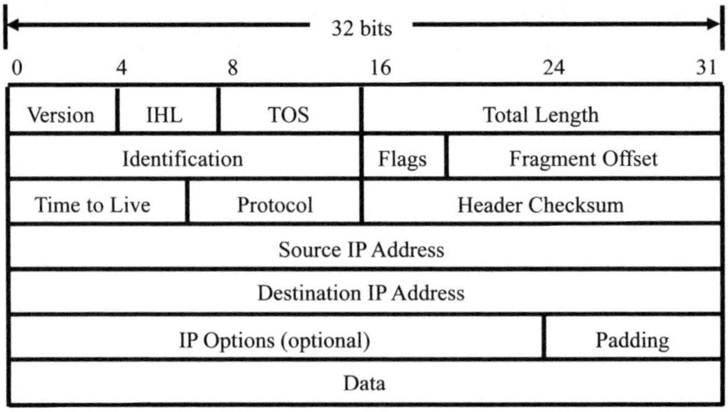

Bild 4.5: Im IP-Header (Datagram-Kopf) stehen die Informationen zur Netzwerk-Adressierung.

Erklärungen zum IP-Header

Die **Version** gibt die Versionsnummer von IP an (bei PROFINET = 4).

IHL (Internet Header Length) gibt die Länge des IP-Headers an.

TOS (Type of Service) enthält spezielle Routing-Informationen. Einige Router ignorieren dieses Feld. Es wird mehr im Zusammenhang mit dem Aufkommen der Quality of Service-Technologie genutzt, um Daten-Frames zu priorisieren.

Total Length enthält die Länge des gesamten Datagram-IP-Headers und der Daten.

Identification wird genutzt, wenn ein Datagram zu lang ist, sodass es fragmentiert werden muss (fragmentiert = in mehreren Frames gesendet wird). Es identifiziert jedes Fragment anhand der *Identification-Number*.

Das **Flags**-Feld signalisiert eine Fragmentierung.

Fragment Offset wird benutzt, um jedes aufeinander folgende Fragment zuzuordnen. Der Empfänger setzt die einzelnen Fragmente wieder zusammen (Reassemblierung).

Time to Live zeigt die Lebenszeit (Zeit in Sekunden oder Anzahl der Router-Durchläufe) eines Frames an, bevor er vernichtet wird. Dies verhindert das Zirkulieren von Ethernet-Frames.

Protocol zeigt das übergeordnete Protokoll an, an das die Daten zu liefern sind (z. B. TCP).

Header Checksum gibt die Checksum des Headers an, um die Gültigkeit zu überprüfen.

Source IP Address beinhaltet die IP-Adresse des Senders.

Destination IP Address enthält die IP-Adresse des Empfängers.

IP Options enthält optionale Felder, z. B. für Testzwecke und Datensicherheit.

Padding extra Nullbits, um sicherzustellen, dass die Daten an einer 32-bit-Grenze beginnen.

IP Data Payload enthält die Daten, die an TCP oder UDP oder andere übergeordnete Schichten zu übergeben sind.

Schicht 3 und PROFINET

Beim Projektieren einer Anlage ist es notwendig, die Netzwerk-Adresse für das zu projektierende Netzwerk zu vergeben. Dazu muss der Projekteur die Netz-ID und die Subnetz-Maske festgelegen. Nähere Details zum Projektieren finden Sie im Kapitel *PROFINET IO-Engineering*.

Schicht 2 – Data Link Layer

Ethernet realisiert die Schichten 1 und 2 des OSI-Referenz-Modells und ist in den Standards IEEE 802.1-3 genormt. Ethernet verwendet in der Schicht 2 als Zugriff zum Übertragungsmedium das CSMA/CD-Verfahren (**C**arrier **S**ense **M**ultiple **A**ccess with **C**ollision **D**etection), was nichts anderes heißt als

- Mithören, ob jemand bereits sendet (**C**arrier **S**ense).
- Wenn nicht, können auch mehrere Teilnehmer senden (**M**ultiple **A**ccess).
- Beim gleichzeitigen Senden von mehreren Teilnehmern kann es zu Kollisionen kommen, die aufgelöst werden müssen (**C**ollision **D**etection).

Die Ethernet-Anschaltung in einem Teilnehmer realisiert das eigentliche Senden und Empfangen von Ethernet-Frames gemäß IEEE 802.3 und startet nach dem Erkennen einer Kollision einen neuen Versuch, den Bus zu erobern. Dieser neue Versuch erfolgt nach Ablauf einer Zufallszeit.

Wird beim Empfang im Ethernet-Controller ein Fehler festgestellt, wird der Daten-Frame verworfen. Der Sender erhält darüber keine Information. Nur fehlerfrei empfangene Daten-Frames werden an die nächsthöhere Schicht weitergeleitet.

Ethernet-Netzwerke sind in der Office-Welt normalerweise stern- oder baumförmig aufgebaut, d. h. jeder Teilnehmer ist über eine Netzwerk-Komponente (Hub oder Switch) angeschlossen.

Ethernet-Datenpakete werden von allen Teilnehmern empfangen. Die Auswertung der Daten erfolgt aber nur bei den Empfängern, bei denen die *Dest. Addr* mit der eigenen Adresse übereinstimmt. Die *Dest. Addr* kann dabei eine

- Multicast-Adresse (Senden an eine Gruppe von Teilnehmern im Netzwerk),
- Broadcast-Adresse (Senden an alle Teilnehmer im Netzwerk) oder
- Unicast-Adresse (Senden an einen Teilnehmer im Netzwerk)

sein. Die Unterscheidung zwischen Unicast-Adresse und Broadcast-Adresse erfolgt im höchstwertigen Bit (Bit 47 = 1 → Senden an eine Multicast-Adresse, 0 → Senden an einen einzelnen Teilnehmer).

Der zu sendende Ethernet-Frame gemäß IEEE 802.3 hat nun folgenden Aufbau:

6 Bytes	6 Bytes	2 Bytes	1-1500 Bytes	0..45 Bytes	4 Bytes
Dest. Addr	Src. Addr	Type/ Length	User data	Pad- field	FCS (CRC-Check sum)

Bild 4.6: Aufbau eines Ethernet-Frames nach IEEE 802.3

Die Destination-Address (***Dest. Addr***) enthält die MAC-Adresse (**M**edium **A**ccess **C**ontrol) des Empfängers, und die Source-Address (***Src. Addr***) beinhaltet die MAC-Adresse des Senders.

Hinweis:

Oftmals findet man in der Literatur Begriffe wie Ethernet-Adresse oder physikalische Adresse. Beide Begriffe beschreiben das Gleiche, nämlich die MAC-Adresse (**M**edium **A**ccess **C**ontrol). In den folgenden Darstellungen wird nur noch der Begriff MAC-Adresse verwendet. Diese besteht aus einer 6-Byte-Zahl in hexadezimaler Darstellung und hat folgenden Aufbau:

Beispiel einer MAC-Adresse

01-0E-CF-	**34-BF-C4**
Firmenkennung	Durchlaufende Nummerierung

Die höherwertigen drei Bytes kennzeichnen die Firmenkennung der Ethernet-Anschaltung. Die niederwertigen drei Bytes stellen eine firmeninterne, durchlaufende Nummerierung dar. Vom Hersteller ist sicherzustellen, dass jede MAC-Adresse in seinem Nummernband weltweit eindeutig ist.

Das **Type/Length**-Feld hat zwei Bedeutungen. Es enthält einerseits die Länge der Nettodaten nach IEEE 802.3 (wenn ≤ 1 500 dezimal, 0x05DC ist) oder den Type (im Folgenden immer als Ethertype bezeichnet), der die Interpretation der nachfolgenden Daten repräsentiert (> 1 500 oder > 0x05DC). Beispielsweise ist ein nachfolgender IP-Header mit dem Ethertype 0x0800 angezeigt. Die Größe der *Data Unit* ist bei Ethernet-Kommunikation auf 1 500 Bytes begrenzt. Die Mindest-Framelänge ist bei Ethernet aufgrund der Kollisionserkennung 64 Bytes. Sind also in Summe zwischen *Dest. Addr* und FCS weniger als 64 Bytes enthalten, müssen die fehlenden Bytes in dem **Pad-Field** aufgefüllt werden (Padding-Bytes). Das **FCS-Feld** enthält eine 32-bit-CRC-Checksumme über das gesamte Frame zur Fehlererkennung.

Das Feld *Data Unit* enthält die TCP(UDP)/IP-Informationen (wie in den vorangegangenen Ausführungen dargestellt) und die zu übertragenen Anwenderdaten.

56 Bits	8 Bits	48 Bit	48 Bit	16 Bits	46 ... 1500 Bytes	4 Bytes
Preamble	Start Frame Delimiter	Destination Address	Source Address	Length or Type	Data Unit	CRC Check

Bild 4.7: Der Aufbau eines Ethernet-Frames ohne Priorisierung

Priorisierung von Ethernet-Frames

Ethernet kennt in seiner ursprünglichen Form nur den gleichberechtigten Datenverkehr. In einigen Fällen ist es bei der Datenkommunikation aber notwendig, zeitkritische Daten bevorzugt zu übertragen. Deshalb müssen solche Frames als *VLAN-Tagged Frames* priorisiert werden können. Zur Priorisierung von Ethernet-Frames wurde der VLAN-Tag (nach IEEE 802.1Q) eingeführt und kann optional verwendet werden. Das Ethernet-Frame mit VLAN-Tag hat folgenden Aufbau:

		VLAN-Tag						
6 Bytes	6 Bytes	2 Bytes	3 Bits	1 Bit	12 Bits	1..1500 Bytes	0..43 Bytes	4 Bytes
Dest.	Src.	Type/ Length	Prio -	0	VLAN-	User	Pad-	FCS
Addr	Addr	0x8100	rity		ID	data	field	(CRC-Chksum)

Bild 4.8: Der Aufbau eines Ethernet-Frames mit Priorisierung nach IEEE 802.1Q

Bei VLAN-Tagged Frames ist der eigentliche Frame-Typ im Ethernet-Frame weiter nach „hinten" verlegt, und im Type/Length Feld steht der Typ für denVLAN-Tag (0x8100). Anschließend folgen die VLAN-Informationen, die aus der Prioritätsstufe und der VLAN-ID bestehen.

Unter Benutzung der VLAN-ID kann man beispielsweise ein virtuelles Netzwerk aufbauen. Damit können über dieselbe Busleitung unterschiedliche Kommunikationswege und evtl. unterschiedliche Zugriffsrechte definiert werden.

Hubs und Switches

Hubs sind passive Netzkomponenten, die halbduplex arbeiten und ein erhaltenes Ethernet-Frame an andere Ports weiterleiten. Dies führt in vielen Fällen zu einer hohen Netzbelastung und zu Daten-Kollisionen. Die Einsatzfelder für Hubs sind heute kaum noch vorhanden. **Switches** hingegen arbeiten vollduplex. Sie „lernen" während des Hochlaufs, welche Teilnehmer miteinander kommunizieren und bauen somit eine interne Adressliste auf. Dadurch können die erhaltenen Ethernet-Frames gezielt anhand der *Dest. Addr* an die Zielteilnehmer weitergeleitet werden. Mit Standard-Switches ist der Aufbau von sternförmigen Netzwerk-Strukturen möglich (eine Linienstruktur nicht).

Die Weiterleitung der Ethernet-Frames erfolgt entweder mit dem *Store and Forward-Verfahren* (der Frame wird beim Empfang überprüft, und nur korrekt empfangene Frames werden weitergeleitet) oder mittels *Cut through-Verfahren* (ein Frame wird nur anhand der *Dest. Addr* ohne Überprüfung weitergeleitet). Bei *Cut through* können auch fehlerhafte Frames weitergeleitet werden. Industrietaugliche Switches sollten Durchlaufzeiten im *Cut through-Verfahren* von kleiner 10 µs und mindestens vier Prioritätsstufen unterstützen.

Schicht 2 und PROFINET

Die PROFIBUS Nutzerorganisation bietet allen Anwendern ein Band von MAC-Adressen an, genauer gesagt, den herstellerspezifischen Teil (Bits 24 … 47). Dieser Teil wird als OUI (**O**rganizationally **U**nique **I**dentifier) bezeichnet. Durch diesen Service können sich Firmen Ethernet-Adressen von der PNO besorgen.

Die OUI der PROFIBUS Nutzerorganisation (00-0E-CF) ist folgendermaßen aufgebaut:

Bitwertigkeit der Bits 47 … 24 (OUI)						**Bitwertigkeit der Bits 23 … 0**					
43 … 40	**47 … 44**	**35 … 32**	**39 … 36**	**27 … 24**	**31 … 28**						
0	**0**	**0**	**E**	**C**	**F**	X	X	X	X	X	X

Mit der OUI der PNO lassen sich bis zu 16 777 214 Teilnehmer adressieren.

PROFINET verwendet zum Datenaustausch nur Switches im Vollduplex-Betrieb, die das *Cut through-Verfahren* unterstützen. Durch den Vollduplex-Betrieb mit Switches werden Kollisionen vermieden. Dies stellt auch die Basis für eine Real-Time-Kommunikation dar, die mit Standard-Ethernet nicht möglich ist. Nähere Details zur Real-Time-Kommunikation mit PROFINET finden Sie im Kapitel *PROFINET IO und die Real-Time-Kommunikation.*

Schicht 1 – Physical Layer

Die Schicht 1 definiert die physikalischen Eigenschaften, um Daten in einem Netzwerk zu versenden. Damit verbunden sind auch die elektrischen und mechanischen Eigenschaften wie die Auslegung des Anschluss-Steckers und die Signalpegel. In der Büro-Welt ist der RJ 45-Stecker bekannt. Die verwendeten Kabeltypen sind in nachfolgender Tabelle aufgelistet.

Tabelle 4.2: Die Kabelbezeichnungen bei PROFINET-Kommunikation sind identisch wie bei Ethernet.

Kabelbezeichnung	10 Mb/s in Cu	100 Mb/s in Cu	10 Mb/s in LWL	100 Mb/s in LWL
10 Base TX	ja			
10 Base FX			ja	
100 Base TX		ja		
100 Base FX				ja

Zum Einsynchronisieren auf einen Ethernet-Frame werden 56 Bits (**Preamble**) alternierend übertragen. Das Ende des Einschwingvorgangs signalisiert der **S**tart **F**rame **D**elimiter (**SFD**). Das Senden der Preamble und des SFDs übernimmt die PHY (**Phy**sical Interface) in einem Ethernet-Feldgerät.

Der zu sendende Ethernet-Frame hat nun folgenden Aufbau (ohne VLAN-Tag):

56 Bits	8 Bits	6 Bytes	6 Bytes	2 Bytes	1-1500 Bytes	0..45 Bytes	4 Bytes
Preamble	SFD	Dest.	Src.	Type/	User	Pad-	FCS
10101010..	10101011	Addr	Addr	Length	data	field	(CRC-Check sum)

Bild 4.9: Der Aufbau eines Ethernet-Frames nach IEEE 802.3 ohne Priorisierung

Repeater

Repeater sind passive 2-Port-Netzkomponenten, die zur Signalauffrischung eingesetzt werden. Heutzutage übernehmen Switches diese Funktionalität, da sie ebenfalls die Signale regenerieren.

Schicht 1 und PROFINET

PROFINET nutzt zur Datenübertragung den Fast Ethernet-Standard mit 100 Mb/s im Vollduplex-Betrieb mit Switches nach dem Ethernet-Standard IEEE 802.3.

Das PROFINET-Konzept ist bereits für die Gigabit-Übertragung vorbereitet. Je nach Anforderungslage der Endanwender kann ein Umstieg auf Gigabit-Übertragung durchgeführt werden.

Zusammenfassung

Nach dieser Einführung haben Sie alle Informationen über Ethernet, die zum Verständnis der PROFINET-Funktionsweise relevant sind. Ethernet und die erwähnten IT-Standards (IT = **I**nternet **T**echnology) definieren allerdings nur den nicht deterministischen Datenaustausch als TCP/IP-Kommunikation. Diese stellt die typische Ethernet-Kommunikation ohne spezielle Zeitanforderungen dar. Allerdings unterliegt der Datenaustausch über TCP/IP einer nicht vorhersagbaren Streuung. Messungen haben ergeben, dass bis zu 100 % Abweichungen innerhalb eines Datenzyklus möglich sind. In der industriellen Kommunikation stellen viele Anwendungen höhere Anforderungen an das Zeitverhalten beim Austausch von Prozessdaten.

Deshalb wurde es notwendig, für industrietaugliche Anwendungen parallel zur TCP/IP-Kommunikation eine Real-Time-Kommunikation zu definieren, die Abweichungen in einem Datenzyklus von maximal 15 % garantieren.

Aber auch diese Güte reicht in einigen Fällen noch nicht aus. Bei Motion-Control-Anwendungen beispielsweise im Bereich von Positioniervorgängen oder Lageregelungen ist es erforderlich, den genauen Zeitpunkt des Einlesens der Prozessdaten (Istwerte) zu kennen, um die neuen Sollwerte genau berechnen zu können und ebenfalls taktgenau an den Prozess auszugeben. Diese Mechanismen sind im Rahmen von PROFINET IO realisiert und werden in den Kapiteln *PROFINET IO und die Real-Time-Kommunikation* genauer beschrieben.

5 Der Weg zu PROFINET IO

Einleitung

PROFINET IO ist das Ethernet-basierte Kommunikationssystem der PROFIBUS Nutzerorganisation für die Realisierung von dezentral angeordneten Automatisierungs-Strukturen. PROFINET führt damit den Weg, der sich durch PROFIBUS seit vielen Jahren bewährt hat, konsequent weiter.

Warum wurde PROFINET IO notwendig?

Seit über 30 Jahren ist Ethernet ein Kommunikationsstandard in der Bürowelt. Ethernet wird seit mehr als 20 Jahren für die industrielle Kommunikation zwischen Steuerungen in der Automatisierungsindustrie verwendet. In einer Automatisierungsanlage ist es wichtig, mit einem einheitlichen Kommunikationssystem von der Feldebene bis zur MES-Ebene (**M**anufacturing **E**xecution **S**ystem) nahtlos kommunizieren zu können. Aus Anwendersicht ist die Unterteilung in unterschiedliche Ebenen bei Ethernet-basierten Strukturen allerdings fast nicht mehr sichtbar. Spätestens mit PROFINET IO hat die Ethernet-Kommunikation auch die Feldebene erreicht, die bisher eine Domäne von PROFIBUS und anderen Feldbussen gewesen ist. Deshalb kann PROFINET IO in den Bereich der Feldbusse eingeordnet werden. Die Vorteile einer einheitlichen Ethernet-basierten Kommunikation werden im Folgenden dargestellt.

Ethernet-Kommunikation wird schon seit vielen Jahren beim Datenaustausch zwischen den Steuerungen verwendet. In der Vergangenheit mussten allerdings zwischen den unterschiedlichen Schichten der Automatisierungspyramide immer wieder Protokolle über separate Anschaltungsbaugruppen umgesetzt werden, die zeit- und damit kostenaufwendig waren. Mit einer einheitlichen Ethernet-Kommunikation entfällt diese Protokollumsetzung. Es liegt daher nahe, die Ethernet-Kommunikation bis in die Feldebene auszuweiten.

Eine durchgehende Ethernet-Kommunikation bietet den weiteren Vorteil der deutlich höheren Performance, eine einheitliche Ersatzteilhaltung und ein vereinfachtes Know-how bei der Betreuung von Ethernet-Anlagen.

PROFINET IO bietet für die nahtlose Kommunikation innerhalb der Automatisierungspyramide daher die besten Voraussetzungen, auch die bewährten IT-Standards für den Feldbereich zu nutzen.

PROFIBUS stieß in einigen Bereichen hinsichtlich des Funktionsumfangs an seine Grenzen, sodass modernere Kommunikationsmöglichkeiten nötig wurden.

Die jahrelangen PROFIBUS-Erfahrungen finden sich bei PROFINET IO wieder, verbunden mit Funktionserweiterungen, die die heutigen Forderungen der Anlagenbetreiber komplett abdecken.

Der Übergang von PROFIBUS zu PROFINET stellt aber die Vergangenheit nicht in Frage. Die Denkweise und der Funktionsumfang von PROFIBUS können übernommen werden. Dies schafft zusätzliche Sicherheit bei den Anlagenbetreibern.

PROFINET IO dient dem Datenaustausch mit der dezentralen Peripherie mit einer optimierten Ethernet-Kommunikation. Die Kommunikation ist in Real-Time für Prozessdaten und über UDP/IP für den bedarfsorientierten Datentransport ausgelegt.

Die Einsatzfelder von PROFINET IO

In industriellen Automatisierungsanlagen findet man eine Vielzahl von Feldgeräten mit sehr unterschiedlichen Funktionalitäten vor. Da PROFINET IO der designierte Nachfolger von PROFIBUS ist, sind auch die Anwendungsfälle die gleichen, bei denen PROFIBUS erfolgreich eingesetzt wurde.

Diese sind beispielsweise:

- Automobil-Hersteller und deren Zulieferer,
- Brauereien,
- Chemische Industrien,
- Holzbearbeitungsmaschinen,
- Flaschen-Abfüllanlagen,
- Kraftwerke,
- sicherheitsgerichtete Anwendungen,
- Verpackungsmaschinen etc.

Man könnte diese Aufzählung noch beliebig fortsetzen. Nach und nach werden sich dieselben Branchen auch für PROFINET IO erschließen.

In modernen Automatisierungsanlagen trifft man heutzutage im eigentlichen Produktionsprozess eine sehr vielfältige Landschaft an Automatisierungsgeräten an. Das Spektrum reicht von einfachen Sensoren/Aktuatoren bis hin zu hoch performanten Motion-Control-Anwendungen und intelligenten Steuerungen mit Vorverarbeitungsaufgaben.

Die Anforderungen an ein Kommunikationssystem

Wenn ein zukunftsorientiertes Kommunikationssystem einen hohen Verbreitungsgrad erreichen soll, ist es von hoher Bedeutung, dass bestehende Automatisierungsanlagen mit einem neuen System ohne großen Aufwand erweitert werden können. Eine nahtlose Übergangsstrategie für Erweiterungen von bestehenden Anlagen sorgt einerseits für den Schutz des bereits installierten Investments, und andererseits können Anlagenteile mit überschaubarem Aufwand erneuert werden.

Umschulungen von Personal sind zeitintensiv. Deshalb ist es erforderlich, eine einfach zu erlernende und bedienerfreundliche Anwendersicht anbieten zu können. Nur so können von Anfang an viele Fehler beim Projektieren und Betreiben einer Anlage verringert oder gar vermieden werden.

Weitere Forderungen der Anlagenplaner und -betreiber sind:

- **Gute Diagnosefähigkeit**
  Prozess-Ereignisse sollen klar von Gerätefehlern unterschieden werden können, um schnell auf Anlagenstörungen reagieren zu können. Damit verbunden sind klare Entscheidungskriterien, was im Fehlerfall zu tun ist. Alle Ereignisse müssen vom Feldgerät per E-Mail und/oder über hoch prioritäre Alarmmeldungen an das übergeordnete Leitsystem oder dem Wartungspersonal übermittelt werden.

- **Redundanzfähigkeit**
  Der Ausfall einer Anlage oder eines Anlagenteils ist meist mit sehr hohen Kosten verbunden. Deshalb ist es erforderlich, die Feldgeräte über unterschiedliche Kommunikationswege zu erreichen. Bei Ethernet-Kommunikation in Linienstruktur kann durch den Ausfall eines Switches ein Teil der Anlage stillgelegt werden. Deshalb ist es unerlässlich, die redundante Datenkommunikation von Anfang an in das Konzept zu integrieren.
- **Datensicherheit**
  Es geht in industriellen Anlagen sicher nicht darum, jedes Feldgerät mit einem Internet-Anschluss zu versehen. Er ist allerdings nicht auszuschließen und in einigen Fällen auch notwendig und sinnvoll. Seit der Internet-Kommunikation ist die Gefahr einer Datenmanipulation drastisch gestiegen. Deshalb müssen moderne Kommunikationssysteme eine gute Datensicherheit aufweisen.
- **Wireless (oder Nicht-drahtgebundene-Kommunikation)**
  Bei Anlagenerweiterungen ist es oftmals nicht möglich oder zu teuer, eine Kabeltrasse zu erweitern. In solchen Fällen ist es erforderlich, die Datenkommunikation *wireless* durchzuführen.
- **Koexistenz mit anderen Ethernet-basierten Kommunikationssystemen**
  Da sich Anlagenbetreiber teilweise nicht in Abhängigkeit zu einem Kommunikationssystem begeben möchten, besteht die Forderung, nur einen Kabeltyp zu verlegen, über den jede Variante der Ethernet-basierten Kommunikation quasi parallel erfolgen kann.
- **Leistungsfähigkeit**
  Es muss mindestens die gleiche bzw. bessere Performance im Datenaustausch erreicht werden wie bei bestehenden Systemen.
- **Industrietaugliche Aufbautechnik**
  In industriellen Anlagen herrschen andere Umgebungsbedingungen als in der Bürowelt. Deshalb ist eine industriegerechte Aufbautechnik erforderlich, die in erhöhtem Temperaturbereich und bei stärkerem Verschmutzungsgrad eingesetzt werden kann und die gegenüber elektromagnetischen Störungen robust ist.
- **Kostensituation**
  Neue Systeme werden nur akzeptiert, wenn sie neben den bereits erwähnten Forderungen zumindest preisgleich, besser noch preisgünstiger sind.
- **Anwenderprofile**
  Feldgeräte lassen sich leichter vergleichen und austauschen, wenn bestimmte Funktionalitäten, sogenannte Anwenderprofile, von einem Spezialistenteam definiert sind. Deshalb ist es erforderlich, in einigen Fällen eine einheitliche Anwendersicht zu erzielen. Durch die Definition von Anwenderprofilen wird das erreicht (z. B. bei Encodern, Antrieben, Wiegen und Dosieren, sicherheitsgerichteter Datenübertragung etc.).
- **Einheitliche Anwenderschnittstelle**
  Wenn Feldgeräte neu entwickelt werden, ist es sinnvoll, dass sich die Anwenderschnittstelle bei der neuen Technologie nicht oder nur unwesentlich von der Vorgängertechnologie unterscheidet, um bestehende Applikationen aufwandsarm transportieren zu können.

Wie setzt PROFINET IO diese Anforderungen um?

Mit PROFINET IO steht ein Kommunikationssystem zur Verfügung, das sowohl für einfache Feldgeräte als auch für leistungsfähige Applikationen eine abgestimmte Lösung anbietet. Damit können Automatisierungsanlagen vernetzt werden, die ihren Schwerpunkt im Datenaustausch bei der dezentral angeordneten Peripherie sehen. Einfache Ein-/Ausgabebaugruppen sowie auch intelligente Feldgeräte mit Vorverarbeitung finden hier ihr Einsatzfeld. PROFINET IO ist somit der designierte Nachfolger von PROFIBUS. Für den einfachen Übergang von PROFIBUS nach PROFINET wurden die jahrelangen Erfahrungen mit PROFIBUS genutzt und in die Ethernet-basierte Kommunikation mit PROFINET umgesetzt. Um das Rad nicht neu zu erfinden, hat das Standardisierungsteam bei der Definition von PROFINET Bewährtes übernommen und gleichzeitig neue Anforderungen der Endanwender eingebracht. Da PROFIBUS mittlerweile auf eine sehr breite installierte Basis zurückblicken kann, war es eine Selbstverständlichkeit, bestehende Feldbusse ohne Änderung in das PROFINET-Konzept zu integrieren. Dafür wurde die Proxy-Funktionalität definiert. Ein Proxy ist hier der Stellvertreter, der für ein unterlagertes Feldbus-System steht. Dieses Konzept ist busunabhängig einsetzbar.

Die Funktionalität der kompakt oder modular aufgebauten Feldgeräte wird in einer Gerätebeschreibungsdatei definiert. Den internationalen Standards folgend wurde als Beschreibungssprache XML (e**X**tensible **M**arkup **L**anguage) benutzt. Die Sichtweise auf ein Feldgerät, die sich in der Gerätebeschreibung wiederfindet, wurde dabei von PROFIBUS übernommen. Vorteilhaft wirkt sich auch die Sprachen-Unabhängigkeit aus. Feldgeräte können in einer GSD-Datei in mehreren Sprachen beschrieben werden. Ebenso können mehrere Gerätefamilien in der GSD-Datei beschrieben sein. Dies fördert für den Anwender die Übersichtlichkeit. Das Engineering einer PROFINET IO-Anlage ist nahezu identisch gehalten wie bei PROFIBUS, sodass auch hier kein Umdenken erforderlich ist. Der Projekteur einer Automatisierungsanlage greift nur auf eine andere Geräte-Beschreibungsdatei zu. Während des Engineeringvorgangs konfiguriert der Anlagen-Projekteur die gesamte Automatisierungsanlage, bestimmt den Ausbaugrad der einzelnen Feldgeräte und legt die Häufigkeit des Datenaustauschs der Feldgeräte mit dem IO-Controller fest.

Die Adressvergabe der am Bus beteiligten Teilnehmer erfolgt standardmäßig über ein bei PROFINET fest integriertes Programm, das DCP (**D**iscovery and **C**onfiguration **P**rotocol). Andere Verfahren wie DHCP (**D**ynamic **H**ost **C**onfiguration **P**rotocol etc.) sind auch einsetzbar. Alle existierenden Peripherie-Baugruppen von PROFIBUS können ohne Änderungen für PROFINET IO verwendet werden. Nur die Busanschaltung muss der Anwender austauschen.

Aus Sicht der Kommunikation ist der zyklische Austausch der Prozessdaten zwischen IO-Controller (Steuerung, die das Applikationsprogramm enthält) und den angeschlossenen IO-Devices (prozessnahe Feldgeräte) auf Real-Time ausgelegt. Die Daten werden vom IO-Controller im Systemhochlauf von dem jeweiligen prozessnahen Feldgerät nur *einmalig* angefordert. Anschließend arbeiten die Feldgeräte autark. Die azyklische Kommunikation nutzt den internationalen Standard UDP/IP. Die Diagnosemöglichkeiten sind sehr vielfältig angeordnet und können unterschiedlich priorisiert werden.

Tabelle 5.1: Die wesentlichen Unterschiede zwischen PROFINET IO und PROFIBUS resultieren aus den Anforderungen der Anlagenbetreiber.

Funktionalität	PROFINET IO	PROFIBUS
Adressierungs-möglichkeit	Slot, Subslot, Index	Slot, Index
Datenaustausch	IO-Device wird einmal parametriert und arbeitet dann autark.	Nur nach Aufforderung.
Datenkanäle	Es können mehrere Datenkanäle zwischen Controller/Supervisor und Device aufgebaut werden.	Ein genau definierter Datenkanal zwischen Master und Slave.
Daten-Priorisierung	Möglich durch Einstellung der Aktualisierungsrate.	Gleich prioritärer Datenverkehr.
Anzahl der Teilnehmer	Nur durch die verwendete Netzwerk-ID bestimmt.	Maximal 126 Teilnehmer.
IT-Services	Können uneingeschränkt integriert werden.	Nicht möglich.
Gerätebeschreibung	XML-basiert mit Schema-Definition.	Schlüsselwort-basiert.
Zugriff auf Daten eines Feldgerätes	Von mehreren Teilnehmern lesend und schreibend möglich.	Von mehreren Teilnehmern nur lesend möglich.
Alarme und Diagnosen	Können unterschiedlich priorisiert werden.	Nur eine Priorität möglich.
Gerätemodellierung	Mehrere Feldgeräte einer Geräte-familie können in einer GSD-Datei beschrieben werden.	Ein Feldgerät einer Gerätefamilie kann in einer GSD-Datei beschrieben werden.
Adresseinstellung	Automatische Adressvergabe im Konzept enthalten.	Über DIP-Switch oder per Telegramm.
Übertragungsrate	100 Mb/s vollduplex	Max. 12 Mb/s

Die wesentlichen Neuerungen bei PROFINET IO gegenüber PROFIBUS sind:

- Das Gerätemodell beinhaltet eine weitere Adressierungsebene. Anwenderfunktionen können deshalb feingranularer adressiert werden.
- Jedem Teilnehmer kann eine unterschiedliche Aktualisierungsrate zugewiesen werden. Diese Priorisierung des Datenverkehrs wurde durch Einführung eines Untersetzungsfaktors (Reduction Ratio) ermöglicht.
- Die Anzahl der anschließbaren Teilnehmer ist durch das Protokoll nicht mehr begrenzt.
- Eine beliebige Ausdehnung des Netzes ist möglich.
- Mehrere Controller können mit einem Feldgerät kommunizieren.
- IT-Services sind einfach integrierbar.
- Die Gerätebeschreibung ist XML-basiert.
- In einer GSD-Datei können mehrere Geräte einer Familie beschrieben werden.

- Eine flache Netzstruktur ist möglich und damit Wegfall von aufwendigen Gateways in den Steuerungen (man kann über das IP-Netz direkt die Feldgeräte ansprechen).
- Feldgeräte, Diagnose- und Konfiguriertools oder Controller können auch Subnetz-übergreifend angeschlossen werden.
- Mit der IRT-Funktionalität sind neben der Taktsynchronität auch extreme Echtzeitanforderungen realisierbar.
- PROFINET-Automatisierungsanlagen ermöglichen einen einfachen Gerätetausch ohne Vorkenntnisse und ohne Engineering-System.

5.1 PROFINET IO im Detail

Da die PROFINET-Kommunikation keinem klassischen Master-Slave-Prinzip wie bei PROFIBUS unterliegt, wurde es notwendig, für die PROFINET IO-Kommunikation neue und damit exakte Begriffsdefinitionen einzuführen. Zur besseren Strukturierung sind folgende Geräteklassen definiert:

- Ein **IO-Controller** ist das Feldgerät, das die Daten einer Anlagen-Projektierung von einem Konfiguriertool geladen bekommt und aufgrund der erhaltenen Daten die Kommunikation zu den projektierten Feldgeräten aufbaut. Nach dem Aufbau der Kommunikation führt er den Prozessdatenverkehr durch, bearbeitet Alarme und kann lesend und schreibend auf Daten in den Feldgeräten zugreifen, die er im Systemhochlauf eindeutig identifiziert hat. In Automatisierungsanlagen ist ein IO-Controller normalerweise eine **S**peicher-**P**rogrammierbare-**S**teuerung (SPS) oder ein PC. Er enthält auch das Anwenderprogramm. Es gibt keine Begrenzungen, wie viele IO-Controller in einer Anlage eingesetzt werden können.
- Der **IO-Supervisor** besitzt nahezu die gleichen Möglichkeiten wie ein IO-Controller. Er wird in der Regel als Engineering-Station in einer Anlage eingesetzt. Mit ihm kann man eine Anlage projektieren und für die Inbetriebsetzung oder zur Fehlersuche die Feldgeräte diagnostizieren. Beim Anlagenbetrieb findet man auch häufig HMI-Stationen (**H**uman **M**achine **I**nterface) mit der Funktionalität eines IO-Supervisors, die ein PC oder Programmiergerät sein können.
- Das **IO-Device** ist ein dezentral angeschlossenes, prozessnahes Feldgerät, das von einem IO-Controller oder IO-Supervisor konfiguriert wird und auf einmalige Anforderung seine Prozessdaten zyklisch an die übergeordnete Steuerung (IO-Controller oder IO-Supervisor) überträgt. Ein IO-Device kann Kommunikationsverbindungen zu mehreren IO-Controllern und IO-Supervisors gleichzeitig aufrechterhalten.

Begriffsunterschiede (Vergleich mit PROFIBUS)

Tabelle 5.2: Die Begriffsdefinitionen unterscheiden sich zwischen PROFINET IO und PROFIBUS.

PROFINET IO	Entspricht bei PROFIBUS
IO-Controller	Master-Klasse-1
IO-Supervisor	Master-Klasse-2
IO-Device	Slave

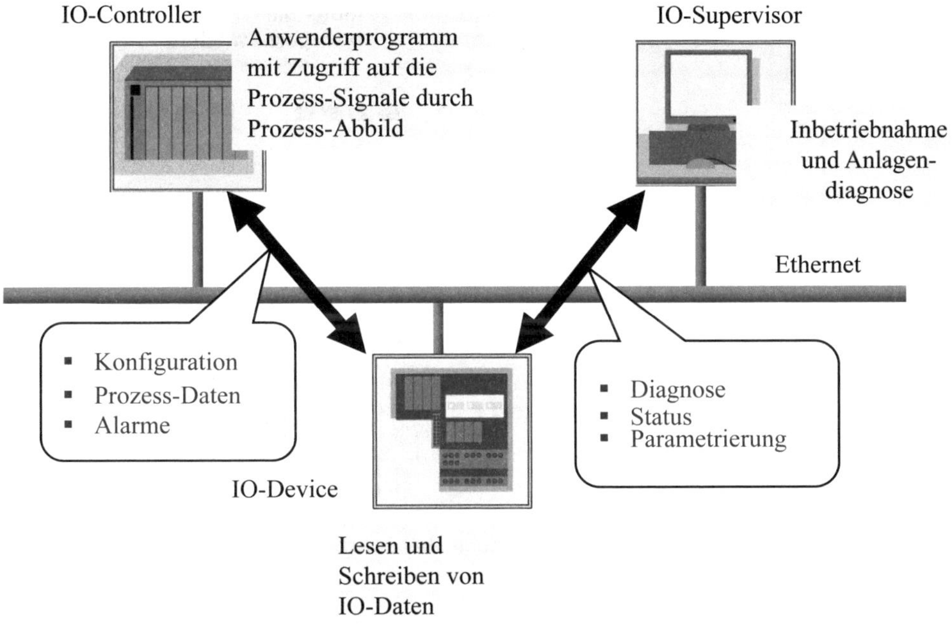

Bild 5.1: Das Zusammenspiel der unterschiedlichen Gerätetypen bei PROFINET IO

In einer PROFINET-Anlage gibt es mindestens einen IO-Controller und ein bis mehrere IO-Devices. IO-Supervisors sind zu Diagnosezwecken meist nur temporär eingebunden – es sei denn, sie arbeiten als HMI-Geräte (**H**uman **M**achine **I**nterface-Stationen werden zum Bedienen und Beobachten von Anlagenzuständen eingesetzt), mit denen Anlagenzustände visualisiert werden.

Die Kommunikation zwischen zwei PROFINET IO-Controllern erfolgt entweder mittels PROFINET CBA oder über die sich in Definition befindliche *Controller-Controller-Communication.*

5.1.1 Der Anschluss von PROFINET IO-Feldgeräten

Der Anschluss der PROFINET IO-Feldgeräte erfolgt ausschließlich über Switches als Netzwerk-Komponenten. Dies erfolgt entweder sternförmig über separate Switches oder linienförmig mit im Feldgerät integrierten Switches. Nachfolgendes Bild stellt diese beiden Varianten gegenüber. Beim Ausfall eines Switches sind je nach Busstruktur entweder ein einzelner oder mehrere Teilnehmer gestört. Deshalb ist es wichtig, im Bedarfsfall redundante Kommunikationswege vorzusehen.

PROFINET sieht durch den Anschluss über Switches immer nur Punkt-zu-Punkt-Verbindungen, d. h. wird bei einer Linie die Verbindung zwischen zwei Feldgeräten unterbrochen, sind die dahinter liegenden Feldgeräte nicht mehr erreichbar. Dies kann durch eine Ringstruktur vermieden werden (siehe auch „Medienredundanz“).

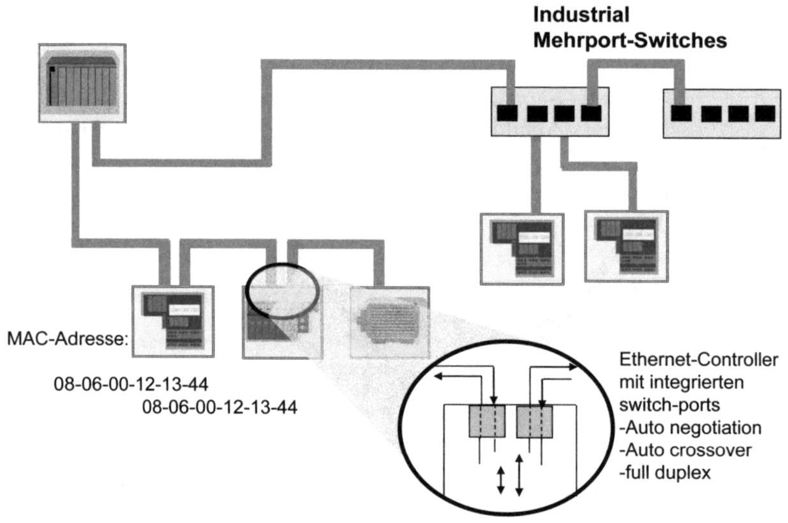

Bild 5.2: Der Anschluss von PROFINET-Feldgeräten erfolgt über Switches.

5.1.2 Die Port-MAC-Adressen

Warum sind Port-MAC-Adressen notwendig?

PROFINET IO-Feldgeräte sind immer über einen Switchport mit einem Switchport eines anderen Feldgerätes oder über Mehrportswitches verbunden. Port-MAC-Adressen sind notwendig, um sicherzustellen, dass dieselbe MAC-Adresse nie über zwei unterschiedliche Wege zu einem Switch kommt, da er ansonsten seine interne Adresstabelle ständig neu aufbauen und immer umlernen müsste. Deshalb enthalten einige PROFINET-Frames als *Dest. Address* die Port-MAC-Adresse des sendenden Ports. Folgende Dienste erfordern eine Kommunikation zwischen benachbarten Ports anhand von Port-MAC-Adressen (die *Source-MAC-Adresse* ist hier die Port-MAC-Adresse):

- die Ermittlung des Line Delays zum Nachbargerät bei einer synchronisierten Kommunikation (PTCP),
- der Austausch der Nachbarschaftsinformationen (LLDP),
- die Testframes beim Medien-Redundanzprotokoll (MRP).

Das Feldgerät selbst wird über die Interface-MAC-Adresse adressiert. Jeder integrierte oder externe Switchport muss eine Port-MAC-Adresse besitzen. Diese sind vom Feldgerätehersteller zu programmieren und müssen im Auslieferzustand enthalten sein.

Da die Feldgeräte wissen müssen, über welchen Port diese Informationen gesendet und empfangen werden, sind für die oben beschriebenen Dienste die jeweilige Port-MAC-Adresse in der *Source-MAC-Address* des Ethernet-Frames enthalten. Die *Destination-MAC-Address* ist gemäß IEEE 802 darzustellen.

Nachfolgend sehen Sie einen Überblick der benutzten MAC-Adresse für die unterschiedlichen Dienste.

Tabelle 5.3: Zuordnung der Geräte- und Port-MAC-Adressen

PDU (Process Data Unit)		Benutzte MAC-Adresse
RTC-PDU	→ zyklischer DXCHG	
RTA-PDU	→ azykl. DXCHG	
UDP-RTC-PDU	→ zykl. UDP	
UDP-RTA-PDU	→ azykl. UDP	Geräte-MAC-Adresse
CL-RPC-PDU	→ Connectionless RPC	
ICMP-PDU	→ Internet Control Message	
DCP-PDU	→ Adressauflösung	
MRP-PDU	→ Medienredundanz für UDP/IP	
LLDP-PDU	→ Nachbarschaftserkennung	Port-MAC-Adresse
PTCP-PDU	→ Clock Synchronisation	

Beispiel

Ein Feldgerät, basierend auf einem Ethernet Controller mit 2 integrierten Switchports, besitzt dementsprechend 3 unterschiedliche MAC-Adressen. PROFINET-taugliche Mehrport-Switches ab Conformance Class B sind immer als IO-Device modelliert. Auch diese „Switches" benötigen pro Switchport eine Port-MAC-Adresse und für die Device-Adressierung selbst eine Device-MAC-Adresse.

5.2 Das Gerätemodell von PROFINET IO

Feldgeräte haben die Aufgabe, Prozesse in einer Automatisierungsanlage zu steuern und/oder zu regeln. Dazu benötigen diese mehr oder weniger Intelligenz, die in Form einer vom Hersteller integrierten Funktionalität entweder fest hinterlegt ist oder projektiert werden kann. Feldgeräte gibt es deshalb in den Ausführungen als

- **Kompaktgeräte** (Feldgeräte mit festem, nicht veränderbaren Ausbaugrad) oder als
- **modulare Geräte** (Feldgeräte, deren Ausbaugrad während der Projektierung an die Anlage angepasst werden kann).

Alle Feldgeräte sind in ihren technischen und funktionellen Möglichkeiten hinsichtlich Kommunikation in einer vom Feldgeräteentwickler zu erstellenden GSD-Datei (**G**eneral **S**tation **D**escription) beschrieben (Details siehe Kap. *Die PROFINET IO-Gerätebeschreibung*). In ihr ist u. a. das Gerätemodell repräsentiert, das durch die verfügbaren Module für eine bestimmte Gerätefamilie abgebildet ist. Der Zugangspunkt zu einem IO-Device ist immer der **D**evice **A**ccess **P**oint (DAP). Dieser ist in der GSD-Datei mit seinen Eigenschaften definiert. Ihm kann eine Vielzahl von Peripheriebaugruppen zugeordnet werden, die die eigentlichen Prozessdaten liefern.

In einem Feldgerät ist es notwendig, alle Signale, die an ein Feldgerät ausgegeben werden können, und die Signale, die ein Feldgerät liefern kann, auch getrennt adressieren zu können. Deshalb müssen bei der Modellierung der Daten entsprechende Festlegungen getroffen werden.

Folgende Adressierungstiefen müssen deshalb unterstützt (modelliert) werden:

- Adressierung des Feldgerätes (Busanschaltung = DAP),
- einzelne Peripherie-Baugruppen,
- einzelne I/O-Kanäle innerhalb einer Peripherie-Baugruppe,
- Programmteile innerhalb einer Peripherie-Baugruppe,
- Alarme,
- Gerätediagnosen und
- Kanaldiagnosen.

Das bewährte Gerätemodell von PROFIBUS wurde dabei weitgehend übernommen und an die Anforderungen der Endanwender angepasst. Folgende Adressierungsmöglichkeiten sind standardisiert:

- Der **Slot** kennzeichnet den physikalischen Steckplatz einer Peripherie-Baugruppe in einem modularen I/O-Feldgerät. In den unterschiedlichen Slots sind die Module angeordnet, die einen oder mehrere Subslots für den Datenaustausch enthalten. Der Hersteller eines Baugruppensystems (Feldgerät) bestimmt dabei den Ausbaugrad eines Moduls. Die technischen Daten sind in der GSD-Datei definiert.
- Innerhalb eines Slots bilden die **Subslots** die eigentliche Schnittstelle zum Prozess (Ein-/Ausgänge) hin. Die Granularität eines Subslots (bit-, byte-, wortweise Aufteilung der I/O-Daten) bestimmt der Hersteller.
- Der **Index** spezifiziert die Daten innerhalb eines Slots/Subslots, die azyklisch mit den definierten Read-/Write-Services gelesen oder geschrieben werden können.

Nachfolgend ist das Gerätemodell anhand eines modular aufgebauten IO-Devices dargestellt (Busanschaltung und drei Ein-/Ausgabebaugruppen). Ein in der GSD-Datei beschriebenes Modul wird beim Engineering einem physikalischen Slot in der realen Automatisierungsanlage zugeordnet. Wie viele Slots/Subslots ein IO-Device bearbeiten kann, legt der Hersteller in der GSD-Datei fest.

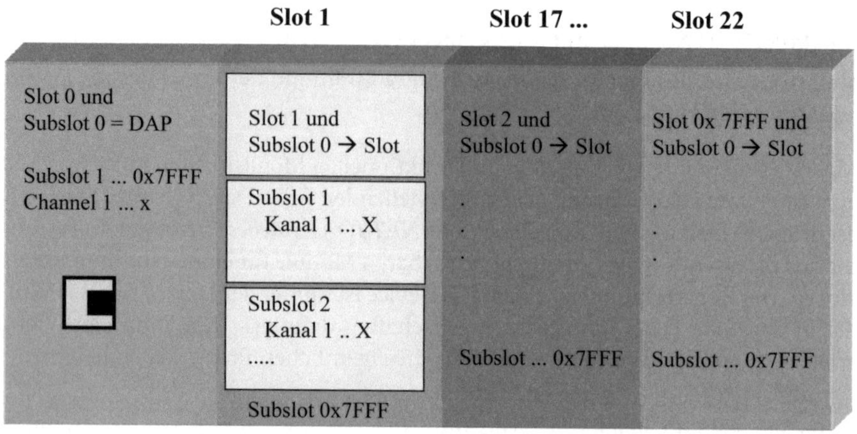

Bild 5.3: Das Gerätemodell von PROFINET IO ist dem PROFIBUS-Gerätemodell sehr ähnlich.

Standardmäßig wird über Slot 0 das Feldgerät (DAP) selbst adressiert. Es ist aber auch möglich, das DAP in einem anderen Slot zu definieren. Slot 1 bis Slot x enthalten die Peripherie-Baugruppen. Innerhalb eines Slots sind die Ein-/Ausgabedaten, Alarme und Diagnosen unterschiedlichen Subslots zugeordnet. Subslots stellen deshalb die Schnittstelle zum angeschlossenen Prozess dar.

Die Adressierung der I/O-Daten erfolgt durch Slot/Subslot-Kombinationen. Slots und Subslots müssen nicht lückenlos in aufsteigender Reihenfolge (z. B. von 1 ... 32) vorhanden sein.

Folgende Wertebereiche gelten bei der Adressierung von I/O-Daten:

Slot 0 ... 0x7FFF,

Subslot 1 ... 0x7FFF.

Bei der Definition von Subslots innerhalb eines Slots sind die Zugriffsrechte beim Schreibzugriff von mehreren IO-Controllern zu berücksichtigen. Die Anzahl der Subslots, wie in der GSD-Datei (**G**eneral **S**tation **D**escription) beschrieben, bestimmen dabei die Zugriffsmöglichkeiten von unterschiedlichen IO-Controllern, da jeder Subslot nur **einem** IO-Controller für Schreibzugriffe oder Alarme zugeordnet dein kann. Lesende Zugriffe sind von mehreren IO-Controllern erlaubt.

Hinweis:
Module werden vom Hersteller in ihrer Funktion in der GSD-Datei definiert. Diese werden in einer realen Automatisierungsanlage den physikalischen Slots zugeordnet. Die jeweilige Subslotnummer 0 wird dazu verwendet, ein bestimmtes Modul innerhalb eines IO-Devices zu adressieren. Es existiert nicht als reales Modul und darf weder I/O-Daten noch Record-Daten enthalten.

Beim azyklischen Datenverkehr (siehe Read-, Write-Frames) kann eine Anwendung die zu adressierenden Daten mit Slot, Subslot genau spezifizieren. Anwenderspezifisch kann die dritte Adressierebene verwendet werden, der Index. Die Indizes von 0x8000 ... 0xFFFF sind System spezifisch bei PROFINET festgelegt. Der Bereich 0x0000 ... 0x7FFF kann anwenderspezifisch verwendet werden.

Um bei modularen Geräten das Gerätemodell beim Projektieren an eine Anlage anpassen zu können, müssen die einsetzbaren Module/Submodule für eine bestimmte Gerätefamilie in der GSD-Datei vom Hersteller des jeweiligen Baugruppensystems definiert werden.

Dabei ist anzugeben,

- welche Module mit der entsprechenden Gerätefamilie zusammen mit welchem DAP betreibbar sind,
- in welchen physikalischen Slots des Baugruppenträgers diese Module steckbar sind,
- die Identnummern des Moduls und des jeweiligen Submoduls,
- die Aufteilung der Submodule innerhalb eines Moduls und
- die Parameter, die die Submodule evtl. benötigen.

Damit es bei der Definition von Anwenderprofilen nicht zu konkurrierenden Datenzugriffen kommen kann, ist es sinnvoll, neben den Slots und Subslots (physikalische Bezeichnung) eine weitere Ebene zu definieren, das API (**A**pplication **P**rocess **I**dentifier). Dadurch ist es möglich, unterschiedliche Applikationen auch separat zu behandeln (z. B. ein Feldgerät unterstützt die Anwenderprofile *PROFIsafe* als API 0 und *PROFIdrive* als API x), um die Überschneidung von Datenbereichen zu verhindern.

Das beschriebene Gerätemodell kann sowohl in einem IO-Controller als auch in einem IO-Device vorhanden sein. PROFINET IO sieht vor, dass Subslots auch unterschiedlichen Controllern zugeordnet sein können. Die Aufteilung der Kanäle in einem Subslot kann dabei als eine zusammengehörige Einheit gesehen werden und einem IO-Controller zugeordnet sein. Es ist aber auch möglich, dass Daten sulslotgranular von unterschiedlichen IO-Controllern bearbeitet werden.

Beispiel

Eine GSD-Datei bietet dem Feldgerätehersteller die Möglichkeit, für jedes Modul ein oder mehrere Submodule zu definieren. Beispielsweise können im Subslot 1 die Eingangsdaten (vom IO-Device zum IO-Controller) und im Subslot 2 die Ausgangsdaten (vom IO-Controller zum IO-Device) definiert sein. Der Subslot 3 kann alarmfähig sein und hochprioritäre Daten bei bestimmten Anlagenzuständen liefern. Jedem Subslot kann man Parameter zuordnen, die im Systemhochlauf an das entsprechende Submodul vom IO-Controller geschrieben werden. Dabei ist es möglich, die Parameter innerhalb des Subslots ab einem bestimmten Offset zu schreiben. Konkurrierende Schreibzugriffe wehrt der Consumer (für Ausgangsdaten ist das das IO-Device) ab.

5.3 Die Dienste von PROFINET IO

In einer Automatisierungsanlage werden die Prozessdaten zur Steuerung einer Anlage zyklisch übertragen (*IO Data Objects*). Daneben ist es auch notwendig, Daten nur bei Bedarf auszutauschen (Auskunftsfunktionen, Parameter, Read/Write-Daten), damit der zyklische Datenverkehr nicht gestört wird. Diese als *Record Data Objects* bezeichneten Daten werden azyklisch übertragen. Für das Melden von hochprioritären Anlagenzuständen sieht PROFINET das Alarmkonzept vor (*Alarm Data Objects*).

Die dafür zur Verfügung gestellten Dienste und die Möglichkeiten der Datenzugriffe werden im folgenden Kapitel erklärt.

Die IO Data Objects

PROFINET IO nutzt für den zyklischen Datenaustausch das Provider-Consumer-Modell. Der Provider (Datenquelle) stellt dabei die Daten einem oder mehreren Consumern (Datensenke) zur Verfügung. Jedes IO-Feldgerät (IO-Device oder IO-Controller) kann sowohl Provider als auch Consumer sein. Die Funktionalität wird alleine durch die Applikation bestimmt. Typischerweise ist ein IO-Controller Consumer für die Eingangsdaten vom zu steuernden Prozess und Provider für die an den Prozess auszugebenden Ausgangsdaten. Aus Sicht des IO-Devices ist es genau umgekehrt.

Der Austausch der Prozessdaten erfolgt zyklisch mittels RT-Kommunikation. Hierfür verwendet PROFINET IO die *IO Data Objects*. Die Kommunikation erfolgt unquittiert, da sonst die Leistungsfähigkeit des Systems eingeschränkt wäre. Für die Datenübertragung legt der Anwender beim Projektieren die Parameter für den Übertragungszyklus fest. Im Systemhochlauf teilt der IO-Controller diese Parameter den IO-Devices mit. Daraus leitet die PROFINET-Software im IO-Device die Übertragungsfrequenz ab.

Wie wir bei der Gerätemodellierung gesehen haben, sind alle Daten, die ein IO-Device liefern kann, in Subslots abgelegt. Dementsprechend ist auch die Übertragung der Prozessdaten innerhalb des Frames in Subslots angeordnet. Jedes Subslot-Datenfeld in einem Frame enthält ein Statusfeld, das die Gültigkeit der Daten signalisiert. Dieses wird am Ende der jeweiligen Subslot-Daten über den IOPS (Provider-Status der IO-Daten) oder dem IOCS (Consumer-Status der IO-Daten direkt) angezeigt. Somit kann in vielen Fällen direkt auf die Auswertung der Daten reagiert werden. Die Reihenfolge der zu übertragenden Daten wird vom IO-Controller im Systemhochlauf vorgegeben. Vom Provider zum Consumer werden sowohl die jeweiligen Provider-Status (IOPS für jeden Subslot) als auch die Consumer-Status zur Kontrolle übertragen. In umgekehrter Richtung erfolgt dies analog.

Da I/O-Daten unquittiert übertragen werden, ist es wichtig, das Eintreffen der erwarteten Daten zu überwachen. Dies erfolgt jeweils auf der Consumer-Seite. Beim Ausbleiben eines Frames wird das Anwenderprogramm mit einer Fehlermeldung informiert und die Verbindung abgebaut.

Die Alarm Data Objects

Die Verfügbarkeit einer Automatisierungsanlage ist eng mit einem leistungsfähigen Diagnosekonzept verbunden. In Produktionsanlagen ist es wichtig, zu jedem Zeitpunkt präzise Informationen über den Prozess zur Verfügung zu haben. Die Meldung solcher Ereignisse erfolgt mit den *Alarm Data Objects*. Alle prozessrelevanten Ereignisse sind als Real-Time-Frames azyklisch, unmittelbar zu melden. Da die *Alarm Data Objects* immer bidirektional arbeiten, kann eine Alarm-Meldung sowohl vom IO-Controller an ein IO-Device als auch umgekehrt gemeldet werden. Gewöhnlich werden aber Alarme auf IO-Device-Seite erzeugt.

PROFINET IO unterscheidet bei den Alarmmeldungen zwei Sichtweisen, die vom Anwender auch unterschiedlich behandelt werden sollten. Ereignisse, die aus dem Prozess resultieren und die Funktionsfähigkeit einer Anlage einschränken, sind per Prozess-Alarm an das übergeordnete Leitsystem zu melden. Diagnose-Alarme sind Ereignisse, die die Funktionsfähigkeit des Feldgerätes beeinflussen. Alarme können mit unterschiedlichen Prioritäten versehen werden. Zu einem Zeitpunkt können maximal ein hochprioritärer und ein niederprioritärer Alarm (Prozess- und Diagnosealarm) in einem Feldgerät anstehen. Alarme werden immer von der Gegenseite quittiert.

Zum gesamten Diagnose-Konzept gehört auch das Melden von Diagnosen (nicht Alarme). Diese unterliegen der azyklischen UDP/IP-Kommunikation und werden bei den *Record Data Objects* erklärt. Diagnosen werden nicht quittiert.

Die Record Data Objects

Für die nicht zeitkritische, azyklische Kommunikation stehen die *Record Data Objects* zur Verfügung. Dieses UDP/IP-Protokoll arbeitet verbindungsorientiert. Es ist durch die Read- und Write-Services realisiert. Oftmals ist es für Wartungszwecke nützlich, Informationen aus einem IO-Device auslesen zu können. Diese Services können parallel zum Prozessdatenverkehr durchgeführt werden.

Das Schreiben und Lesen von azyklischen Daten kann der Anwender aufgrund einer individuellen Anordnung von Slots und Subslots bestimmen. Nachfolgende Dienste werden bei PROFINET IO über die *Record Data Objects* abgewickelt:

- das **Parametrieren** der einzelnen Submodule im Systemhochlauf,
- das Auslesen von **Diagnoseinformationen** (eine detaillierte Beschreibung über die Verwendung von Diagnosen ist im Kapitel *Das Diagnosekonzept* erklärt),
- Auslesen von **Identifikations-Informationen** gemäß PNO-Richtlinie *I&M-Functions*,
- die **Logbuch-Einträge** zur besseren Übersicht über die Historie des Automatisierungsprozesses,
- das Rücklesen von **IO-Data Objects**,
- das Rücklesen des Ausbaugrads etc.

5.4 Die Kommunikationswege bei PROFINET IO

Um die Kommunikation bei PROFINET IO in den weiteren Ausführungen besser verstehen zu können, ist an dieser Stelle ein Kurzüberblick über die unterschiedlichen Kommunikationswege notwendig. Detaillierte Information folgen in späteren Kapiteln.

PROFINET IO kennt prinzipiell zwei Kommunikationsarten. Für nicht zeitkritische Vorgänge nutzt PROFINET die Kommunikation über UDP/IP. Dies entspricht der Standard-Ethernet-Kommunikation ohne Änderungen. UDP ist eine Untermenge von TCP und ist verbindungslos.

Für den zeitkritischen Datenaustausch steht ein leistungsfähiges Real-Time-Konzept (RT = Real-Time) zur Verfügung. Da Ethernet-Kommunikation an sich keine Echtzeit-Fähigkeit unterstützt, war es nötig, den Kommunikationsweg um die Real-Time-Kommunikation zu erweitern, um den industriellen Anforderungen zu genügen. PROFINET IO-Feldgeräte müssen immer beide Kommunikationswege (UDP/IP und RT) unterstützen.

Aber auch die Real-Time-Kommunikation erfüllt nicht alle Anforderungen an ein industrielles Kommunikationssystem. In einigen Anlagen ist es notwendig, eine (synchronisierte) taktsynchrone Datenübertragung von Prozessdaten zu bieten. Dafür wird das ***I**sochronous **R**eal **T**ime* (IRT oder auch Taktsynchronität) benötigt. IRT ist nur bei Anwendungen notwendig, bei denen eine taktsynchrone Kommunikation sichergestellt sein muss, wie beispielsweise in einigen Bereichen der Antriebstechnik bei Positionieraufgaben. Die weiteren Ausführungen in diesem Kapitel konzentrieren sich nur auf die UDP/IP- und RT-Kommunikation. Die IRT-Kommunikation ist im Kapitel *PROFINET IO und die IRT-Kommunikation* ausführlich beschrieben. Nachfolgendes Bild zeigt die prinzipielle Software-Struktur eines IO-Devices mit den UDP/IP- und RT-Kommunikationswegen.

Die UDP/IP- und die RT-Kommunikation sind mit jedem handelsüblichen Ethernet-Controller realisierbar. Alle Erweiterungen für die RT-Kommunikation sind in der IEC 61158 festgelegt und damit für jedermann zugänglich. Sie können in die jeweiligen Feldgeräte mit den verfügbaren Software-Stacks und den Standard-Ethernet-Controllern implementiert werden.

Nur für die IRT-Kommunikation sind spezielle Hardware-Voraussetzungen zu treffen, die die Synchronisation unterstützen.

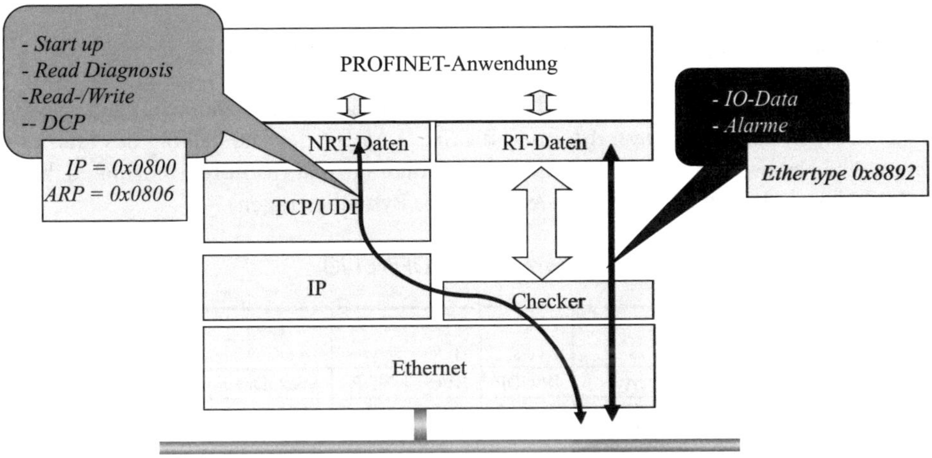

Bild 5.4: Alle PROFINET IO-Feldgeräte müssen sowohl die UDP/IP- als auch die RT-Kommunikation unterstützen.

5.4.1 PROFINET IO und die UDP/IP-Kommunikation

Die UDP/IP-Kommunikation bei PROFINET folgt dem internationalen Standard IEEE 802.3 (auch als Ethernet II bezeichnet). PROFINET-Feldgeräte werden immer über eine MAC-Adresse **und** eine IP-Adresse adressiert. Bei der UDP/IP-Kommunikation werden unterschiedliche Subnetze anhand der IP-Adresse identifiziert. Innerhalb eines Subnetzes ist die Geräte-MAC-Adresse (wird in einem Switch ausgewertet) ein eindeutiges Kriterium für die Adressierung des Zielgerätes. PROFINET IO-Feldgeräte können an die IT-Welt ohne Einschränkungen angeschlossen werden. Voraussetzung hierfür ist, dass die entsprechenden Dienste in dem jeweiligen Feldgerät integriert sind. Dies kann herstellerspezifisch differieren. Neben der Nutzung der IT-Services nutzt PROFINET IO in der Datenkommunikation zwischen den Feldgeräten für bestimmte Dienste die UDP/IP-Kommunikation.

Die Merkmale von UDP/IP sind:

- Erkennen von Telegrammverlusten durch Quittungsmechanismen,
- Wiederholung von Sende-Frames, wenn die Quittung ausbleibt,
- Flusskontrolle, d. h. der Empfänger kann die Sendefrequenz eines Senders steuern. Damit wird sichergestellt, dass der Sender erst dann wieder einen Frame sendet, wenn der vorherige quittiert wurde.

Welche Dienste werden über den UDP/IP-Kanal abgewickelt?

- Systemhochlauf mit dem Einrichten einer Applikationsbeziehung und den Kommunikationsbeziehungen,
- Parametrieren von IO-Baugruppen im Hochlauf (Write-Service),
- Adressauflösung mit dem Address Resolution Protocol (Standard IP-Service),

- azyklisches Lesen von I/O-Daten oder Diagnosen (Read-Service),
- azyklisches Schreiben von I/O-Daten und Parametern (Write-Service).

Alle UDP/IP-Frames haben nachfolgenden Aufbau. Für die späteren Darstellungen werden der Übersichtlichkeit halber die *Dest. Addr* und die *Src. Addr* bei der Darstellung des Frames weggelassen. Alle Netzwerkformate folgen dem Big Endian Format (Motorola-Format, d. h. zuerst wird das höherwertige Byte, dann das niederwertige Byte übertragen).

Der prinzipielle Aufbau eines UDP/IP-Frames bei PROFINET IO

6 Bytes	6 Bytes	2 Bytes	28 Bytes	80 Bytes	2 Bytes	1...1364 Bytes	4 Bytes
Dest.	Src.	Ethertype	IP/UDP	RPC	NDR	Spez. Daten-	FCS
Addr	Addr	0x0800		data	field	block	

Bild 5.5: Der Aufbau eines UDP/IP-Frames bei PROFINET entspricht dem Standard-Ethernet-Format nach IEEE 802.3.

Erklärung der relevanten Daten

In der Regel haben UDP/IP-Frames keinen Eth.type1/VLAN. Die im UDP/IP-Frame grau hinterlegten Zellen sind in jedem UDP/IP-Frame enthalten und haben folgende Bedeutung:

Die ***Dest. Addr*** enthält die MAC-Adresse des Empfängers.

Die ***Src. Addr*** enthält die MAC-Adresse des Senders.

Ethertype: Dieser Ethernet-Type wird für die nähere Spezifizierung der nachfolgenden Daten verwendet. IP-Daten werden beispielsweise durch den EthTyp 0x0800 angezeigt.

IP/UDP enthält die Informationen zur Adressierung eines Netzwerkes.

RPC spezifiziert das Datenformat, mit dem die Daten übertragen werden (Big/Little Endian) und identifiziert das Zielobjekt näher.

NDR spezifiziert die Größe des adressierten Datenblocks. Das Datenformat ist wie im RPC-Header angegeben.

Die im Feld ***Spez. Datenblock*** vorhandenen Daten haben je nach übertragenem Frame unterschiedliche Inhalte.

FCS enthält die Checksumme der übertragenen Daten.

Hinweis:
Die UDP/IP-Kommunikation wird über den RPC-Time-out überwacht.

Weitere relevante UDP/IP-Protokolle in Verbindung mit PROFINET IO

Neben UDP/IP als Fundament müssen noch folgende Anwenderprotokolle in Betracht gezogen werden, die bei PROFINET IO verwendet werden können. Sie sind allerdings normalerweise in den handelsüblichen IP-Stacks enthalten.

- **DHCP** (**D**ynamic **H**ost **C**onfiguration **P**rotocol) zur Vergabe von IP-Adressen und verwandter Parameter bei entsprechender vorhandener Infrastruktur.*)
- **DNS** (**D**omain **N**ame **S**ervice) zur Verwaltung von logischen Namen.*)
- **SNMP** (**S**imple **N**etwork **M**anagement **P**rotocol) zum Auslesen von Status- und Statistikinformation und zur Erkennung von Kommunikationsfehlern.
- **ARP** (**A**ddress **R**esolution **P**rotocol) zum Umwandeln von IP-Adressen in MAC-Adressen.
- **ICMP** (**I**nternet **C**ontrol **M**essage **P**rotocol) dient zur Übermittlung von Fehlerinformationen.

5.4.2 Die RT-Klassen bei PROFINET IO

Wie aus den bisherigen Ausführungen deutlich wird, ist eine Datenkommunikation über den UDP/IP-Pfad mit sehr vielen Verwaltungs- und Kontrollinformationen versehen, die den Datenverkehr verlangsamen. Die Motivation und Hintergründe zur Definition eines optimierten Kommunikationskanals sind die gleichen wie bei der Komponenten-basierten Kommunikation mit PROFINET CBA (siehe auch Kapitel *PROFINET CBA*). Deshalb mussten für die Real-Time-Kommunikation neue Wege gegangen werden.

PROFINET IO führt den zyklischen Datenaustausch, Alarme und die Adressauflösung immer in Real-Time durch. Real-Time beinhaltet automatisch eine höhere Priorität gegenüber UDP/IP-Frames. Dies ist notwendig, um die Durchleitung der Daten in den Switches zu priorisieren, damit RT-Frames nicht durch UDP/IP-Frames verzögert werden. Deshalb wurden vier Real-Time-Klassen definiert, die anhand der im Frame übertragenen Frame-IDs unterschieden werden. Im Systemhochlauf gibt dabei der IO-Controller die vom IO-Device erwartete Frame-ID für die Eingangsdaten innerhalb eines Frame-ID-Bandes vor. Das IO-Device antwortet seinerseits mit dem Frame-ID-Band für die erwarteten Ausgangsdaten.

PROFINET IO unterscheidet bei der RT-Kommunikation folgende Klassen:

- **RT_CLASS_1: Unsynchronisierte RT-Kommunikation innerhalb eines Subnetzes.** Bei dieser Kommunikation sind keine speziellen Adressierungsinformationen notwendig. Der Zielteilnehmer wird nur anhand der *Dest. Addr* identifiziert. Die unsynchronisierte RT-Kommunikation innerhalb eines Subnetzes ist bei PROFINET IO die übliche Art der Datenübertragung. Wenn sich der RT-Datenverkehr auf ein Subnetz (gleiche Netz-ID) beschränken kann, ist diese Variante die einfachste, die ohne zusätzliche Vorkehrungen auskommt. Dieser Kommunikationsweg ist parallel zur UDP/IP-Kommunikation standardisiert. Jedes IO-Device überträgt seine Eingangsdaten in einem vom IO-Controller vorgegebenen Raster. Da es sich hier um eine unsynchronisierte Kommunikation handelt, gibt es auch keinen definierten Anfang eines Buszyklus für alle Feldgeräte. Alle IO-Devices haben deshalb einen unterschiedlichen Beginn des Sendezyklus. Lediglich der zeitliche Abstand beim Senden der Eingangsdaten wird von den Feldgeräten eingehalten. Auf die Verwaltungsinformationen von UDP/IP und RPC wird hier bewusst verzichtet. RT-Frames durchlaufen nicht den UDP/

*) DNS und DHCP sind optionale Dienste bei PROFINET IO. Diese sollten unterstützt werden, um IO-Devices auch jenseits eines Routers in einem anderen Subnetzwerk adressieren zu können. Vorgeschrieben sind diese Dienste aber nicht.

IP-Pfad. Sie werden bereits beim Empfang anhand des Ethertypes (0x8892) identifiziert und an den RT-Pfad weitergeleitet. Die RT_CLASS_1-Kommunikation beschreibt bei PROFINET IO die Eigenschaften der lokalen, unsynchronisierten Sendelisten-Steuerung und des Switchings. In dieser RT-Klasse können industrietaugliche Standard-Switches eingesetzt werden.

- **RT_CLASS_2:** Unsynchronisierte oder **synchronisierte Kommunikation innerhalb eines Subnetzes.** Die unsynchronisierte RT_Class_2-Kommunikation ist genauso zu sehen wie die RT_Class_1-Kommunikation. Bei der synchronisierten Kommunikation (wenn Taktsynchronisierung unterstützt wird lt. Keyword in der GSD-Datei) wird der Beginn eines Buszyklus für alle Teilnehmer synchronisiert und genau bestimmt, wann Feldgeräte senden dürfen. Dies ist für alle an der Kommunikation beteiligten Feldgeräte in der RT_CLASS_2 der Anfang des Buszyklus. RT_CLASS_2 beschreibt die Eigenschaften der lokalen, synchronisierten Sendelisten-Steuerung und des Switchings. Synchronisiert bedeutet, dass alle an der RT_CLASS_2 teilnehmenden Feldgeräte auf denselben Bustakt synchronisiert sind und somit der Beginn eines Buszyklus von den Feldgeräten genau abgeleitet werden kann. Switches müssen diese Synchronisation unterstützen.

> **Hinweis:**
>
> RT_CLASS_2 kann sowohl synchronisiert als auch unsynchronisiert eingestellt werden. Wird die Synchronisation in einem Feldgerät unterstützt, werden auch RT_CLASS_2-Frames immer synchron übertragen. Die zulässigen Möglichkeiten gibt der Hersteller eines Feldgerätes in der GSD-Datei an. Der IO-Controller schaltet die jeweilige Kommunikationsart ein. Die synchronisierte RT_CLASS_2-Kommunikation ist optional.

- **RT_CLASS_3: Synchronisierte Kommunikation innerhalb eines Subnetzes.** Bei der synchronisierten RT_CLASS_3-Kommunikation erfolgt das Senden der Prozessdaten nach einer genauen, beim Anlagen-Engineering festgelegten Reihenfolge mit höchster Präzision (maximal erlaubte Abweichung vom Beginn eines Buszyklus ist 1 µs). Diese optimierte Datenübertragung wird auch als IRT-Funktionalität bezeichnet (Isochronous Real Time oder Taktsynchronität). RT_CLASS_3 beschreibt die Eigenschaften der lokalen Sendelisten-Steuerung und des Switchings. Die Sendelisten-Steuerung ist synchronisiert und die Reihenfolge der Datenübertragung vorgegeben. Für diese, auf höchste Performance getrimmte Datenübertragung sind spezielle Hardware-Vorkehrungen zu treffen (Ethernet-Controller mit integriertem Switch). Unterstützt ein Feldgerät die synchronisierte Kommunikation, dann muss die RT_CLASS_3 unterstützt werden.

> **Hinweis:**
>
> Der Ethertype 0x8892 ist von der IEEE an die PNO zugewiesen und kann von jedem Hersteller in Netzwerk-Komponenten für die RT-Kommunikation mit PROFINET IO benutzt werden.

- **RT_CLASS_UDP: Unsynchronisierte RT-Kommunikation zwischen unterschiedlichen Subnetzen.** Die unsynchronisierte Subnetz-übergreifende Kommunikation benötigt Adressierungsinformationen über das Zielnetzwerk (IP-Adresse). Diese Variante wird auch als RT_CLASS_UDP bezeichnet und beschreibt die Eigenschaft der lokalen Sendelisten-Steuerung in einem IO-Device und des Switchings. Die Sendelisten-Steuerung ist unspezifiziert, d. h. es gibt keine bestimmten Vorgaben für das Senden solcher Daten. In dieser RT-Klasse sind keine besonderen Anforderungen nötig. Somit können Standard-Switches nach IEEE 802 eingesetzt werden.

5.4.2.1 Der prinzipielle Aufbau eines RT-Frames bei PROFINET IO innerhalb eines Subnetzes

...	...	4 Bytes	2 Bytes	2 Bytes	40..1440 Bytes	4 Bytes
		VLAN	Ethertype	FrameID	Daten	FCS
		Tag	0x8892			

Bild 5.6: Der Aufbau eines RT-Frames ist durch einen eigenen Ethertype gekennzeichnet.

Erklärung der relevanten Daten

Die im RT-Frame übertragenen Zellen haben folgende Bedeutung:

Dest. Addr: MAC-Adresse des Empfängers.

Src. Addr: MAC-Adresse des Senders.

VLAN-Tag ist optional und wird verwendet, um Frames unterschiedliche Prioritäten zuweisen zu können. Der VLAN-Tag wird von manchen Switches entfernt. Unsynchronisierte RT-Frames (RT_CLASS_1/2) enthalten aber **immer** einen VLAN-Tag. IRT-Frames (RT_CLASS_3) enthalten keinen VLAN-Tag.

Der ***Ethertype*** wird für die nähere Spezifizierung der nachfolgenden Daten verwendet. PROFINET verwendet den Ethertype 0x8892 für die Identifizierung von PROFINET-Real-Time-Frames.

Die ***FrameID*** spezifiziert die nachfolgenden Daten näher (z. B. Zeitsynchronisation, Alarmübertragung, Real-Time-Klassen).

5.4.2.2 Der prinzipielle Aufbau eines Subnetz-übergreifenden UDP/IP-Frames bei PROFINET IO (RT_CLASS_UDP)

In einigen Netzwerken oder bei Anlagenerweiterungen kann es notwendig sein, I/O-Daten über unterschiedliche Subnetze hinweg auszutauschen. Dies ist mit dem bereits bekannten RT-Frame aufgrund der fehlenden Adressierungsmöglichkeiten nicht möglich. Deshalb wurde eine weitere RT-Variante innerhalb des PROFINET IO-Konzepts gewählt, die als *RT_CLASS_UDP* benannt wurde. Die Unterscheidung, wie Daten gesendet werden, erfolgt bereits im Systemhochlauf im *Connect-Aufruf.*

Die Namens-/IP-Auflösung erfolgt bei *RT_CLASS_UDP* aus Sicht des IO-Devices beispielsweise über einen separaten DHCP-Server (**D**ynamic **H**ost **C**onfiguration **P**rotocol), der die IP-Adresse an das Device aufgrund seines Namens vergibt. Der IO-Controller wird durch die Projektierungsdaten informiert, dass bei diesem *RT_CLASS_UDP-Device* die IP-Adresse über einen separaten

DHCP-Server zu holen ist. Daraufhin holt sich der IO-Controller aufgrund des vorhandenen Namens des IO-Devices die IP-Adresse vom DNS-Server. Welche Art der Namensauflösung verwendet wird, gibt die Projektierung vor.

...	...	4 Bytes	2 Bytes	28 Bytes	80 Bytes	2 Bytes	1...1364 Bytes	4 Bytes
		VLAN-Tag	Ethertype	IP/UDP	RPC	NDR	Daten	FCS
		optional	0x0800	Siehe *)	data	field	Block	

Bild 5.7: Der Aufbau eines *RT_CLASS_UDP*-Frames.

*) als UDP-Source-/Destination-Port-Nummer wird empfohlen, 0x8892 oder 0xC000 ... 0xFFFF zu verwenden. Der Bereich von 0x0400 ... 0xFFFF ist erlaubt.

5.5 Applikations- und Kommunikationsbeziehungen

Jeder Datenaustausch zwischen einem IO-Controller/-Supervisor und einem IO-Device läuft über genau definierte Kommunikationskanäle ab, die vor dem Datenaustausch erst vom IO-Controller aufgrund der erhaltenen Projektierungsdaten eingerichtet werden müssen.

> **Hinweis:**
> Mit einem IO-Supervisor können die gleichen Dienste wie mit einem IO-Controller durchgeführt werden. In den weiteren Ausführungen wird allerdings nur noch Bezug auf den IO-Controller genommen.

Jeder Datenaustausch ist einer ***Application Relation*** (AR) zugeordnet. Hierzu wird zwischen jeweils zwei Kommunikationspartnern eine genau spezifizierte Anwendung aufgebaut, die AR. Innerhalb der AR spezifizieren unterschiedliche ***Communication Relations*** (CR) die Daten eindeutig. Zu einem IO-Device können mehrere ARs von unterschiedlichen IO-Controllern aufgebaut werden.

Folgende unterschiedliche ARs sind bei PROFINET IO definiert:

Die IO-AR (Controller AR) dient dem Austausch von

- zyklischen Ein- und Ausgangsdaten innerhalb einer Unicast-Verbindung und dem Austausch von Ein- und Ausgangsdaten innerhalb einer Multicast-Verbindung,
- azyklischen Daten über Read-/Write-Services und
- Alarmen in beiden Richtungen.

Eine IO-AR muss über eine API im Wertebereich von 0 ... 0xFFFFFFFF erfolgen.

Die Supervisor-AR ist vorgesehen für

- den Datenaustausch eines IO-Supervisors mit einem IO-Device und besitzt dieselben Eigenschaften wie eine IO-AR,
- zur Übernahme eines oder mehrerer Submodule (wenn explizit in der IO-AR erlaubt).

Die **implizite AR** (ARUUID = 0) definiert eine Applikations-Beziehung zwischen IO-Controller und IO-Device oder IO-Supervisor und IO-Device zum Lesen von zyklischen und azyklischen Daten. Schreibzugriffe sind mittels einer impliziten AR nicht erlaubt. Dazu benötigt man einen IO-Controller (IOC-AR) oder eine IOS-AR (Supervisor-AR).

Da zu einem IO-Device mehrere ARs eingerichtet werden können, kommt es hierdurch auch zu keinen überlappenden Datenbereichen.

> **Hinweis:**
> Ein IO-Device muss mindestens eine AR *Application Relations* unterstützen. Mittelfristig sollten zwei weitere ARs für Redundanz-Betrieb und/oder Shared Inputs/Shared Devices unterstützt werden.

Eine AR ist durch eine ARUUID eindeutig identifiziert. Eine ARUUID ist eine weltweit eindeutige 16-Byte-Kennung, die für eine bestimmte Anlagen-Projektierung und zu jedem IO-Device vom Engineering-Tool erzeugt wird. Die ARUUID ist aus Sicht des IO-Controllers zu jedem IO-Device unterschiedlich.

Beim Systemhochlauf und bei den azyklischen Diensten wird im Frame immer die ARUUID zur Identifizierung der Daten mit übertragen. Ist im Fehlerfall oder nach Spannungsausfall ein Anlauf/Wiederanlauf innerhalb der Anlage notwendig, erfolgt dieser mit derselben ARUUID.

Innerhalb einer AR muss der Initiator Kommunikationsbeziehungen einrichten, um den gewünschten Datenaustausch durchführen zu können. Eine Anwendung kann nur auf Daten zugreifen, die innerhalb einer AR eindeutig spezifiziert sind.

5.5.1 Das Einrichten einer Applikationsbeziehung

Das Einrichten einer Applikationsbeziehung (AR = Application Relation) wird im Systemhochlauf durch den *Connect-Aufruf* (siehe auch Kap. *Die PROFINET IO-Frames beim Systemhochlauf*) initiiert. Dadurch werden neben allgemeinen Kommunikations-Parametern alle Daten für die Gerätemodellierung in das IO-Device geladen.

Die übertragenen Daten im *Connect-Aufruf* zum Aufbau einer AR sind

- der Ausbaugrad, aufgeteilt in Submodule für die I/O-Daten,
- Angaben zur Redundanz-AR,
- die Modellierung der Alarm-CR (Prioritäten),
- die Möglichkeiten der azyklischen Datenbearbeitung,
- der Untersetzungsfaktor (Reduction Ratio),
- die Angabe der **A**pplication **P**rocess **I**dentifier (API).

Das Gerätemodell von PROFINET IO sieht beim Einrichten einer AR folgende Möglichkeiten vor:

- Innerhalb einer IOCR können mehrere APIs definiert sein.
- Zu einer AR können ein oder mehrere APIs angegeben werden.
- Jeder API können ein oder mehrere Slots zugeteilt werden.
- Jeder Slot kann aus einem oder mehreren Subslots bestehen.

Auf die gesamten Daten kann über dieselbe AR zugegriffen werden. Damit können beispielsweise unterschiedliche Anwenderprofile wie PROFIdrive und PROFIsafe innerhalb einer AR abgearbeitet werden.

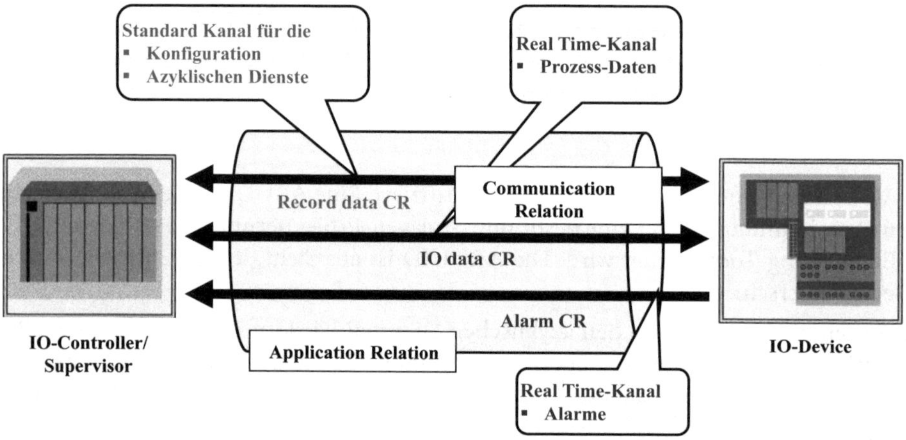

Bild 5.8: Die Daten-Kommunikation ist bei PROFINET IO *Application* und *Communication Relations* zugeordnet.

5.5.2 Das Einrichten einer Kommunikationsbeziehung (CR)

Innerhalb einer AR müssen Kommunikationsbeziehungen (CR =*Communication* ***Relation***) für den Datenaustausch aufgebaut werden. Damit ist ein eindeutiger Kommunikationskanal zwischen einem IO-Controller und einem IO-Device spezifiziert.

PROFINET IO spezifiziert folgende *Communication Relations*:

- **IO Data-CR** für den zyklischen Austausch der Prozessdaten. Diese muss immer eingerichtet werden.
- **Alarm-CR** für die azyklische Übertragung von Alarmen innerhalb der Real-Time-Kommunikation. Diese ist immer bidirektional und muss eingerichtet werden.
- **Record Data-CR** für den azyklischen Datenaustausch (optional).

5.5.2.1 Die Kommunikationsbeziehung für den zyklischen Datenaustausch (IO Data-CR)

Eine IO Data-CR folgt immer dem Provider-Consumer-Modell. Ein Provider stellt die Daten einem Consumer (normalerweise der IO-Controller bei den Eingangsdaten vom Prozess) zur

Verfügung. Bei den Ausgangsdaten ist im Regelfall der IO-Controller der Provider. Beim Aufbau einer IO Data-CR innerhalb einer AR überträgt ein IO-Controller alle Daten, die für den zyklischen Datenaustausch zwischen IO-Controller und IO-Device benötigt werden. Diese sind im Wesentlichen

- Übertragungshäufigkeit (Reduction Ratio) und Länge der Daten,
- Festlegen, ob Eingangs-/Ausgangsdaten oder Daten für Querverkehr,
- Anzahl der Submodule für Ein- und Ausgangsdaten,
- Reihenfolge der zu übertragenden Daten,
- Nummer des oder der verwendeten APIs.
- Identifikationsnummern der Module/Submodule im IO-Device.

I/O-Daten werden immer zyklisch und unquittiert zwischen Provider und Consumer übertragen. Zyklisch bedeutet hier, dass die Daten in einem festen Takt auf eine einmalige Anforderung vom IO-Controller übertragen werden. Dabei können die Aktualisierungsraten der Submodule bei den einzelnen Devices unterschiedlich sein. Ebenfalls kann das Sendeintervall unterschiedlich zum Empfangsintervall sein. Ein weiterer Vorteil bei der I/O-Kommunikation ist, dass die projektierten Daten nicht in jedem Buszyklus übertragen werden müssen (Reduction Ratio = Untersetzung). Damit kann der zyklische Datenaustausch optimiert werden, da die Reihenfolge der Übertragung der I/O-Daten vom IO-Controller vorgegeben wird. Vom IO-Controller können mehrere IOCRs, unterschieden nach Ein-/Ausgangsdaten, zu einem IO-Device eingerichtet werden.

Der Consumer hat dafür zu sorgen, dass immer ein ausreichend großer Datenpuffer zur Verfügung steht. Anhand des *Cycle Counters* im Datenframe kann der Consumer eine Zuordnung über die Reihenfolge der eintreffenden Daten vornehmen.

☞ **Hinweis:**

Beim Aufbau einer AR und den erforderlichen CRs parametriert der IO-Controller die Submodule anhand der in der GSD-Datei definierten Daten. Es liegt in der Verantwortung der Anwendung, anzuzeigen, dass Unterschiede zwischen Soll-Konfiguration und Ist-Konfiguration festgestellt wurden. Innerhalb des zyklischen Datenaustauschs werden fehlende Submodule im IOPS-Status als *bad* gekennzeichnet.

5.5.2.2 Die Kommunikationsbeziehung für Alarmübertragungen (Alarm-CR)

Alarme gehören zu den azyklischen Real-Time-Daten, die nach dem Entstehen übertragen werden und sowohl auf Protokollebene als auch auf Anwenderebene quittiert werden müssen, d. h. der Sender des Alarms bekommt nach einer einstellbaren Zeit entweder eine Quittung, dass die Daten richtig empfangen wurden, oder eine Fehlermeldung. Eine Alarm-CR ist gerichtet vom Provider zum Consumer. Alarmdaten müssen in einen Frame passen, da bei den azyklischen Diensten keine Segmentierung und Re-Assemblierung der Daten unterstützt werden. Eine Alarm-CR ist gesichert, d. h. eine Wiederholungsüberwachung ist durch die *SequenceNumber* sichergestellt.

Beim Aufbau der Alarm-CR ist anzugeben, an welchem Ende der Provider und an welchem der Consumer angeordnet ist. Prinzipiell können sowohl IO-Controller als auch IO-Devices als Provider und Consumer arbeiten. Der IO-Controller gibt vor, mit welcher Priorität die Prozess- und Diagnose-Alarme zu übertragen sind.

Prozess- und Diagnose-Alarme werden mit unterschiedlichen Prioritäten übertragen. Über eine Alarm-CR kann man gleichzeitig genau einen hoch- und einen niederprioritären Alarm übertragen. Die entsprechenden Ressourcen sind anwenderseits bereitzustellen. Die Quelle und die Senke sorgen dafür, dass die hochprioritären Alarme immer so schnell wie möglich bearbeitet werden und genügend Ressourcen zur Verfügung stehen. Anstehende niederprioritäre Alarme dürfen einen hochprioritären Alarm nur unwesentlich verzögern. Die Einteilung in hoch- und niederprioritäre Alarme ist sowohl bei der Bearbeitung im IO-Device und IO-Controller als auch bei der Übertragung zu berücksichtigen.

5.5.2.3 Die Kommunikationsbeziehung für den azyklischen Datenaustausch (Record Data-CR)

Die Record Data-CR ermöglicht es, Daten (Records) azyklisch zu übertragen. Diese Beziehung ist gerichtet und wird vom Record Data-Client zum Record Data-Server aufgebaut.

Die Record Data-CR bewerkstelligt das Lesen und Schreiben folgender Dienste anhand des Index:

- Schreiben von AR-Daten,
- Schreiben von Konfigurationsdaten,
- Lesen und Schreiben von Gerätedaten,
- Lesen von Diagnosedaten,
- Lesen der I/O-Daten,
- Lesen der Identification Data Objects (I&M Funktionen),
- Lesen von Log-Daten,
- Lesen von Physical Device Daten,
- Lesen der Differenzen zwischen erwarteten und gesteckten Modulen.

5.5.3 Der Abbau einer Applikationsbeziehung

Wird eine Applikationsbeziehung nicht mehr benötigt oder kann eine CR nicht mehr bedient werden, dann wird sie abgebaut, um die belegten Ressourcen wieder freizugeben. Beim Abbau einer AR werden auch die darin enthaltenen *Communication Relations* abgebaut.

☞ **Hinweis:**

Die Steuerung der Ausgänge ist nach dem Abbau einer AR anwenderspezifisch vorzunehmen.

5.5.4 Der Zusammenhang zwischen Gerätemodell und Adressierung der Daten im Feldgerät

Die Ablage der I/O-Daten, die im zyklischen Datenverkehr zwischen IO-Controller und IO-Device ausgetauscht werden, sind für jedes Feldgerät hierarchisch angeordnet. Der Zusammenhang zwischen den IOCRs, APIs, Slots und Subslots ist im folgenden Bild dargestellt.

Bei der Struktur des Gerätemodells in einem IO-Device ist die Schachtelungstiefe für die Adressierung der auszutauschenden Daten folgendermaßen aufgebaut:

die IOCR:

APIs (von 1 … n)

Slots (1 … n)

Subslots (1 … n).

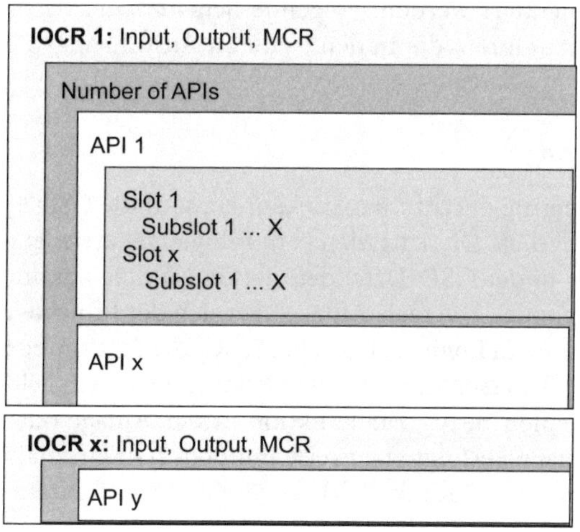

Bild 5.9: Die I/O-Daten in einem PROFINET IO-Feldgerät sind hierarchisch angeordnet.

Beim Projektieren einer Automatisierungsanlage legt der Projekteur die im Prozessdatenverkehr auszutauschenden Daten für das IO-Device fest. Im Systemhochlauf überträgt ein IO-Controller die Struktur der auszutauschenden Prozessdaten für das jeweilige IO-Device. Der Oberbegriff der Daten ist jeweils eine IOCR. Es können mehrere IOCRs für ein IO-Device eingerichtet werden. Die nächste Adressierungstiefe ist das sogenannte API. Innerhalb einer IOCR können ebenfalls mehrere APIs vorhanden sein. Dies hängt nur davon ab, welche Anwenderprofile im IO-Device unterstützt werden. Die eigentliche Schnittstelle zum Prozess bildet dann die Kombination aus Slots und Subslots. Diese sind immer einer API zugeordnet.

5.6 Vom Anlagen-Engineering zum Datenaustausch

In den bisherigen Ausführungen wurden die Modellierung des prozessnahen Feldgerätes, die Dienste von IO-Feldgeräten und die Kommunikationswege näher beschrieben. Damit sind die wichtigsten Grundlagen, die zum Verständnis von PROFINET IO gehören, erklärt. Auf diesen Grundlagen basieren die folgenden Ausführungen, die nun den logischen Weg zum Aufbau einer Gesamtanlage beschreiben.

PROFINET unterstützt einen sogenannten *AutoConfigMode*. Dieser ist bei kleinerem Ausbaugrad oder bei einer Automatisierungsanlage mit IO-Devices, die keine Anlaufparameter benötigen, sehr hilfreich. Ein Engineering-Tool wird hierbei nicht benötigt. In diesem Modus liest der IO-Controller den Ausbaugrad der angeschlossenen IO-Devices aus und adaptiert sich daran. Anschließend baut er die ARs/CRs selbstständig auf (*Connect-Frame* bis *Application ready*). Hierzu ist kein separates Engineering erforderlich.

In vielen Fällen muss allerdings der Ausbaugrad der IO-Devices für die jeweilige Automatisierungsanlage projektiert werden. Folgende Schritte sind deshalb der Reihe nach aus PROFINET-Sicht durchzuführen, die in den weiteren Ausführungen dieses Buches detailliert erklärt werden.

1. Das Anlagen-Engineering

Um ein Anlagen-Engineering durchführen zu können, sind die GSD-Dateien der zu projektierenden Feldgeräte erforderlich. Diese werden vom Feldgerätehersteller geliefert. Beim Anlagen-Engineering werden die in der GSD-Datei definierten Module zusammengeführt und auf die reale Anlage (Slots) abgebildet. Die reale Anlage baut sich der Projekteur sozusagen symbolisch im Engineering-Tool auf. Zum Engineering gehört auch die Festlegung der Netzwerk-ID für die im Betrieb benutzten IP-Adressen der einzelnen Feldgeräte. Jedem Feldgerät wird ein logischer Name zugeordnet, der einen Bezug zur Funktion in der Anlage oder zum Einbauort haben sollte. Die Namenszuweisung erfolgt wahlweise mit dem standardmäßig in jedem PROFINET IO-Feldgerät integrierten DCP-Protokoll (**D**iscovery and **C**onfiguration **P**rotocol). Da DHCP (**D**ynamic **H**ost **C**onfiguration **P**rotocol) international große Verbreitung gefunden hat und beispielsweise bei MS-Windows-basierten IO-Feldgeräten die Adresseinstellung über DCP nicht ohne Zusatzaufwand realisierbar ist, sieht PROFINET die Adresseinstellung ebenfalls über DHCP und über herstellerspezifische Mechanismen vor. Welche Möglichkeiten von einem IO-Feldgerät unterstützt werden, besagt der Inhalt der GSD-Datei für das jeweilige Feldgerät.

Jeder Hersteller eines IO-Controllers stellt auch ein Engineering-Tool zur Projektierung einer Anlage zur Verfügung, da gewöhnlich nur er die interne Datenstruktur des zu projektierenden IO-Controllers kennt.

2. Der Download der Anlageninformation

Nachdem das Anlagen-Engineering beendet ist, lädt der Projekteur die Anlagendaten in den IO-Controller, der die anlagenspezifische Applikation enthält. Damit hat ein IO-Controller alle Informationen für den Datenaustausch.

3. Die Adressauflösung

Bevor ein IO-Controller einen Datenaustausch mit einem IO-Device durchführen kann, muss er ihm vor dem Systemhochlauf eine IP-Adresse zuteilen. Unter Systemhochlauf versteht man den Anlauf/Wiederanlauf einer Automatisierungsanlage nach *Power on* oder nach einem *Reset*. Das Zuweisen der IP-Adresse kann dabei beispielsweise mit dem standardmäßig in jedem PROFINET IO-Feldgerät integrierten DCP-Protokoll erfolgen.

4. Der Systemhochlauf

Der Systemhochlauf wird nach dem Anlauf/Wiederanlauf immer von einem IO-Controller anhand der Projektierungsdaten angestoßen und läuft autark ab. Im Systemhochlauf parametriert der IO-Controller alle projektierten Feldgeräte und gegebenenfalls deren prozessnahe I/O-Module.

5. Der Datenaustausch

Nachdem der Systemhochlauf erfolgreich beendet wurde, tauschen IO-Controller und IO-Devices die Prozessdaten, Alarme und azyklischen Daten aus.

Bild 5.10 zeigt den Zusammenhang zwischen GSD-Definitionen, Projektierung und realer Anlagensicht.

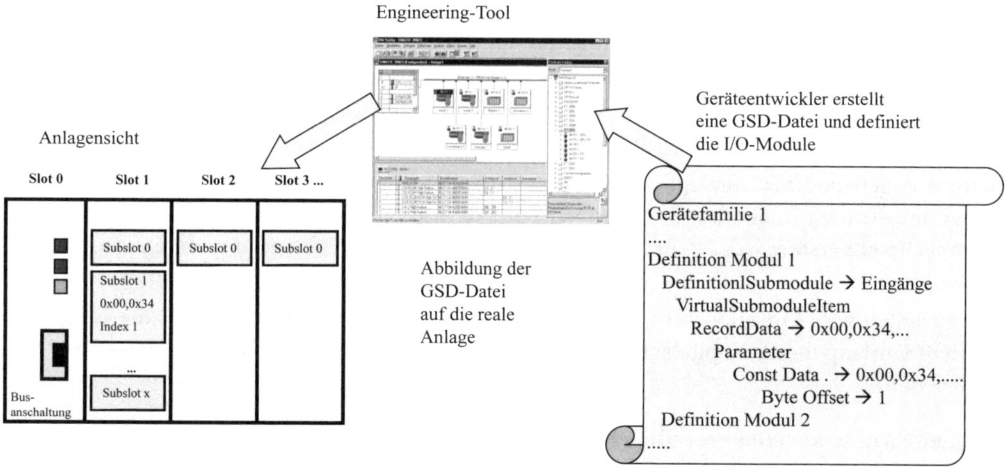

Bild 5.10: Die Definitionen in der GSD-Datei werden beim Projektieren der Anlage zugeordnet und im Systemhochlauf in das jeweilige IO-Device zur Überprüfung geladen.

5.7 Das Anlagen-Engineering bei PROFINET IO

Nachdem ein Anlagenprojekteur alle für die Automatisierungsaufgabe benötigten Feldgeräte ausgewählt hat, kann er sich der eigentlichen Automatisierungsaufgabe widmen. Dies beginnt gewöhnlich mit dem Anlagen-Engineering, auch Anlagen-Projektieren genannt. Die weiteren Ausführungen folgen deshalb dem logischen Handeln beim Aufbau einer Automatisierungsanlage. Zum Projektieren und zur Inbetriebnahme einer Automatisierungsanlage sind der Reihe nach folgende Schritte durchzuführen:

- Anlagen-Engineering,
- Laden der Anlagen-Projektierung in den IO-Controller,
- Systemhochlauf im IO-Device und
- Datenaustausch.

Das Anlagen-Engineering bei PROFINET IO lässt dem Hersteller eines Engineering-Tools viele Freiheitsgrade, die es ermöglichen, ein komfortables Engineering-Tool zu erstellen. So hat es sich als sehr anwenderfreundlich erwiesen, das *look and feel* nahezu identisch zu halten, wie es die PROFIBUS-Anwender bereits gewohnt sind.

In vielen Fällen hat ein IO-Supervisor auch die Funktionalität eines Engineering-Tools integriert. Jeder Hersteller eines IO-Controllers stellt ein Engineering-Tool zur Verfügung.

Das Ergebnis des Anlagen-Engineerings ist ein Abbild der Automatisierungsanlage, die als Datenstruktur in den projektierten IO-Controller geladen wird. Damit hat der IO-Controller alle benötigten Informationen, die er zur Aufnahme der Adressauflösung und des Datenaustauschs mit den projektierten IO-Devices benötigt.

Beim Anlagen-Engineering legt der Anlagen-Projekteur den Umfang einer Automatisierungsanlage fest. In den folgenden Erklärungen wird davon ausgegangen, dass alle Anwenderprogramme bereits erstellt wurden und in den entsprechenden Automatisierungsgeräten vorhanden sind.

Das Erstellen von Anwenderprogrammen sowie das Laden der Programme in die Feldgeräte ist nicht Umfang dieses Kapitels. Hierzu ist die jeweils firmenspezifische Dokumentation heranzuziehen.

Folgende Aufgaben sind bezüglich PROFINET IO beim Anlagen-Engineering durchzuführen:

- Einlesen der von den Feldgeräteherstellern zur Verfügung gestellten GSD-Dateien,
- Anlegen eines Automatisierungs-Projekts (Konfigurieren der modularen Feldgeräte durch Zuordnung der Peripherie-Baugruppen),
- Festlegen des Übertragungsintervalls für die zyklischen Daten,
- Festlegung der IP-Adressen und der Subnetzmaske für das Bussystem,
- Vergabe eines Gerätenamens (*NameOfStation*) an die einzelnen IO-Devices,
- Zuordnung der Feldgeräte zu ihrer Prozessanbindung (per *drag and drop*),
- Download der Projektierungs-Informationen in einen IO-Controller.

Bei PROFINET IO ist das Anlagen-Engineering sehr ähnlich wie bei PROFIBUS, da beide Systeme alle für die Anlagen-Projektierung benötigten technischen Daten in Form einer GSD-Datei zur Verfügung stellen (die detaillierte Erklärung einer GSD-Datei ist im Kapitel *Die PROFINET IO-Gerätebeschreibung* zu finden).

Hinweis:

Folgende Regeln gelten für die Vergabe eines Gerätenamens (NameOfStation):

Länge: Max. 240 Zeichen

Zeichenvorrat: Kleinbuchstaben (ASCII-Tabelle 0x61 bis 0x7A), Zahlen (0x30 bis 39) und Minuszeichen (0x2D)

Nach max. 60 Zeichen muss ein Punkt (0x2E) eingefügt werden.

5.7.1 Einlesen der GSD-Dateien

In einer GSD-Datei sind alle technischen Daten definiert, die zum Projektieren einer Anlage für das entsprechende Feldgerät benötigt werden. Die Länge der auszutauschenden I/O-Daten hängt von den projektierten Submodulen ab. Für jedes Submodul ist in der GSD-Datei die verfügbare Datenlänge angegeben.

Die wichtigsten, für die Projektierung notwendigen Daten in einer GSD-Datei sind:

- Auswahl der Busanschaltung mit Angabe der Busphysik,
- Definition der einsetzbaren Module und Submodule einer Gerätefamilie,
- Zuordnungen der Module zu den physikalischen Slots,

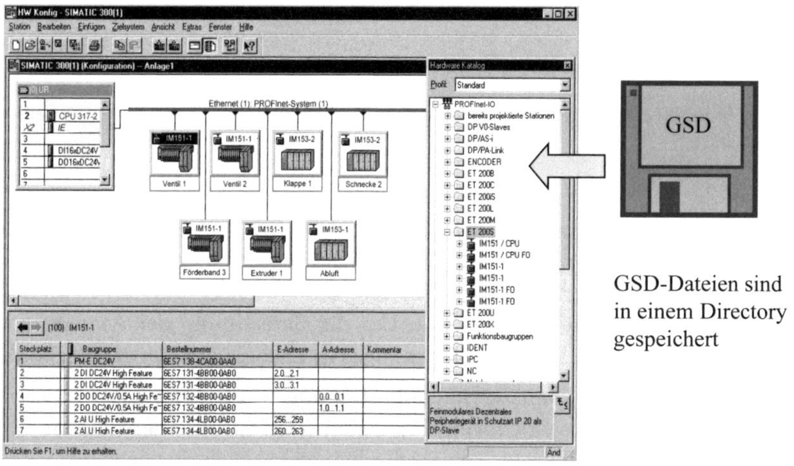

Bild 5.11: Die Anlagenprojektierung mit GSD-Dateien erfolgt, wie bereits durch PROFIBUS bekannt, per *drag and drop*.

- Vorbelegungen von Daten für ein Submodul,
- Möglichkeiten der Diagnose,
- Definition von Texten zur symbolischen Projektierung.

Eine GSD-Datei ist vom Hersteller bereitzustellen. Diese Datei ist in das Engineering-Tool einzulesen und in einem Directory abzuspeichern. Zum besseren Auffinden der gespeicherten GSD-Dateien bietet PROFINET IO die Möglichkeit, GSD-Dateien einer Gerätefamilie zuzuordnen. Gerätefamilien können beispielsweise I/O-Systeme, HMI, Drives, PLCs, Switchgears etc. sein.

5.7.2 Anlegen eines Automatisierungsprojekts

Zu Beginn der Projektierung ist ein IO-Controller auszuwählen, dem die projektierten Feldgeräte innerhalb der Automatisierungsanlage zugeordnet werden. Dieser ist in seinem Ausbaugrad zu konfigurieren.

In den nächsten Schritten sind die einzelnen Feldgeräte per *drag and drop* an den Bus anzubinden. Modular aufgebaute Feldgeräte müssen separat konfiguriert werden. Hierzu bieten die Projektierungswerkzeuge alle Module an, die in der GSD-Datei definiert wurden. Spezielle Vorbelegungen und die Art der Diagnosemöglichkeiten eines Feldgerätes können für die einzelnen Submodule angegeben werden.

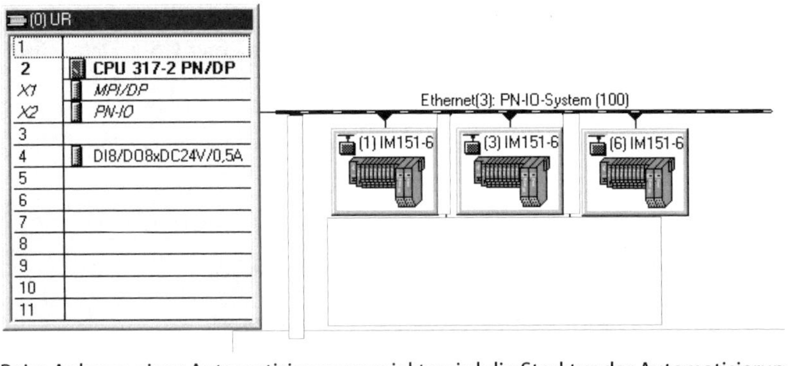

Bild 5.12: Beim Anlegen eines Automatisierungsprojekts wird die Struktur der Automatisierungsanlage festgelegt.

5.7.3 Festlegen des Übertragungsintervalls der Ein-/Ausgangsdaten

Beim Anlagen-Engineering legt der Projekteur die Häufigkeit der Datenübertragung zwischen dem IO-Controller und den IO-Devices fest. Um die Berechnung der Aktualisierungszyklen braucht sich der Projekteur nicht zu kümmern. Dies ist Sache des Engineering-Tools.

Im Unterschied zu PROFIBUS kann die Datenübertragung bei PROFINET IO priorisiert werden, d. h. es besteht die Möglichkeit, hochprioritäre Daten öfter zu übertragen als niederprioritäre. Beispielsweise ändern sich Temperaturwerte sicherlich nicht so häufig wie manche Zählvorgänge oder Istwerte bei Positioniervorgängen, die über digitale Eingänge angezeigt werden. Um diese Priorisierung bewerkstelligen zu können, definiert PROFINET IO den Untersetzungsfaktor.

Der Untersetzungsfaktor kann

- Bus-spezifisch,
- IO-Device-spezifisch oder
- IO-CR-spezifisch

beim Projektieren angegeben werden.

Der Untersetzungsfaktor ist als Multiplikator zum Sendetakt zu sehen und bestimmt damit, im wievielten Folgezyklus die Daten erneut zu übertragen sind. Die Untersetzung wird beim Projektieren für jede IO-CR festgelegt und für den jeweiligen IO-Controller optimiert, da bei ihm mit dem höchsten Datenaufkommen zu rechnen ist.

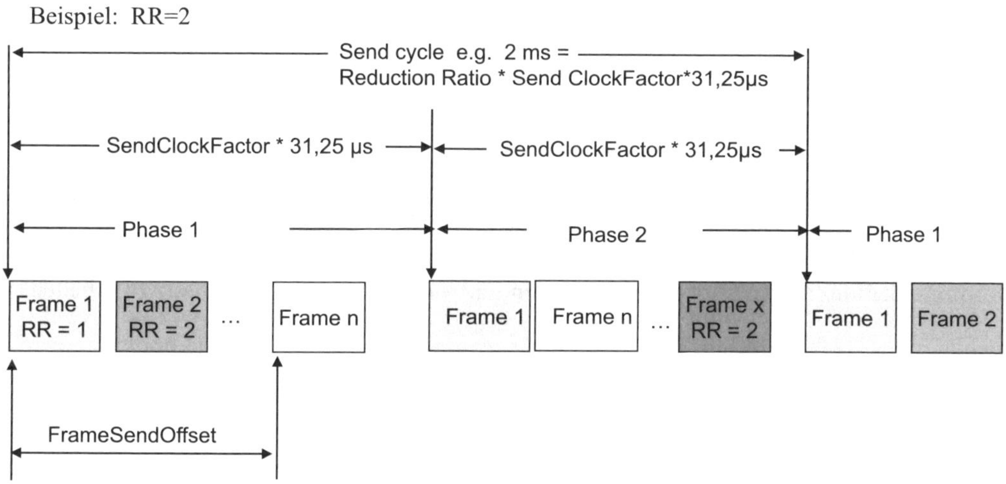

Bild 5.13: Bei PROFINET IO können die IO-Daten in unterschiedlichen Buszyklen gesendet werden.

Im vorherigen Bild bedeuten:

Der ***Send Cycle*** gibt den Grundtakt für eine Datenübertragung an. Der Datenübertragungs-Zyklus (kompletter Datenaustausch mit allen projektierten Teilnehmern) wiederholt sich mit jedem Beginn eines neuen *Send Cycles*. Innerhalb eines *Send Cycles* kann die Häufigkeit der zyklischen Daten Bus-, Device- oder IOCR-spezifisch beim Projektieren vorgegeben werden.

$$\textbf{SendCycle} = \textbf{31,25 µs} \cdot \textbf{SendClockFactor (1 … 128)} \cdot \textbf{ReductionRatio (1 … 16384)}$$

(Ein Reduction Ratio von 512 ist für RT_CLASS_1/2 mandatory.)

Der ***SendClockFactor (SCF)***, multipliziert mit 31,25 µs, gibt die Länge der Phase an, in der ein Frame übertragen werden soll. Die Zeitbasis für den *SendClockFactor* beträgt 31,25 µs. Der *SendClockFactor* ergibt sich aus der Häufigkeit der projektierten Datenübertragung. In einer Phase von 1 ms ist der Wert deshalb 32. Gültige Werte liegen im Bereich von 1 … 128. Die Vorbelegung ist 32. Der *SendClockFactor* wird im Systemhochlauf (Connect-Frame → IOCR-Block) an die jeweilige IOCR übertragen.

Das ***Reduction Ratio*** ist der Untersetzungsfaktor des gesamten *Send Cycles*. Es gibt an, wie oft ein Frame innerhalb eines *Send Cycles* zu übertragen ist. Es bestimmt damit gleichzeitig die Anzahl der Phasen. Der Wertebereich liegt zwischen 1 und 16 384 und ist in 2^n-Schritten bei der RT-Kommunikation wählbar. Das *Reduction Ratio* ist der Quotient aus *tatsächlicher Send Cycle/ SendClockFactor · 31,25 µs.*

Die ***Phase*** ist die Unterteilung des *Send Cycles* und gibt an, in welchem Zyklus der entsprechende Frame tatsächlich gesendet wird. Je nach Projektierung wird die Anzahl der benötigten Phasen aufgrund der Übertragungshäufigkeit ermittelt. Die Anzahl der Phasen entspricht gleichzeitig dem höchsten *Reduction Ratio*. Die Länge der einzelnen Phasen ist für die IO-Devices wichtig, da daraus der Sende-Zeitpunkt ermittelt wird. Die Phasen 1 bis 4 sind beispielsweise möglich, wenn das *Reduction Ratio* = 4 ist. Typische Werte liegen zwischen 1 und 4.

Der Eintrag des MinDevIntervals in der GSD-Datei ergibt sich dann folgendermaßen:

MinDevInterval = SendClockFactor · 31,25 µs

(Für Conformance Class A (CC-A) und CC-B ist ein Eintrag des SCF von 4096 mandatory. Das entspricht einem MinDeviceInterval von 128 ms. Für CC-C ist ein SCF von 32 mandatory. Dies entspricht einem MinDevInterval von 1 ms.)

Der ***Frame Send Offset*** gibt den relativen Send Offset (in 1-ns-Schritten) zum Beginn des Buszyklus an, in dem der Frame gesendet wird. Bei einer unsynchronisierten RT-Kommunikation ist dieser Wert auf 0xFFFF zu setzen. Der ***Frame Send Offset*** ist nur bei der synchronisierten Kommunikation relevant, um einen optimalen und lückenlosen Datendurchsatz zu erhalten.

Beispiel

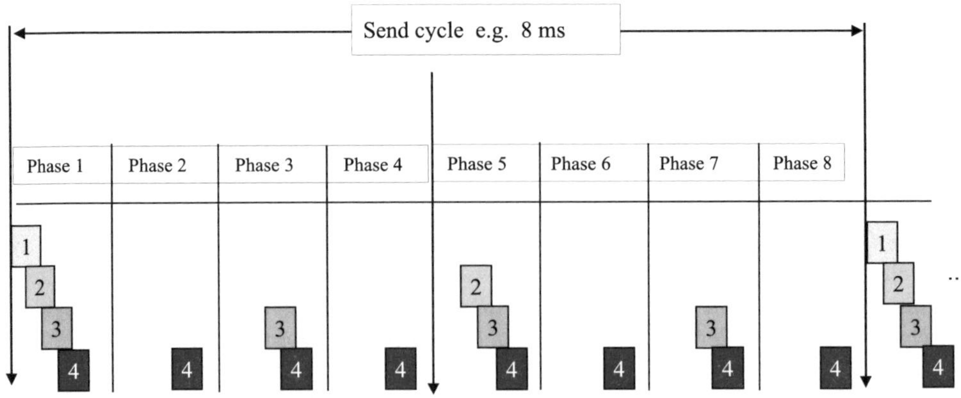

Es ist ein Bussystem zu projektieren, in dem vier IO-Devices (siehe Bild: Devices 1, 2, 3, 4) angeschlossen sind. Die Sendezyklen der einzelnen Devices wurden wie folgt projektiert:

- Device 1 sendet alle 8 ms,
- Device 2 alle 4 ms,
- Device 3 alle 2 ms und
- Device 4 sendet alle 1 ms.

Die Busauslastung im vorherigen Bild in dem dargestellten Beispiel ist eher symbolisch anzusehen und dient nur dem Verständnis. In der Praxis ist die Busauslastung bei unsynchronisierter Kommunikation nicht eindeutig vorhersagbar. Nachdem aber die einzelnen Feldgeräte zu unterschiedlichen Zeitpunkten vom IO-Controller parametriert werden, beginnen die IO-Devices auch zu unterschiedlichen Zeitpunkten mit dem Datenaustausch.

Durch die Projektierungsdaten sind folgende Daten festgelegt:

Max. SendCycle *= 8 ms (bestimmt durch Device 1)*

Min. SendCycle *= 1 ms (bestimmt durch Device 4)*

Gesucht werden die Parameter ***SendClockFactor*** *und* ***Reduction Ratio*** *für alle Devices.*

Folgende Fragen sind der Reihe nach zu klären:

Anzahl der benötigten Phasen *= max. Send Cycle/Min. Send Cycle → 8 ms/1 ms = 8 Phasen*

Länge der Phasen (ms) *= Send Cycle/Anzahl der benötigten Phasen → 8 ms/8 = 1 ms*

Reduction Ratio$_{DevNummer}$ *= tatsächlicher Send Cycle*$_{DevNummer}$*/Länge der Phasen → siehe nachstehende Tabelle*

SendClockFactor$_{DevNummer}$ *= Send Cycle/(31,25 µs · RR*$_{DevNummer}$*)*

Parameter	Tatsächlicher Send Cycle in ms	SendClockFactor	Reduction Ratio
Device 1	8	32	8
Device 2	4	32	4
Device 3	2	32	2
Device 4	1	32	1

☞ **Hinweis:**

Für die Übertragung von zyklischen I/O-Daten muss mindestens ein Submodul definiert sein. Wenn gleiche Daten in unterschiedlichen ARs benötigt werden, müssen bei der Projektierung weitere IO-CRs erzeugt werden. Konkurrierende Schreibzugriffe auf dasselbe Modul müssen auf Device-Seite anwenderseits abgewehrt werden.

Innerhalb einer IO-CR werden die zu übertragenden Daten im Hochlauf parametriert. Dazu überträgt der IO-Controller folgende Daten:

- Liste der zu übertragenden IO-Data Objects, Aufbau eines Listenelements für Slot, Subslot, Modul-ID, Submodul-ID, RT_Class,
- Sendeintervall (Grundtakt, Untersetzung, Phase und Sendereihenfolge),
- Überwachungsintervall (Watchdog und DataHoldTimer), siehe auch Abschn. *Überwachungsfunktionen im IO-Controller und IO-Device.*

5.7.4 Festlegen der IP-Adressen für das Bussystem und Namensvergabe

Moderne Engineering-Tools bieten den Service, den Bus zu *scannen* und alle erhaltenen MAC-Adressen und den *Devicetype* anzuzeigen. Unter dem firmenspezifischen *Devicetype* versteht man den Namen, der zur besseren Identifizierung im IO-Device enthalten sein kann.

Ist eine IP-Adressvergabe über den IO-Controller vorgesehen, muss der Anlagenprojekteur die Netzwerkklasse und die Netzwerk-ID festlegen, unter der das Netzwerk adressiert wird. Dabei gibt der Anlagenbetreiber die Netzwerk-ID (Subnetzmaske) vor. Durch die Definition der Subnetz-Maske ist dann das Subnetz definiert, und jeder Router in der späteren Anlage kann anhand der Subnetz-Maske das Zielnetzwerk finden. Die Zuordnung der IP-Adressen zu den Feldgeräten erfolgt dann beispielsweise in aufsteigender Reihenfolge innerhalb des Netzwerkes (siehe auch Kapitel *Ethernet-Grundlagen*).

Hinweis:
Die IP-Adresszuweisung kann sowohl über das bei PROFINET IO standardmäßig integrierte DCP-Protokoll als auch über DHCP (Dynamic Host Configuration Protocol) oder herstellerspezifisch (z. B. Handheld) durchgeführt werden.

Nachfolgend sehen Sie ein Beispiel, wie die Adressvergabe bei der SIMATIC S7 realisiert ist. Hierzu scannt der Requester zuerst den Bus ab, um zu erkennen, welche Parameter bereits im jeweiligen Feldgerät vorhanden sind. Alle Feldgeräte, die noch keinen *NameOfStation* haben, können dann gezielt einen Namen zugewiesen bekommen, der wiederum als Basis für die IP-Adressvergabe herangezogen wird.

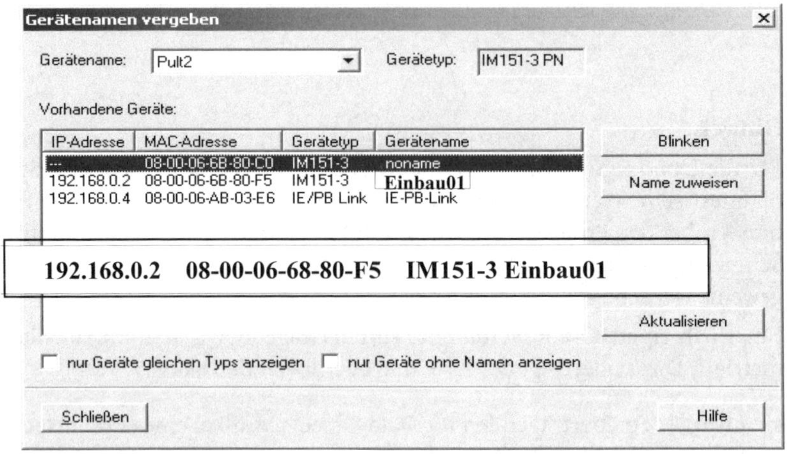

Bild 5.14: Nach dem „Bus-Scannen" können Feldgeräte gezielt mit den noch fehlenden Adressierungsinformationen versorgt werden.

5.7.5 Zuordnung der Feldgeräte zu ihrer Prozessanbindung

Zur besseren Übersicht sind Feldgeräte mit einem Gerätenamen (*NameOfStation*) zu versehen. Standardmäßig haben IO-Feldgeräte im Auslieferungszustand nur ihre MAC-Adresse und eventuell einen *Devicetype* (z. B. ET 200S) gespeichert. Da in einer Anlage aber beliebig viele Feldgeräte mit demselben *Devicetype* installiert sein können, ist es übersichtlicher, einem Feldgerät einen anlagenspezifischen Gerätenamen zu geben, der eine Beziehung zum Einbauort und/oder zur Funktionalität darstellt. Dieser Name (*NameOfStation*) muss vor dem Systemhochlauf in das IO-Device geschrieben werden, da er bei der Adressauflösung vor dem Systemhochlauf vom IO-Controller zur Namens- und Adressauflösung benutzt wird.

5.7.5.1 Die Namensvergabe aus Anwendersicht

Bevor ein PROFINET IO-Gerät an den Bus geschaltet wird, muss ihm ein Gerätename (*NameOfStation*) zugewiesen werden, der im Feldgerät remanent zu speichern ist. Die Namenszuweisung kann vor der Inbetriebnahme vom Engineering-Tool über das standardmäßig bei PROFINET IO-Feldgeräten benutzte DCP-Protokoll erfolgen. Nachfolgend sehen Sie beispielhaft die Informationen, die in einem PROFINET IO-Device gespeichert sind.

☞ **Hinweis:**

Wenn die Automatisierungsanlage einmal korrekt aufgebaut und im Datenaustausch gewesen ist, bietet PROFINET die Möglichkeit, alle für die Adressierung notwendigen Informationen aus den Feldgeräten mittels DCP-Services oder über SNMP auszulesen. Dadurch kennt der IO-Controller die Anlagentopologie, und eine Namensvergabe ist beim Gerätetausch dann nicht mehr notwendig. Wird vom Engineering-Tool die Topologie-Projektierung unterstützt, ist die Namenszuweisung vor der Inbetriebnahme nicht notwendig, da der IO-Controller diese Informationen vom Engineering-Tool mitgeteilt bekommt.

Ausgelesene Informationen (im Auslieferzustand):

IP-Adresse	MAC-Adresse	Devicetype	Gerätename
????	08-00-06-7A-82-A4 (m)*)	IM 151-3 (o)**)	
????	08-10-12-55-44-22 (m)	IO-Device (o)	

*) m = mandatory, d. h. unbedingt notwendig
**) o = optional

Anhand der MAC-Adresse (mandatory) und eventuell eines gespeicherten *Devicetypes* (optional) ist das Feldgerät eindeutig identifiziert, und der Anwender kann dem entsprechenden Feldgerät einen anlagenspezifischen Gerätenamen zuweisen, der beispielsweise mittels DCP-Protokoll in das IO-Device geschrieben wird. Das Resultat kann folgendermaßen aussehen:

IP-Adresse	MAC-Adresse	Devicetype	Gerätename
	08-00-06-7A-82-A4	IM 151-3	Einbauort01
	08-10-12-55-44-22	IO-Device	Schweißen01

Nachdem das Bussystem „am Bildschirm aufgebaut" ist und die einzelnen Feldgeräte konfiguriert wurden, muss dem Bussystem (Netzwerk) noch eine IP-Adresse zugewiesen werden. Der Anlagenbetreiber gibt dabei die Netzwerk-ID und die Subnetz-Maske vor (siehe auch Kapitel *Ethernet-Grundlagen*).

Die IP-Adressvergabe an die einzelnen IO-Devices erfolgt vom IO-Controller, bevor das System hochläuft. Dieser Teil wird beim Systemhochlauf näher beschrieben.

Hinweis:

PROFINET IO-Feldgeräte müssen sowohl die symbolische Adressierung (Gerätenamen) als auch die Adressierung per IP-Adresse unterstützen. Das IO-Device muss die Möglichkeit bieten, den Gerätenamen und die IP-Adresse remanent zu speichern. Anhand des Gerätenamens führt der IO-Controller im System-Hochlauf die Adressauflösung durch. Ein einfacher Gerätetausch ist im Fehlerfall ohne Vorkenntnisse möglich, da PROFINET-Feldgeräte das LLDP-Protokoll gemäß IEEE 802.1AB unterstützen.

5.7.5.2 Die Namensvergabe an ein IO-Device aus Entwicklersicht

Während der Anlagen-Projektierung können bereits Gerätenamen zur einfacheren Identifizierung der IO-Feldgeräte vergeben werden. PROFINET IO verwendet standardmäßig für die Adress- und Namensauflösung das DCP-Protokoll. Im Rahmen des DCP-Protokolls sind die Dienste zum Holen (*DCP.Identify, DCP.Get*) und Schreiben (*DCP.Set*) von Parametern in Verbindung mit einem Feldgerät definiert.

Für die Namensvergabe sind bei PROFINET die Dienste *DCPIdentify.req* (Multicast-Service) und *DCPSet.req* (Unicast-Service) definiert. Die DCP-Dienste müssen von jedem IO-Feldgerät unterstützt werden. Sie sind auch in den verfügbaren Software-Stacks enthalten. Jedes Feldgerät muss die Möglichkeit vorsehen, den zugeteilten Namen und die IP-Adresse remanent zu speichern. Nachfolgendes Bild zeigt den Ablauf einer symbolischen Adressvergabe.

Die Namensvergabe vor der Inbetriebnahme läuft beispielhaft nach folgenden Schritten ab:

- Aussenden eines *DCPIdentify.req* (Länge des Namensfelds = 0), um einen Überblick zu bekommen, welche *NameOfStations* bereits im Feldgerät gespeichert sind.

  Alle Feldgeräte, die noch keinen *NameOfStation* haben, melden sich mit dem *DCPIdentify.res* und übermitteln die im Aufruf angeforderten Daten aufgrund der Filterkriterien.
- Anhand der zurückgemeldeten Daten im *DCPIdentify.res* hat der Requester einen Überblick, welche projektierten Feldgeräte am Bus angeschlossen sind.
- Anschließend kann der *Requester* jedem Feldgerät gezielt anhand der MAC-Adresse seinen jeweiligen anlagenspezifischen Namen über *DCP.Set* vergeben.

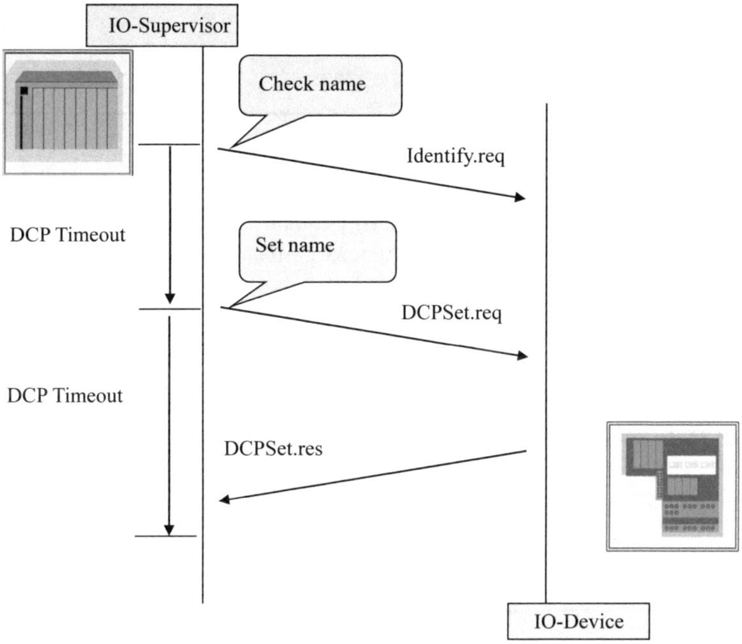

Bild 5.15: Der Ablauf für die Namenszuweisung an ein Feldgerät ist standardisiert.

5.7.5.3 Identify Request → Suchen nach einem bestimmten Namen

Der *DCPIdentify.req*-Dienst ist Teil des in PROFINET IO standardmäßig integrierten DCP-Protokolls zur Adressvergabe. Mit einem Identify-Dienst können generell Suchkriterien angegeben werden, um allgemeine Informationen (Holen einer IP-Adresse, Suchen nach einem bestimmten Gerätetyp, Holen einer Device_ID, ...) von den Busteilnehmern zu holen. Der *Requester* kann mehrere Kriterien in einem Frame hintereinander anfordern. Da die Antworten von mehreren Feldgeräten eintreffen können, kann der *Requester* die Antworten für jedes Kriterium steuern.

Im Rahmen der Namensvergabe an ein Feldgerät kommen dem *DCPIdentify.req* im Wesentlichen zwei Funktionen zu:

- Abfrage, welche Parameter bereits in den Feldgeräten vorhanden sind, um eine gezielte Namensvergabe durchführen zu können und
- Suche nach einem bestimmten Namen, um eine Doppeladressierung zu verhindern.

Wird bei der Suche nach einem Namen bei der Länge des Namens eine Null eingegeben, müssen sich alle Feldgeräte melden, die noch keinen Namen haben. Enthält der Aufruf einen bestimmten Namen, darf auch nur dieses Feldgerät antworten, bei dem das Suchkriterium erfüllt ist.

Hinweis:

Der Identify-Aufruf erfolgt über die PNO-Multicast-Adresse (Dest.Addr = 01-0E-CF-00-00-00). Diese Adresse darf in einem IO-Feldgerät nicht ausgefiltert werden.

…	VLAN	Ethertype	FrameID	DCP Header	DCP Data	…	DCP Data	FCS
…	4	0x8892	2	10	4 + n		4 + n	4

Erklärung der relevanten Daten im Frame

Der Identify Request ist ein Multicast-Frame, da die Zieladresse nicht bekannt ist. Als ***Dest. Addr*** wird die Multicast-Adresse der PROFIBUS Nutzerorganisation 01-0E-CF-00-00-00 verwendet. Nur PROFINET-Geräte reagieren auf diese Adresse.

Die ***FrameID*** enthält die DCP-Multicast-Kennung 0xFEFE.

Im ***DCP-Header*** sind die Service-Kennung, eine Transaktions-Nummer, die Länge des Parameterblocks sowie der Time-out-Wert für die Antwort eines bestimmten Suchkriteriums enthalten.

Das Feld ***DCP-Data*** spezifiziert die übermittelten Daten näher (z. B. Name einer bestimmten Station anhand der gewählten Optionen/Suboptionen in nachfolgender Übersichtstabelle). Das DCP-Data-Feld enthält keine Status-Informationen bei einem Identify.

Angeforderte Parameter	**Option**	**Suboption**
MAC-Address	1	1
IP-Parameter	1	2
Manufacturer specific	2	1
Name of Station	2	2
Device ID	2	3
Device Role	2	4
Device Options	2	5
Alias NameOfStation	2	6
Alle Geräte ansprechen	255	255

Beispiel

Es wird nach einem Feldgerät mit dem Namen *Joachim* gesucht. Das DCP-Data-Feld enthält dann folgende Informationen: 2,2,0,7,*Joachim*. Dabei bedeuten der Reihe nach:

2 = Device Properties,

2 = Name der Station,

0,7 = Länge des Namens (hier Joachim).

5.7.5.4 Identify Response → Suche eines bestimmten Namens

Das *DCPIdentify.res* Frame ist ein Real-Time-Frame, das mit dem Ethertype 0x8892 übertragen wird. Mit der *DCPIdentify.res* erhält der IO-Controller die Antwort, welche Optionen das IO-Device erfüllt. Diese werden im Datenfeld DCP Response übertragen.

…	VLAN	Ethertype	FrameID	DCP Header	DCP Response	…	DCP Response	FCS
…	4	0x8892	2	8	20		4 … n	4

Erklärung der relevanten Daten im Frame:

Die ***FrameID*** enthält die sogenannte DCP-Multicast-Kennung 0xFEFD.

DCP Header enthält die Service-Kennung, eine Transaktionsnummer sowie die Länge des Blocks.

DCP Response enthält die Block-Kennung sowie die Länge des Blocks, gefolgt von dem Status des jeweiligen Teilauftrags. Folgende Daten müssen im DCP-Response-Feld enthalten sein, damit der IO-Controller weiß, welche Optionen das IO-Device unterstützt:

Hinweis:

Wurde beim Identify.req als *NameOfStation* eine Länge ungleich 0 angegeben, antwortet nur das Feldgerät, bei dem der Name übereinstimmt. Ist die Länge gleich 0, antworten alle Feldgeräte, die noch keinen Namen haben.

5.7.5.5 Set Request → Schreiben eines Namens in ein IO-Device

Mit dem *DCPSet.req* schreibt ein *Requester* den gewünschten Namen in das adressierte IO-Feldgerät. Es können mehrere Kriterien in einem Frame hintereinander übertragen werden. Der Frame-Aufbau ist wie beim Identify-Request.

…	VLAN	Ethertype	FrameID	DCP Header	DCP Data	…	DCP Data	FCS
…	4	0x8892	2	8	6 … n		6 + n	4

Erklärung der relevanten Daten im Frame:

DCP-Header: Siehe Identify, nur die Service-Kennung im DCP-Header hat sich geändert.

DCP Data: Angabe eines Namens, der zu vergeben ist. Das DCP-Data-Feld enthält ein Statusfeld.

Beispiel

Es soll der Name *Klaus* vergeben werden. Das DCP-Data-Feld enthält dann folgende Informationen: 2,2,0,5,0,1,*Klaus*. Dabei bedeuten der Reihe nach:

2 = Device Properties,

2 = Name der Station,

0,5 = Länge des Namens (hier Klaus),

0,1 = store non volatile.

5.7.5.6 Set Response → Quittierung eines Set Requests

Mit dem *DCPSet.res* erhält der IO-Controller oder IO-Supervisor die Quittung auf einen *DCPSet.req*.

...	VLAN	Ethertype	FrameID	DCP Header	DCP Data	...	DCP Data	FCS
...	4	0x8892	2	8	6 ... n		6 + n	4

Hinweis:

Bei der Namenszuweisung muss jedes Feldgerät einen integrierten Blinkmodus unterstützen. Damit können Feldgeräte, die bereits am Bus montiert sind, eindeutig zugeordnet werden (MAC-Adresse zum Gerätenamen).

5.8 Der Download der Projektierungsdaten in einen IO-Controller

Als letzter Schritt bei der Projektierung erfolgt der Download der Projektierungsdaten (Busausbau, Ausbaugrad der einzelnen Teilnehmer, IP-Adressliste, ...) in den IO-Controller, der selbstständig die Datenkommunikation zu den projektierten IO-Devices aufbaut.

5.9 Adressauflösung durch den IO-Controller vor dem Systemhochlauf (Zuweisen der IP-Adressen an die IO-Devices)

Beim Systemhochlauf der IO-Feldgeräte in einem PROFINET-Netzwerk haben diese bereits eine MAC-Adresse (z. B. 80-22-34-B0-78-C1) und einen anlagenspezifischen Gerätenamen (*NameOfStation*) gespeichert. Diese Informationen reichen für den IO-Controller aus, um eine Adressauflösung durchzuführen und dem jeweiligen IO-Device eine beim Anlagen-Engineering festgelegte IP-Adresse zuzuweisen. Die Adresszuweisung für ein Feldgerät teilt sich demnach in zwei Schritte auf.

- Beim Engineering einer Anlage ist es notwendig, per zugeteilter IP-Adresse und Subnetz-Maske eine Adressliste für den IO-Controller zu erzeugen (die IP-Adresse wird beim Engineering noch nicht in das Feldgerät geschrieben, nur der *NameOfStation*). Zur Identifizierung von PROFINET IO-Feldgeräten benutzt PROFINET IO gemäß den Internet-Konventionen Namen zur leichteren Identifizierung der Feldgeräte. Diese können vom Anwender vergeben werden.

- Bevor ein PROFINET IO-Feldgerät die Kommunikation aufnehmen kann, muss ihm aufgrund des bereits zugeteilten *NameOfStation* vor dem Systemhochlauf eine IP-Adresse zugeteilt werden. Dies geschieht folgendermaßen.

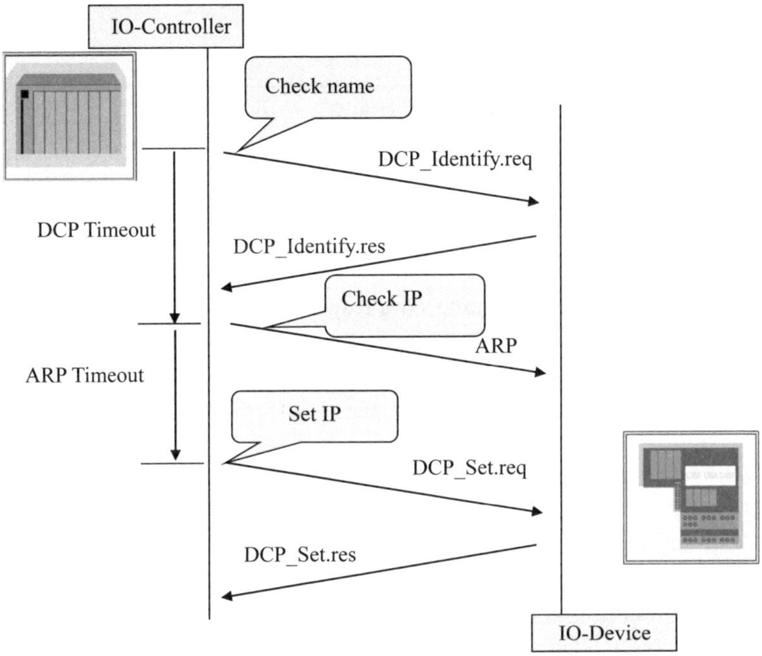

Bild 5.16: Vor dem Datenaustausch muss ein PROFINET IO-Feldgerät eine IP-Adresse zugewiesen bekommen.

Erklärung zu Bild 5.16:

Zuerst sendet ein IO-Controller einen *DCPIdentify.req* aus, um zu überprüfen, ob sein eigener Name in der Anlage nochmals vorhanden ist. Bleibt eine Antwort aus, geht der IO-Controller davon aus, dass er der einzige Teillnehmer mit dem spezifizierten Namen ist und beginnt mit der Namensvergabe an die projektierten IO-Devices.

Aufgrund seiner vom Engineering-Tool geladenen Projektierungsdaten prüft ein IO-Controller bei der IP-Adressen-Vergabe zuerst, ob der projektierte Name vorhanden ist. Antwortet das entsprechende IO-Feldgerät mit dem angeforderten Namen, fragt er nach, ob die IP-Adresse bereits im IO-Device vorhanden ist. Hierzu läuft vor der Vergabe der IP-Adresse noch eine weitere Sequenz ab, die Adressauflösung mit dem Standard-IP-Dienst ARP (**A**ddress **R**esolution **P**rotocol). Damit wird sichergestellt, dass eine IP-Adresse nicht doppelt vergeben wird.

Anschließend kann bei Bedarf die endgültige IP-Adresse (*DCPSet.req*) zugeordnet werden.

5.9.1 Identify Request Frame (Namensauflösung vor dem Systemhochlauf)

Innerhalb der Sequenz für die Vergabe einer IP-Adresse an ein IO-Device ist der *DCPIdentify.req*-Dienst identisch wie bei der Sequenz *Suche nach einem Namen* (siehe auch Identify Request

→ Suchen nach einem bestimmten Namen). Allerdings fragt der IO-Controller in dieser Phase direkt nach dem projektierten Namen (Länge des *NameOfStation* <> 0).

Der Identify-Service ist Teil des in PROFINET IO standardmäßig integrierten DCP-Protokolls zur Adressvergabe. Das *DCPIdentify.req*-Frame ist ein Real-Time-Frame, das mit dem Ethertype 0x8892 übertragen wird.

…	VLAN	Ethertype	FrameID	DCP Header	DCP Data	…	DCP Data	FCS
…	4	0x8892	2	10	4 + n		4 + n	4

Erklärung der relevanten Daten im Frame

Im ***DCP-Header*** sind die Service-Kennung, eine Transaktionsnummer, die Länge des Parameterblocks sowie der Time-out-Wert für die Antwort eines bestimmten Suchkriteriums enthalten.

Das Feld ***DCP Data*** spezifiziert die übermittelten Daten näher (hier 1, 2, Suchen nach einer IP-Adresse). Das DCP-Data-Feld enthält keine Status-Informationen bei einem Identify.

Hinweis:

Ein Identify-Frame wird mit der PNO-Multicast-Adresse (01-0E-CF-00-00-00) gesendet, d. h. PNO-Multicast-Adressen **müssen** von jedem IO-Feldgerät empfangen werden und dürfen deswegen in einem Switch nicht ausgefiltert werden. Da PROFINET IO am selben Bus betrieben werden kann wie irgendeine andere Ethernet-Kommunikation, ist es sinnvoll, die verwendeten Multicast-Adressen, die vom Standard-Ethernet verwendet werden, filtern zu können. Ansonsten ist ein Ethernet-Controller bei einem hohen Aufkommen von Multicast-/oder Broadcast-Adressen mit der Bearbeitung solcher Frames beschäftig, auch wenn diese nicht für ihn bestimmt sind. Es ist deshalb darauf zu achten, dass Ethernet-Controller eingesetzt werden, die das Filtern von bestimmten MAC-Adressen unterstützen.

5.9.2 Identify Response Frame

Das *DCPIdentify.res* Frame ist ein Real-Time-Frame, das mit dem Ethertype 0x8892 übertragen wird. Mit der *DCPIdentify.res* erhält der IO-Controller die Antwort, dass der entsprechende Teilnehmer das angeforderte Suchkriterium erfüllt. In einem *DCPIdentify.res* müssen folgende Daten enthalten sein:

IP-Parameter, *NameOfStation*, Device_ID, Device Role und die Device Options.

…	VLAN	Ethertype	FrameID	DCP Header	DCP Response	…	DCP Response	FCS
…	4	0x8892	2	8	20		4 … n	4

Erklärung der relevanten Daten im Frame:

(siehe auch Kapitel *Identify Request → Suchen nach einem bestimmten Namen*).

5.9.3 Das Address Resolution Protocol (ARP)

Mit dem IT-Dienst *ARP* (**A**ddress **R**esolution **P**rotocol) erfragt der IO-Controller nach dem Identify-Service, ob eine IP-Adresse im System bereits vorhanden ist. Hierzu sendet der IO-Controller einen Broadcast-Aufruf mit der Broadcast-Adresse (*Dest. Addr.* = FF-FF-FF-FF-FF-FF) an alle Teilnehmer ab. Es antwortet nur der Teilnehmer, der die spezifizierte IP-Adresse hat. Dieser Aufruf wird zeitlich durch einen *ARP*-Time-out überwacht. Der *ARP*-Service gehört zu den Standard-IT-Diensten. Beim ersten Systemhochlauf antwortet normalerweise kein IO-Device auf diesen *ARP*-Service, da die IP-Adresse noch nicht vergeben ist.

…	VLAN	Ethertype	HWA PRA	HLen PLen	Opc	HSnd	PSnd	HTar	PTar	FCS
…	4	0x0806	4	2	2	6	4	6	4	4
	Opt. Feld									

Erklärung der relevanten Daten im Frame:

HWA (16-Bit) = 1 für Ethernet.

PRA (16-Bit) = 0x0800 für IP.

Hlen (8-Bit) = 6 (MAC-Adressen sind 6 Byte lang).

PLen (8-Bit)= 4 (IP-Adressen sind 4 Byte lang).

Opc = 1 (Request).

HSnd enthält die MAC-Adresse des Senders.

PSnd enthält die IP-Adresse des Senders.

HTar enthält die MAC-Adresse des Ziels.

PTar enthält die IP-Adresse des Ziels.

5.9.4 Set Request (Vergabe der IP-Adresse)

Nach einem Time-out auf einen *ARP*-Service beginnt der IO-Controller mit der Vergabe der IP-Adresse an ein IO-Device. Mit dem *DCPSet.req* schreiben ein IO-Supervisor oder ein IO-Controller Parameter in ein IO-Device.

…	VLAN	Ethertype	FrameID	DCP Header	DCP Data	…	DCP Data	FCS
…	4	0x8892	2	8	6 … n		6 + n	4

5.9.5 Set Response (Vergabe der IP-Adresse)

Mit dem *DCPSet.res*-Frame erhalten IO-Controller oder IO-Supervisor die Quittung auf einen *DCPSet.req*-Frame.

…	VLAN	Ethertype	FrameID	DCP Header	DCP Data	…	DCP Data	FCS
…	4	0x8892	2	8	6 … n		6 + n	4

Das Szenario in Bild 5.16 zur Namensauflösung wird auch beim Ausfall eines IO-Devices durchlaufen, bei dem die im IO-Controller hinterlegte MAC-Adresse für das jeweilige IO-Device nicht mehr erreichbar ist. Nach einem Time-out erkennt ein IO-Controller das Ausbleiben der im Hochlauf angeforderten Daten. Deshalb fragt er mit einem *DCPIdentify.req* nach, ob der Name noch vorhanden ist. Wurde das fehlerhafte IO-Device bereits ausgetauscht und im Vorfeld mit dem erforderlichen Namen *getauft*, dann antwortet das neue IO-Device mit einem *DCPIdentify.res* und übermittelt seinen Namen. Gleichzeitig gibt es an, ob es bereits eine IP-Adresse hat. Die weitere Adressauflösung erfolgt dann über die Sequenzen ARP und *DCPSet.req*.

5.10 Der Systemhochlauf in einem PROFINET IO-Device

Nach einem Reset oder auch nach Spannungswiederkehr prüft ein IO-Controller zuerst, ob andere IO-Feldgeräte denselben Namen (*Identify.req*) und dieselbe IP-Adresse (*ARP*) benutzen wie der IO-Controller. Erhält der IO-Controller keine Antwort auf diese Anfrage, kann er sicher sein, dass er der einzige Teilnehmer mit diesen Kriterien ist.

Anschließend überprüft der IO-Controller die Verfügbarkeit der projektierten IO-Devices und versorgt diese mit den projektierten IP-Adressen. Hierfür nutzt PROFINET IO den Dienst *DCP* (**D**iscovery and **C**ontrol **P**rogram), der in jedem IO-Feldgerät vorhanden ist. Nachdem alle IO-Feldgeräte mit ihrer endgültigen IP-Adresse versorgt worden sind, kann der Systemhochlauf beginnen. Während der Hochlaufphase parametriert der IO-Controller alle projektierten IO-Devices.

Der Hochlauf der Kommunikation zwischen einem IO-Controller und einem IO-Device mit den IO-Devices läuft immer über den UDP/IP-Kanal nach folgendem Schema ab (siehe Bild 5.17):

- Connect → Aufbau einer AR und den projektierten CRs;
- Write → Parametrieren aller projektierten Submodule;
- DControl → Endekennung der Parametrierung vom IO-Controller (auch *EndOfParameterization* genannt);
- CControl → Endekennung der Parametrierung vom IO-Device (auch *Application Ready* genannt).

Beim Systemhochlauf werden die zyklischen IO-Daten, die Alarme, der Austausch der azyklischen Read-/Write-Dienste, die erwarteten Submodule und die eventuell benötigten Querverbindungen zwischen den IO-Devices festgelegt.

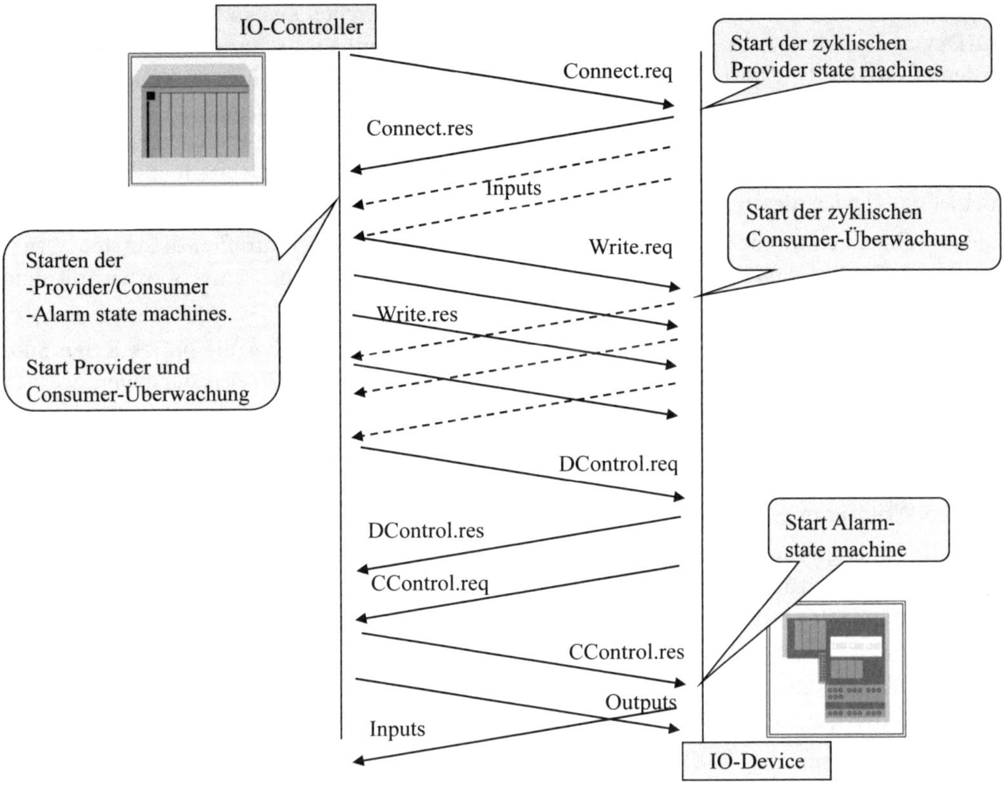

Bild 5.17: Beim Systemhochlauf werden alle projektierten Daten überprüft und parametriert.

Mit dem *Connect-Frame* leiten IO-Controller oder IO-Supervisor den Verbindungsaufbau ein und übertragen alle Daten, die zum Aufbau einer AR und den erforderlichen CRs benötigt werden. Darin sind alle relevanten Parametrierdaten sowie die Reihenfolge der im Prozessdatenverkehr zu übertragenden Ein-/Ausgangsdaten enthalten. Die Übertragungshäufigkeit der zyklischen IO-Daten wird beim Anlagen-Engineering festgelegt. Diese Möglichkeit wird als Untersetzungsfaktor oder *Reduction Ratio* bezeichnet.

☞ **Hinweis:**

Mit einem Connect-Frame werden der Aufbau einer AR und die projektierten CRs initiiert. Der anschließende Prozessdatenverkehr bezieht sich nur auf diese AR. Zu jedem Zeitpunkt kann ein IO-Controller/IO-Supervisor eine weitere AR und entsprechende CRs aufbauen (falls ein IO-Device mehrere ARs unterstützt). Dies beeinflusst nicht den Datenaustausch bei einer bereits bestehenden AR. Der Systemhochlauf (die Zeitspanne zwischen den einzelnen Frames) wird zeitlich überwacht und ist nach dem ersten erfolgreichen Datenaustausch beendet. Der *CMInactivityTimeout*-Faktor im *ConnectARBlock* gibt dabei die Zeitbasis vor.

Nach einem erfolgreichen *Connect-req* werden bereits die zyklischen Zustandsmaschinen in einem IO-Device gestartet, weil sie zur Überwachung der Kommunikations-Beziehungen dienen. Das bedeutet, dass das IO-Device bereits Prozessdaten an den IO-Controller übertragen kann, obwohl der Systemhochlauf noch nicht abgeschlossen ist. Die übertragenen Daten müssen allerdings als ungültig markiert werden, da der Systemhochlauf noch nicht abgeschlossen ist. Wurde im *Connect.req* ein Fehler entdeckt (z. B. erwartetes Submodul ist im IO-Device nicht vorhanden), meldet das Device diesen Zustand im anschließenden *Connect.res*.

Die Zeitüberwachung des *CMInactivity-Time-out* endet mit dem Eintreffen des ersten Write-Frames, oder dem *EndOfParameterization*-Frame. Die azyklischen Frames werden mit dem RPC-Time-out überwacht.

Mit den anschließenden *Write-Frames* parametriert der IO-Controller die projektierten Submodule. Die einzelnen Submodule, die die Datenschnittstelle zum Prozess darstellen, werden Submodul-spezifisch parametriert, d. h. pro Submodul sendet der IO-Controller einen Write-Frame zum IO-Device.

Vorbelegungen, die in der GSD-Datei definiert sind (in der GSD-Datei unter *Const Data*), werden mit den Write-Frames an die entsprechenden Subslots übertragen.

Sind alle Parameter in das IO-Device geladen, kennzeichnet der IO-Controller sein Ende der Parametrierung mit dem *DControl.req*-Frame (*EndOfParameterization*). Die Anwender-Software legt darauf hin alle endgültigen Datenstrukturen an und aktualisiert die Submodul-Stati.

Hat das IO-Device alle Datenstrukturen angelegt und die notwendigen Überprüfungen vorgenommen, sendet es einen *CControl.req* an den IO-Controller, um seinerseits die Bereitschaft für den Produktiv-Datenverkehr (*Application Ready*) zu signalisieren.

Achtung: **Erst wenn der IOXS-Status *good* ist, darf das IO-Device *Application Ready* melden.**

Aus Sicht des IO-Devices ist damit die AR aufgebaut. Mit der Quittung des IO-Controllers auf das *Application Ready* ist auch aus IO-Controller-Sicht die AR aufgebaut. Hat das IO-Device Fehler während der Parametrierung entdeckt, meldet es diese an den IO-Controller.

5.10.1 Das Context Management (CM)

Eine zentrale Funktion in einem IO-Feldgerät kommt dem *Context Management* zu. Es ist in Software realisiert und stellt das Verbindungsglied zwischen Projektierdaten und dem Aufbau der Kommunikationsverbindungen dar. Aufgrund der vom IO-Controller erhaltenen Projektierungsdaten sind dem *Context Management* im IO-Device folgende Aufgaben zugeschrieben:

- Anlegen der vom IO-Controller gewünschten Applikationsbeziehung (AR),
- Einrichten der Kommunikationsbeziehungen (CR),
- Überprüfen des vom Anwender ermittelten Ausbaugrads und Vergleichen mit der Vorgabe vom IO-Controller,
- Einstellen der relevanten Kommunikationsparameter zwischen IO-Controller und IO-Device (z. B. Time-out, Betriebsarten) für die einzurichtenden Kommunikationsbeziehungen,
- Durchführen der eindeutigen Identifikation des Datenaustauschs.

5.10.2 Das Physical Device Management (PDev)

Das PDev ist in jedem IO-Feldgerät in Software realisiert und ist dafür verantwortlich, alle hardwarenahen Daten (Portdaten, Port Description, Interface Name, ...) sowie den Stationsnamen und die IP-Adresse zu ermitteln und in einer MIB (**M**anagement **I**nformation **B**ase) zu speichern. Weiterhin enthält es die Statistikdaten der Sende- und Empfangsports (*PDPortStatistic*). Bei den Port-Statistik-Daten speichert das IO-Device die gesendeten/empfangenen, verworfenen und fehlerhaften Frames pro Port.

Die Implementierung des PDevs ist Voraussetzung zur Anlagen-Topologieanzeige. Diese MIB-Daten können mit dem **S**imple **N**etwork **M**anagement **P**rotocol (SNMP) von einem Engineering-Tool ausgelesen werden.

Nachdem einem IO-Device ein Name zugewiesen wurde, läuft die *Start up Procedure* im IO-Device folgendermaßen ab:

- Starten des MAC-Interfaces,
- Starten des LLDP zum Ermitteln der Nachbarschaftsinformationen,
- Starten des DCP-Receivers und des DHCP-Client (wenn vorhanden),
- Warten auf eine IP-Adresse.

Diese Dienste werden von jedem PROFINET IO-Device unterstützt und laufen demnach automatisch ab, da sie in den verfügbaren Software-Stacks bereits enthalten sind.

Beispiel

Hier ein Beispiel für die Definition eines DAPs mit PDev in der Gerätebeschreibungsdatei, basierend auf einem Ethernet-Controller mit 2 Switchports

```
<ApplicationProcess>
   <DeviceAccessPointList>
      <DeviceAccessPointItem ID="DAP 2" PhysicalSlots="0.16"
      ModuleIdentNumber="0x00000002" MinDeviceInterval="16"
      ImplementationType="ASICType_example" DNS_CompatibleName=" DEVKit"
      ExtendedAddressAssignmentSupported="true" FixedInSlots="0"
      ObjectUUID_LocalIndex="1" RequiredSchemaVersion="V2.2"
      MaxSupportedRecordSize="4068"
         <ModuleInfo CategoryRef="ID_DEVKit">
            <Name TextId="TOK_Standard" />
            <InfoText TextId="TOK_ModInfo_InfoTextId_DAP2" />
            <VendorName Value="Test_Company" />
            <OrderNumber Value="6GK1 953-0BA00" />
            <HardwareRelease Value="A1.0" />
            <SoftwareRelease Value="Z1.0" />
         </ModuleInfo>
      <SubslotList>
      <IOConfigData MaxInputLength="1440" MaxOutputLength="1440" />
      <UseableModules>
```

```
            <ModuleItemRef ModuleItemTarget="ID_Mod_01"
             AllowedInSlots="1.16" />
            <ModuleItemRef ModuleItemTarget="ID_Mod_02"
             AllowedInSlots="1.16" />
            <ModuleItemRef ModuleItemTarget="ID_Mod_03"
             AllowedInSlots="1.16" />
        </UseableModules>
        <VirtualSubmoduleList>
            <VirtualSubmoduleItem ID="DAP 2" SubmoduleIdentNumber="0x0001">
                <IOData IOPS_Length="1" IOCS_Length="1" />
                <ModuleInfo>
                <Name TextId="TOK_Standard" />
                <InfoText TextId="TOK_ModInfo_InfoTextId_DAP2" /> </ModuleInfo>
            </VirtualSubmoduleItem>
        </VirtualSubmoduleList>
    <SystemDefinedSubmoduleList>
    Hier stehen die PDev-Definitionen.
    </SystemDefinedSubmoduleList>
```

Zur Anlagen-Topologieanzeige sind weitere Informationen über die Anlagenkonstellation (Nachbarschaft) der IO-Devices notwendig. Diese Informationen tauschen PROFINET IO-Geräte automatisch mithilfe des LLDP-Protokolls aus. In den folgenden Ausführungen ist das LLDP-Protokoll zum Verständnis näher erklärt, da es eine zentrale Rolle bei der Adressierung von Feldgeräten spielt.

5.10.3 Die Nachbarschaftserkennung mit LLDP

Mit dem **L**ink **L**ayer **D**iscovery **P**rotocol (LLDP-Protokoll) wurde aus der IEEE 802.1 AB das Prinzip der Nachbarschaftserkennung für PROFINET IO übernommen. LLDP ist Teil des Szenario *Gerätetausch ohne zusätzliches Engineeringsystem* und *Anzeigen der Anlagentopologie*.

Da alle Feldgeräte in einem PROFINET IO-Netzwerk das LLDP-Protokoll unterstützen, ist sogar nach einem Ausfall aller IO-Devices der Bus automatisch wieder konfigurierbar, da alle benötigten Adressier-Informationen im IO-Controller vorliegen.

Bild 5.18 zeigt beispielhaft, auf welchen Informationen das LLDP-Protokoll basiert. Das LLDP-Protokoll ist in Software realisiert. Es sind damit keine besonderen Hardware-Vorkehrungen verbunden. Alle Feldgeräte müssen die korrekte Behandlung des LLDP-Frames unterstützen. Im Folgenden ist nun das Funktionsprinzip näher beschrieben.

Jedes PROFINET IO-Feldgerät ist über einen Switch-Port (der Switch ist entweder im Feldgerät integriert oder das Feldgerät ist über einen externen Switch angeschlossen) mit einem Switch-Port eines anderen Feldgerätes verbunden. Nach dem Einschalten eines Feldgerätes wird der LLDP-Teil im Feldgerät automatisch gestartet. Damit werden zyklisch (z. B. alle 10 s) LLDP-Frames über jeden Switch-Port mit den angeschlossenen Nachbargeräten ausgetauscht.

Die über einen Port empfangenen LLDP-Frame-Informationen werden im IO-Feldgerät gespeichert. Sie enthalten:

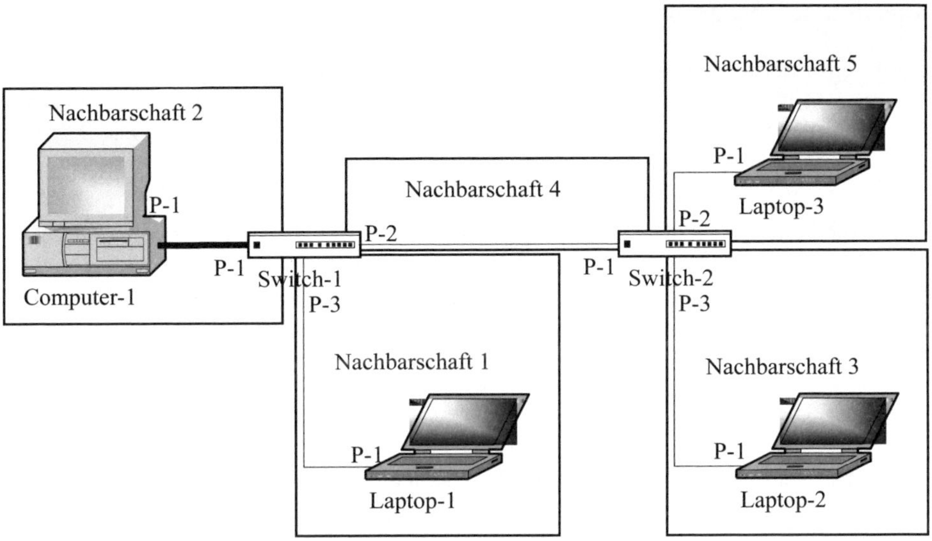

Bild 5.18: Der Austausch der Nachbarschaftsinformationen mit LLDP wurde von der IEEE 802.1 AB für PROFINET IO übernommen.

- die *Port-ID* des sendenden Ports,
- die *ChassisId* (*ChassisId* = Begriff aus der IEEE 802.1 AB und entspricht dem *NameOfStation*) oder
- die Interface-MAC-Adresse, wenn das Feldgerät noch keinen Gerätenamen (NameOfStation) besitzt.
- Die *Source-Addr* ist die *Port-MAC-Adresse* des sendenden Ports.

Im Datenteil sind die Device-MAC-Adresse oder der Gerätename und die Bezeichnung des sendenden Ports enthalten. Mit dem Auslesen der über LLDP ausgetauschten Nachbarschaftsinformation ist das Nachbilden der Anlagentopologie möglich. Weiterhin kann dadurch in Verbindung mit dem standardmäßig integrierten DCP-Protokoll und/oder dem SNMP-Protokoll ein Gerätetausch ohne Programmiergerät erfolgen, da alle Informationen der Nachbarschaft vorhanden sind und somit das IO-Device eindeutig identifiziert und adressiert werden kann.

Ein Feldgerät kann aus einem einzigen (single interface) oder mehreren Interfaces (multiple interfaces) bestehen, d. h. aus einer oder mehreren Interface-MAC-Adressen. Dies berücksichtigt PROFINET beim Übertragen der LLDP-Frames.

Im LLDP-Frame überträgt das IO-Device die *ChassisID* und die *Port-ID*.

Folgende Unterscheidungen sind deshalb zu treffen:

Multiple Interface Mode (MIM) = 0:

- Die *ChassisID* entspricht dem *Name of Station* **oder** der MAC-Adresse, wenn das Feldgerät noch keinen Namen hat.
- Die *Port-ID* entspricht dem *Name of Port.*

Multiple Interface Mode (MIM) = 1:

- Bei einem Interface (single interface) enthält die *ChassisID* den *Name of Station* **oder** die Interface-MAC-Adresse, wenn das Gerät (in diesem Fall das Interface) noch keinen Namen hat.
- Bei mehreren Interfaces (multiple interfaces) ist die *ChassisID* herstellerspezifisch.

In beiden Fällen ist die *Port-ID* (*NameOfPort.NameOfStation*) bzw. *Port-ID* (*NameOfPort. Interface-MAC*), wenn das Interface noch keinen Namen hat.

Welcher Mode eingeschaltet wird, teilt der IO-Controller dem IO-Device beim Laden des PDEVs durch den Record *PDInterfaceAdjust* mit.

> **Hinweis:**
> Der *AliasNameValue = NameOfPort.NameOfStation*, der nur über DCP Identify geprüft wird, existiert nicht, wenn kein *NameOfStation* vergeben wurde. Der Nachbar liefert die Interface-MAC-Adresse anstelle eines Namens.

Da in einem LLDP-Frame auch die Aktualisierungszeit enthalten ist, prüft ein Device regelmäßig (z. B. alle 15 s), ob es gültige LLDP-Frames von den angeschlossenen Switch-Ports erhält. Damit ist die Konsistenz der Datenhaltung gewährleistet. Beim Überschreiten dieses Time-outs, löscht der LLDP-Client die gespeicherten Informationen, da davon auszugehen ist, dass ein Fehlverhalten vorliegt.

Für den Austausch der LLDP-Frames verwendet der jeweilige LLDP-Client eine spezielle Multicast-Adresse. Ein LLDP-Frame wird aber nur zwischen zwei Ports ausgetauscht und darf nicht weitergeleitet werden. Über den LLDP-Ethertype 0x88CC identifiziert der LLDP-Server die LLDP-Frames.

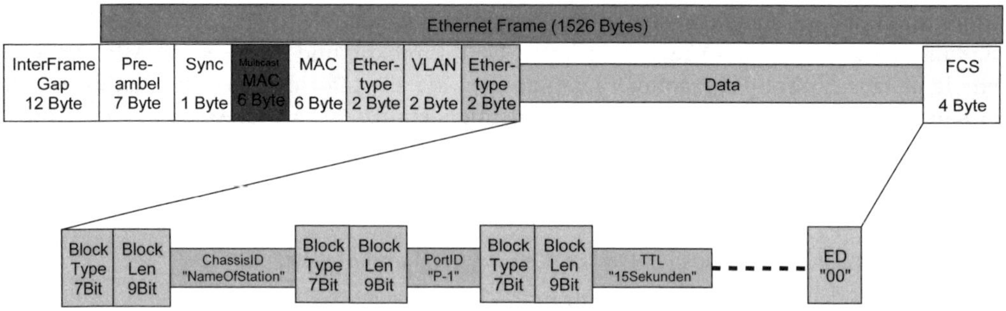

Bild 5.19: Der Aufbau eines LLDP-Frames entspricht der IEEE 802.1AB.

Durch die Anwendung von LLDP verfügt jedes Gerät beispielhaft über die Informationen, welches Feldgerät an welchem Port angeschlossen ist (*NameOfStation/ChassisID*, *Port-001*/PortID und MAC-Adresse).

Hinweis:

Ein Gerätetausch ohne Engineering System basiert auf folgenden Funktionen, die standardmäßig in jedem PROFINET-Feldgerät unterstützt werden müssen:

- DCP zur Adressierung und zum Auslesen von Adressierungsdaten aus den Feldgeräten.
- LLDP zum Austausch von Nachbarschaftsinformationen. Darüber hinaus können noch unterstützt werden:
- SNMP zum Auslesen der Daten, die zum Nachbilden der Anlagentopologie vorhanden sind,
- evtl. TCI (externes Parametriertool) zum Laden von dynamischen Parametern, iPar-Server zum Abspeichern und automatischem Laden von Geräteparametern.

Die Topologie-Erkennung

Automatisierungsanlagen können in Form einer Linienstruktur, sternförmig oder baumförmig aufgebaut sein. Aus diesem Grund ist es wichtig zu wissen, welche prozessnahen Feldgeräte an welchem Switch-Port angeschlossen sind, um beim Ausfall eines oder mehrerer Feldgeräte überprüfen zu können, ob das Ersatzgerät auch wieder an der richtigen Position angeschlossen wurde.

In den nachfolgenden Ausführungen sind die Einsatzfälle von LLDP mit und ohne Topologie-Projektierung näher dargestellt.

Fall a: Nutzung der Nachbarschaft ohne Topologieprojektierung

Nach dem Systemstart beginnt jedes IO-Device, mit seinen Nachbarn die Nachbarschaftsinformationen auszutauschen. Diese werden, wie beschrieben, für jeden Port als sogenannte *AliasNamen* im IO-Feldgerät gespeichert. Das könnte **beispielsweise** bedeuten, dass ein IO-Device folgende Informationen pro Switch-Port in nachfolgender Form gespeichert hat:

„NameOfStation = Fräse1 alias: Nachbar von Port-001-8001, MAC-Adresse oder NameOfStation“

Mit einem DCP.Identify-Service kann ein IO-Controller die Konfiguration der IO-Devices auslesen. Diese Information ist auch über SNMP auslesbar → nach IEEE 802.1 AB → LLDP MIB. Die LLDP-MIB muss von einem IO-Device ab Conformance Class B unterstützt werden.

Ein IO-Device antwortet auf einen an ihn adressierten *DCPIdentify.req* mit seinem *NameOfStation*, seiner IP-Adresse (soweit vorhanden), seinem Type **und seiner Nachbarschaftsinformation.**

Der IO-Controller speichert diese Nachbarschaftsinformation remanent, um sie später beim Ausfall eines Feldgerätes für die Adressierung nutzen zu können. Damit kann ein IO-Controller die vorhandene Topologie nachbilden. Der nachfolgende Hochlauf läuft in bekannter Weise ab.

Was passiert beim Gerätetausch?

Ein IO-Device antwortet nicht auf eine Anfrage nach seinem *NameOfStation*. Daraufhin sendet der IO-Controller über *DCPIdentify.req* eine Anfrage *wer ist der Nachbar von der übermittelten Nachbarschaftsinformation? (Aliasname).*

Das adressierte Nachbargerät meldet sich wie bekannt mit seinem *NameOfStation* (soweit vorhanden), seiner IP-Adresse (soweit vorhanden), seinem *Devicetype* (soweit vorhanden) **und** seiner Nachbarschaftsinformation (*Aliasname*, bestehend aus Port-ID und Device-MAC-Adresse).

Stimmt die Nachbarschaftsinformation mit der gespeicherten Informationim IO-Controller überein, wird über *DCPSet.req* der *NameOfStation* anhand der übermittelten Device-MAC-Adresse des ausgetauschten Feldgerätes in das ausgetauschte IO-Device „geschrieben". Anschließend setzt der IO-Controller den Hochlauf mit der IP-Prüfung fort. Der nachfolgende Hochlauf läuft in bekannter Weise ab, wie in Bild 5.16 beschrieben.

Die Ausführung der Anlagen-Topologie (Stern, Baum, Linie) spielt bei diesem Verfahren keine Rolle. War die Automatisierungs-Anlage einmalig vollständig aufgebaut, können bei diesem Verfahren alle, diesem IO-Controller zugeordneten IO-Devices getauscht werden, ohne ihnen vorher einen *NameOfStation* zu geben. Der Tausch des IO-Controllers zusammen mit dem Tausch von IO-Devices ist allerdings nur möglich, wenn vorher die Speicherung der Nachbarschafsinformationen auf einem Memory-Modul des IO-Controllers erfolgte. Dadurch kann auch der IO-Controller getauscht werden. Der IO-Controller übernimmt dann bei gleichen Anlagen „automatisch" die Taufe der ihm zugeordneten IO-Devices.

Vorteil: Der Aufwand für die Topologie-Projektierung entfällt.

Nachteil: Wenn keine Topologie-Projektierung im IO-Controller vorhanden ist, kann es bei der Erst-Inbetriebnahme vorkommen, dass IO-Devices an falsche Switch-Ports angeschlossen werden. Die Fehlersuche ist dann etwas aufwendiger.

Fall b: Nutzung der Nachbarschaft mit Topologie-Projektierung

In dem IO-Controller sind die Informationen über die Anlagentopologie bereits gespeichert. Ein IO-Device antwortet auf einen *DCPIdentify.req* mit seinem *NameOfStation*, seiner IP-Adresse (soweit vorhanden), seinem *Devicetype* (soweit vorhanden) **und** seiner Nachbarschaftsinformation. Der IO-Controller vergleicht diese erhaltene Nachbarschaftsinformation mit der bereits hinterlegten. Entdeckt er keine Übereinstimmung, bricht er den Hochlauf des IO-Devices ab. Bei Übereinstimmung läuft der nachfolgende Hochlauf in bekannter Weise ab.

Was passiert beim Gerätetausch?

Ein IO-Device antwortet nicht auf einen *DCPIdentify.req* mit seinem *NameOfStation*. Daraufhin sendet der IO-Controller einen *DCPIdentify.req* mit der Anfrage „wer ist der Nachbar von der übermittelten Nachbarschaftsinformation?". Daraufhin meldet sich das Nachbargerät wie bekannt mit seinem *NameOfStation* (soweit vorhanden), seiner IP-Adresse (soweit vorhanden), seinem *Devicetype* (soweit vorhanden) **und** seiner Nachbarschaftsinformation (*Aliasname*, bestehend aus Port-ID und MAC-Adresse des gesuchten IO-Devices).

Stimmt die Nachbarschaftsinformation mit der gespeicherten Information überein, wird über *DCPSet.req* der *NameOfStation* in das IO-Device „geschrieben". Anschließend setzt der IO-Controller den Hochlauf mit der IP-Prüfung fort. Der nachfolgende Hochlauf läuft in bekannter Weise ab.

Durch die projektierte Nachbarschaft können bei diesem Verfahren alle diesem IO-Contoller zugeordneten IO-Devices getauscht werden.

Der IO-Controller kann bei projektierter Topologie bei der Erst-Inbetriebnahme automatisch alle zugeordneten IO-Devices „taufen". Dadurch kann die „händische Taufe" durch ein Programmiergerät entfallen. Der Tausch des IO-Controllers zusammen mit dem Tausch von IO-Devices ist allerdings nur möglich, wenn vorher alle Nachbarschafsinformationen auf einem Memory-Modul des IO-Controllers erfolgten. Dadurch kann auch der IO-Controller getauscht werden. Der IO-Controller übernimmt dann bei gleichen Anlagen „automatisch" die Taufe der ihm zugeordneten IO-Devices. Der IO-Controller führt weiterhin eine Prüfung von Soll-/Ist-Nachbarschaft durch.

Vorteil: Wenn eine Topologie-Projektierung im IO-Controller vorhanden ist, kann es bei der Erst-Inbetriebnahme nicht vorkommen, dass IO-Devices an falsche Switch-Ports angeschlossen werden.

Nachteil: Der Aufwand für die Topologie-Projektierung ist relativ hoch.

Beispiel

Wenn ein Feldgerät ausfällt, unterbleibt das zyklische Austauschen von LLDP-Frames an seine Nachbarn. Dies wird von jedem angeschlossenen Nachbarn erkannt, und nach Ablauf des Time-outs werden die jeweiligen Nachbarschaftsinformationen in den Clients gelöscht. Der IO-Controller stellt ebenfalls fest, dass das entsprechende Feldgerät nicht mehr „ansprechbar" ist. Nach dem Tausch des fehlerhaften Feldgerätes prüft der neue Switch seine Konfiguration. Dabei stellt er fest, dass er keine Chassis-ID (Gerätename) hat. Er startet den LLDP-Programmteil dann ohne Chassis-ID, aber mit Port-ID und MAC-Adresse. Beide Informationen werden als *Aliasname* benutzt.

Erhält er von seinen Nachbarn Chassis-ID und Port-ID, setzt er diese zu seiner topologischen ID zusammen. Dabei prüft er, ob die Kombination aus Port-ID und Chassis-ID den Regeln entspricht.

Diese topologische ID verwendet der Switch, um an seine Client-ID zu gelangen.

Über DCP lässt er sich zu seiner topologischen ID die Client-ID und IP-Suite geben.

Anschließend überträgt er über LLDP auch die Chassis-ID.

Wurde beim Gerätetausch versehentlich ein IO-Device mit „falschem" Ausbaugrad eingesetzt, wird dies während des Systemhochlaufs festgestellt.

Fazit: In einer Automatisierungs-Anlage, die über PROFINET IO kommuniziert, sind nur IO-Devices vorhanden, die LLDP unterstützen. Unterstützt das Engineering-Tool und der IO-Controller die Topologie-Projektierung ebenfalls, dann muss weder bei der Projektierung noch nach dem Gerätetausch ein *NameOfStation* vergeben werden. Die Adressierung und die Topologie werden automatisch erkannt.

5.10.3.1 Der Aufbau eines LLDP-Frames

Nachfolgendes Bild zeigt exemplarisch den Aufbau eines LLDP-Frames, der aus Mindest- und organisationsspezifischen (PNO-spezifischen) Informationen besteht.

6 Bytes	6 Bytes	2 Bytes	46–1 500 Bytes		4 Bytes
Dest. ADDR	Src ADDR	Ethertype/ Length	***LLDPDU***	Padding Evtl.	FCS

Der Aufbau eines LLDP-Frames entspricht der IEEE 802.1 AB. LLDP-Frames enthalten keinen VLAN-Tag.

Erklärung der relevanten Daten im Frame

Dest. Addr: Es wird die feste MAC-Multicast-Adresse **01-80-C2-00-00-0E** verwendet.

Der Ethertype ist 0x88CC.

Padding: Optionales Padding.

LLDPDU: Die **L**ink **D**iscovery **P**rotocol **D**ata **U**nit besteht aus einer Kette von Informationsblöcken, die anhand der sogenannten TLV-Feldern (**T**ype **L**ength **V**alue) unterschieden werden. Diese enthalten Mandatory-Felder gemäß IEEE 802.1AB (siehe Frameaufbau unten) und optional organisationsspezifische Erweiterungen (hier PROFIBUS Nutzerorganisation mit PROFINET). Nachfolgend sind die wichtigsten TLVs dargestellt.

TLVs nach IEEE 802.1AB			PNO-spezifische TLVs			
Chassis ID TLV	Port ID TLV	TTL TLV	Optional TLV	…	Optional TLV	End of LLDPDU TLV

Chassis ID TLV

Type	Length	Chassis ID subtype	Chassis ID
7 Bits	9 Bits	1 octet	1 … 255 octets

Port ID TLV

Type	Length	Port ID Subtype	Port ID Info String
7 Bits	9 Bits	1 octet	1 … 255 octets

TLV von TTL

Type	Length	Time-out
7 Bits	9 Bits	(0 … 65 535)

End of LLDPDU TLV

Type	Length	Value
0	1	(0 … 65 535)

Neben den mandatory TLVs können auch organisationsspezifische TLVs übertragen werden. Bei den optionalen TLVs (hier mit OUI-Identifier der PNO 01-0E-CF) werden zusätzlich

- die errechneten Line Delays zum Nachbargerät,
- Status der IRT-Kommunikation,
- Redundanzinformationen und
- PDev-Informationen (Port-Informationen)

in die LLDPDU eingefügt.

5.10.3.2 Use case zu LLDP

Wie bereits in den vorherigen Kapiteln erwähnt, kann ein Anlagenbetreiber die Kombination aus einem DCP- und LLDP-Dienst in Verbindung mit dem PDev nutzen, um eine Anlagentopologie und eine portgranulare Diagnose auch grafisch darzustellen, um einen schnellen Überblick über den Anlagenzustand zu bekommen. Voraussetzung hierfür ist, dass die Feldgeräte SNMP (**S**imple **N**etwork **M**anagement **P**rotocol) zum Auslesen der LLDP-MIB unterstützen. Diese Informationen sind Device intern strukturiert und in einer Management Information Base (MIB) abgelegt. Über SNMP können diese Informationen ausgelesen und zur Topologiedarstellung herangezogen werden. Ein Beispiel sehen Sie im nachfolgenden Bild.

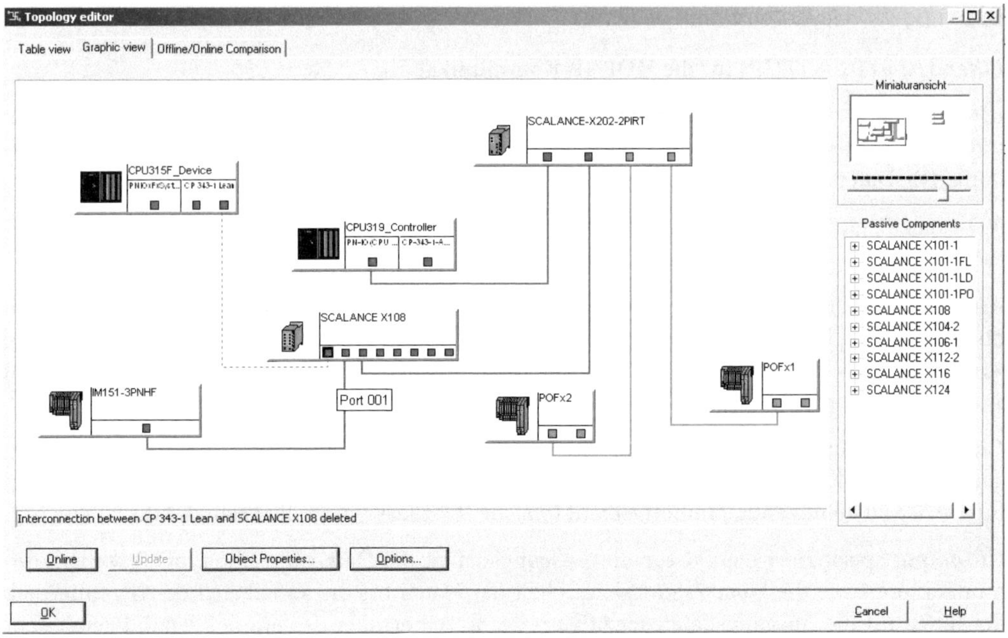

Bild 5.20: Die Darstellung der Anlagentopologie bringt einen schnellen Überblick über den Aufbau der Anlage.

5.10.4 Die PROFINET IO-Frames beim Systemhochlauf

5.10.4.1 Connect Request

Nachdem die Adressierung der an der Kommunikation beteiligten Feldgeräte durch den IO-Controller erfolgte und die Ermittlung des internen Ausbaugrads im IO-Device abgeschlossen sind, kann der Systemhochlauf beginnen. Der Ausbaugrad in einem IO-Device wird benötigt, um die in einem *Connect.req*-Frame übermittelten Projektierungsdaten vom IO-Controller bezüglich Ausbaugrad beurteilen zu können. Die Identifikatoren der projektierten Submodule hat das IO-Device zu überprüfen.

...	VLAN	Ethertype	IP UDP	RPC	NDR	AR block	CR Input	CR Output	CR Alarm	Exp SubM	MCR Block	Exp SubM	FCS
	4	0x0800	28	80	20	58 + name	56 + ...	56 + ...	26	36/42	14 + ...	36/42	4
	opt. Feld						typisch 56, 62, 68, ...						

Erklärung der relevanten Daten im Frame

Ethertype ist 0x0800 (IP) für die UDP/IP-Kommunikation.

RPC spezifiziert das Datenformat, mit dem die Daten übertragen werden (Big/Little Endian). Im RPC-Header identifiziert der IO-Controller das jeweilige Feldgerät und die adressierte Anwendung. Die Datendarstellung kann im Big-Endian- oder Little-Endian-Format erfolgen.

NDR spezifiziert die Größe des Datenblocks. Die Datendarstellung ist im selben Format wie der RPC-Header.

AR block enthält alle Daten, die zum Aufbau und zum Identifizieren dieser anzulegenden AR notwendig sind. Die *ARUUID* kennzeichnet dabei die aufzubauende *Application Relation.* Diese wird für eine bestimmte Projektierung vergeben. Solange sich die Projektierungsdaten nicht ändern, bleibt auch die *ARUUID* gleich.

CR input spezifiziert die für die vom IO-Device an den IO-Controller zu übertragenden Eingangsdaten und den Aktualisierungszyklus. Der IO-Controller gibt als Identifikator das vom IO-Device zu benutzende FrameID-Band (welche RT-Klasse) und die FrameID direkt vor.

CR output spezifiziert die CR für die Ausgangsdaten, die Daten für eine Querverkehrskommunikation sowie die Übertragungshäufigkeit der Daten für die aufzubauende AR. Innerhalb der IOCR für die Ausgangsdaten spezifiziert der IO-Controller das FrameID-Band gemäß der eingestellten RT-Klasse. Die tatsächliche FrameID kann das IO-Device selbst innerhalb des vorgegebenen Bandes spezifizieren.

CR Alarm spezifiziert die Prioritäten für hoch- und niederprioritäre Alarme und die maximale Länge der zu übertragenden Alarme sowie den Time-out bei fehlender Quittung.

Exp SubM identifiziert die projektierten Submodule innerhalb eines IO-Devices anhand der Module- und Submodule-Identnummern gemäß Eintrag in der GSD-Datei.

Es kann durchaus vorkommen, dass nicht alle Submodule parametriert werden, da sie für diese aufzubauende AR nicht benötigt werden. Die Parametrierung kann in diesem Fall evtl. ein anderer IO-Controller übernehmen.

MCRBlock enthält die Daten zum Einrichten einer **M**ulticast **C**ommunication **R**elation (Daten-Querverkehr). In diesem Fall gibt der Provider die FrameID für die Kommunikation vor.

☞ **Hinweis:**

Die Daten CR input, CR output, CR Alarm und Exp SubM können in ihrer Lage im PROFINET-Frame variabel übertragen werden. Sie sind anhand ihrer Kennung im jeweiligen Block unterscheidbar (z. B. ExpSubM = 0x01, 0x04, CR Alarm = 0x01, 0x03 etc.).

Beispiel

Nachfolgend sehen Sie ein Extrakt aus einem Eintrag in der GSD-Datei, der die Definition von Modulen und Submodulen beschreibt.

```
<ModuleList>
   <!-- Digitale Eingabemodule für das DAP 1-->
   <ModuleItem ID="1" ModuleIdentNumber="0x00000101">
   <ModuleInfo CategoryRef="DI Module">
      <Name TextId="8DI DC24V, High Feature"/>
      <InfoText TextId="Digitales Eingabe-Modul DI 8xDC24V, High Feature"/>
      <OrderNumber Value="6Exx 050-0101-0AB0"/>
      <HardwareRelease Value="1.0"/>
      <SoftwareRelease Value="1.0"/>
   </ModuleInfo>

<VirtualSubmoduleList>
   <VirtualSubmoduleItem ID="DAP 1" SubmoduleIdentNumber="0x00000000">
      </IOData>
```

Nach erfolgreich übermitteltem *Connect.req*-Frame sind die Applikationsbeziehung und die Kommunikationsbeziehungen aufgebaut.

Nach dem Empfang des Connect-Frames startet das IO-Device die zyklische Provider-statemachine und überträgt bereits die zyklischen Daten, allerdings für jede IOCR wird der Status „bad" übertragen. Weiterhin beginnt das IO-Device mit dem Einrichten der Alarm-statemachine.

Folgende Fehlerquellen sind nach dem Empfang eines Connect-Aufrufs möglich und werden im IO-Device überprüft:

Überprüfung der Längenangabe	Es ist erlaubt, eine höhere Längenangabe zu übertragen, als tatsächlich genutzt wird.
Watchdog (WD)	Der WD-Wert muss im erlaubten Bereich liegen (RT ≤ 1,92 s für UDP ≤ 61,44 s).
Überprüfung des vorhandenen Speichers	Das IO-Device überprüft, ob noch genügend Speicherplatz für das Anlegen einer AR und die damit verbundenen CRs vorhanden ist.
Prüfung der Übertragungsparameter	Das IO-Device überprüft den Ethertype 0x8892 für die RT-Kommunikation, die 100 Mb/s und den Vollduplex-Betrieb.
Redundanz-Überprüfungen	Einrichten der AR als redundant oder einkanalig. Wenn einkanalig, dann als primary einrichten.
IO-CR-Prüfungen	**Bei nicht existierendem oder falschem IO-Device** kann keine IOCR aufgebaut werden. Der IO-Controller wiederholt den Versuch in definierten Abständen. **Bei nicht existierendem Slot/Subslot** kann die CR zu diesem Slot/Subslot*) nicht aufgebaut werden. Der IO-Controller wiederholt den Versuch in definierten Abständen. **Bei fehlendem Submodul bzw. falscher Submodul-ID** kann der IO-Controller eine CR aufbauen. Das IO-Device meldet die fehlerhaften Module. Die entsprechenden IO-Daten werden als ungültig im IOXS-Status gemeldet. Untersetzungsfaktor möglich (siehe auch GSD-Datei).
Prüfung der Alarm-CR-Einträge	Time-out, Wiederholungen, Anlegen möglich.
Prüfung der Submodule	Identnummer, maximale Anzahl, Slotnummer, Subslotnummer, Überprüfung des Lock states.

*) Bei einem parametrierten und nicht existierenden Slot/Subslot sind zwei Fälle zu unterscheiden:

a) **Die physikalischen Grenzen des IO-Devices sind erreicht.** Wenn beispielsweise Slot 33 adressiert wurde, dem IO-Device aber nur 32 Slots zur Verfügung stehen. In diesem Fall wird keine AR und auch keine CR aufgebaut. Der Connect.res wird mit einer Fehlermeldung beantwortet. Dieser Fehler ist allerdings rein theoretischer Natur, da das Konfigurationstool dies bereits abwehrt.

b) **Die physikalischen Grenzen des IO-Devices sind *nicht* erreicht.** In diesem Fall wird eine AR und auch eine CR mit den identifizierten Modulen aufgebaut. Der Connect.res wird allerdings mit einem *ModuleDiffBlock* beantwortet.

☞ **Hinweis:**

Die jeweilige AR und die CRs werden erst dann etabliert, nachdem alle Prüfungen erfolgreich durchlaufen wurden. Beim Aufbau der ARs und CRs kann das IO-Device Unterschiede feststellen. Es kann durchaus sinnvoll sein, die Provider-Zustandsautomaten bereits zu diesem Zeitpunkt zu starten und die Eingangsdaten an den IO-Controller zu übertragen, da nicht alle Submodule zusätzliche Parameter benötigen. Das IO-Device überträgt nur die Daten, die innerhalb einer AR und der dazugehörigen IO-CR parametriert wurden. Die Module/Submodule, die Abweichungen zwischen Soll- und Istzustand aufweisen, meldet das IO-Device im *ModuleDiffBlock*.

5.10.4.2 Connect Response

> ☞ **Hinweis:**
> Alle Aufruf-Frames sind als xxx.req (request) dargestellt. Die Antwort auf einen Aufruf-Frame ist als xxx.res (response) gekennzeichnet.

Nachdem das IO-Device alle internen Konsistenzprüfungen durchgeführt hat, antwortet es mit dem *Connect.res*-Frame und signalisiert entweder die Daten-Konsistenz oder die festgestellten Fehler zwischen Soll- und Ist-Zustand. Mit der positiven Quittierung des *Connect.req* beginnt bereits der zyklische Datenaustausch. Der IOPS-Status ist zu diesem Zeitpunkt als *bad* gekennzeichnet, da die Parametrierung noch nicht abgeschlossen ist.

VLAN	Ether-type	IP UDP	RPC	NDR	AR block	CR Input	CR Output	Alarm	Module Diff	FCS
4	0x0800	28	80	20	58 + name	12	12	12	14 + 18 * Slot	4

opt.
Feld

Erklärung der relevanten Daten im Frame

NDR enthält gegebenenfalls die Error Codes, wenn bei der Überprüfung nach einem Connect.req Fehler im IO-Device festgestellt wurden. Die Error Codes werden auch als *PNIOStatus* bezeichnet und sind an dieser Stelle im Big-Endian-Format codiert.

Innerhalb der ***CR input*** spiegelt das IO-Device die vom IO-Controller vorgegebenen FrameID für die Übertragung der Eingangsdaten an den IO-Controller.

Innerhalb der ***CR output*** gibt das IO-Device die FrameID vor, die es für die Übertragung der Ausgangsdaten vom IO-Controller erwartet.

Module Diff gibt die Module/Submodule an, für die keine gültigen Daten vom IO-Device geliefert werden können. Es kann durchaus vorkommen, dass mehr oder weniger Submodule vom IO-Controller parametriert wurden, als physikalisch vorhanden sind, da sie für die etablierte AR entweder nicht benötigt werden oder noch nicht gesteckt wurden. PROFINET IO arbeitet hier sehr pragmatisch. Sind die vom IO-Controller erwarteten Submodule vorhanden, meldet das IO-Device auch keine Fehler zurück, da der Datenaustausch mit diesen Submodulen stattfinden kann.

> ☞ **Hinweis:**
> Können die vom IO-Controller einzurichtenden CRs fehlerfrei eingerichtet werden, da die parametrierten Submodule vorhanden sind, meldet das IO-Device keinen ModuleDiffBlock zurück. Dieser wird nur gemeldet, wenn eine IO-CR eingerichtet werden soll, für die ein oder mehrere entsprechende Submodule nicht vorhanden sind.

Der IO-Controller startet nach dem Erhalt des *Connect.res*-Frames die Provider/Consumer Alarm-state-machines und die Provider/Consumer-Überwachung, da ab diesem Zeitpunkt bereits IO-Daten ausgetauscht werden können.

5.10.4.3 Write Request

Nach einem *Connect.req*-Frame beginnt der IO-Controller mit der Parametrierung der projektierten Submodule für das jeweilige IO-Device. Hierzu werden pro Submodul die in der GSD-Datei (im Bereich *Const Data*) angegebenen Parameter geladen. In einem *Write-Frame* kann ein IO-Controller auch mehrere Submodule parametrieren.

...	VLAN	Ethertype	IP/UDP	RPC	NDR	Write Block	Write Data	FCS
	4	0x0800	28	80	20	64	....	4
	opt. Feld							

Erklärung der relevanten Daten im Frame

Der ***Ethertype*** ist 0x0800 (IP) für Non-Real-Time-Kommunikation.

Write Block enthält im Wesentlichen die eindeutige Identifikation für die übermittelten Daten oder unterschiedliche Datenbereiche dieser Verbindung (z. B. Angabe eines Application Profile Identifiers API wie PROFIsafe oder PROFIdrive) sowie die Adressierung des Objektes und dessen Länge. Die Kodierung erfolgt im Big-Endian-Format.

Write Data enthält im Hochlauf die Parametrierdaten für das adressierte Submodul sowie das Index-Feld, das den auszuführenden Dienst eindeutig spezifiziert.

Hinweis:
Bei beispielsweise PROFIsafe-Anwendungen werden mit dem Write-Service auch die F- und I-Parameter geladen.

Beispiel

Im Folgenden sehen Sie einen Ausschnitt aus der GSD-Datei für ein Entwicklungspaket der Fa. Siemens. Die beiden Schlüsselworte *Const Data* definieren, welche Daten im Hochlauf mittels Write-Aufruf an das Submodul mit der Identnummer = „0x00000000“ zu übertragen sind.

Die Definition ist in zwei Schritten definiert. Die ersten drei Bytes werden ab Offset 0 und die restlichen 9 Bytes ab Offset drei übertragen.

```
<VirtualSubmoduleList>
  <VirtualSubmoduleItem ID="DAP 1" SubmoduleIdentNumber="0x00000000">
    </IOData>
    <RecordDataList>
      <ParameterRecordDataItem Index="1" Length="12"
       TransferSequence="0">
        <Name TextId="Allgemeine Kopfparameter"/>
        <Const Data="0x00, 0x00, 0x00" ByteOffset="0"/>
        <Const Data="0x09, 0x81, 0x00, 0x00, 0x00, 0x00, 0x00, 0x00,
                     0x01"
                     ByteOffset="3"/>
        <!--Diese Referenzen zeigen auf Einträge der ValueList -->
      </ParameterRecordDataItem>
    </RecordDataList>
  </VirtualSubmoduleItem>               <!-- Ende der VirtualSubmoduleItem -->
</VirtualSubmoduleList>                 <!-- Ende der VirtualSubmoduleList -->
```

Mit dem Erhalt des ersten *Write-Frames* im Systemhochlauf startet das IO-Device die Consumer-Überwachung.

5.10.4.4 Write Response

Jeder *Write.req* wird seitens eines IO-Devices mit einem *Write.res* quittiert. Fehlermeldungen können darin übermittelt werden.

VLAN	Ethertype	IP UDP	RPC	NDR	Write Block	FCS
4	0x0800	28	80	20	64	4

opt.
Feld

5.10.4.5 DControl Request (*End of Parameterization*)

Nachdem ein IO-Controller im Hochlauf alle Parameter für die Submodule mittels *Write*-Frames übertragen hat, zeigt er seinerseits dem IO-Device das Ende der Parametrierung mit dem *DControl.req*-Frame an.

VLAN	Ethertype	IP UDP	RPC	NDR	Control Block	FCS
4	0x0800	28	80	20	32	4

opt.
Field

Erklärung der relevanten Daten im Frame

Ein *DControl.req*-Frame ist im RPC-Header mit der *operation number* = 4 (Control) gekennzeichnet und durch die Übertragungsrichtung (vom Controller zum Device) eindeutig spezifiziert.

5.10.4.6 DControl Response

Mit dem Empfang eines *DControl.req*-Frames weiß das IO-Device, dass die Parametrierung abgeschlossen ist, und quittiert den Empfang mit einem *DControl.res*. Im *DControl.res* kann das IO-Device Fehler an den IO-Controller mitteilen. Es liegt dann im Verantwortungsbereich der Controller-Anwendung zu entscheiden, in welcher Form ein Prozessdatenverkehr durchgeführt werden soll.

VLAN	Ethertype	IP UDP	RPC	NDR	Control Block	FCS
4	0x0800	28	80	20	32	4

opt.
Feld

Erklärung der relevanten Daten im Frame

Ein *DControl-Frame* wird im RPC-Header mit der *operation number* = 4 gekennzeichnet.

5.10.4.7 CControl Request (*Application Ready*)

Nachdem ein IO-Device intern alle Daten, die in den *Write-Frames* übertragen wurden, angelegt hat, zeigt das IO-Device die Betriebsbereitschaft an den IO-Controller mit einem *CControl.req-Frame* an. Aus Sicht des IO-Devices ist damit die AR aufgebaut.

VLAN	Ethertype	IP UDP	RPC	NDR	Control Block	Module DiffBlock*)	FCS
4	2	28	80	20	32	14 + 18 * Slot	4

opt.
Feld

Erklärung der relevanten Daten im Frame

Ein *CControl-Frame* wird im RPC-Header mit der *operation number* = 4 gekennzeichnet und durch die Übertragungsrichtung (vom Device zum Controller) eindeutig spezifiziert.

☞ **Hinweis:**

*) Aus Sicherheitsgründen kann ein ModuleDiffBlock vorhanden sein, da die zwischen *Control.res* und *DControl.req* vorhandenen *Write-Frames* zum Parametrieren der Submodule fehlerhaft sein konnten. Im ModuleDiffBlock sind nur die Module enthalten, die eine Abweichung zwischen erwartetem und realem Ausbau darstellen, also Probleme für den Datenaustausch bereiten können.

5.10.4.8 CControl Response

Die Quittierung eines vom IO-Device gesendeten *CControl.req-Frames* wird vom IO-Controller mit dem *CControl.res* quittiert. Aus Sicht des IO-Controllers ist damit die AR aufgebaut.

Ab diesem Zeitpunkt ist der Hochlauf abgeschlossen, und der Prozessdatenverkehr kann beginnen (falls Parameter über Write-Aufrufe geladen wurden).

VLAN	Ethertype	IP UDP	RPC	NDR	Control Block	FCS
4	2	28	80	20	32	4

opt.
Feld

Erklärung der relevanten Daten im Frame

Ein *CControl-Frame* wird im RPC-Header mit der *operation number* = 4 gekennzeichnet und ist anhand der Richtung (vom IO-Device zum IO-Controller) hinreichend identifiziert.

Mit dem Erhalt des *CControl.res-Frames* ist die Hochlauf-Sequenz abgeschlossen. Das IO-Device startet nun die Alarm-State-Machine. Der Austausch der Prozessdaten zwischen IO-Controller und IO-Device kann nun (spätestens) beginnen. Dieser Datenaustausch wird bei PROFINET IO über die Real-Time-Kommunikation bewerkstelligt. Deshalb ist es erforderlich, im nachfolgenden Kapitel zuerst einmal die Grundlagen der Real-Time-Kommunikation zu erarbeiten.

Im Context Manager eines IO-Devices sind die Daten der tatsächlich vorhandenen Konfiguration gespeichert. Diese wird vom Device im Hochlauf ermittelt, bevor die Kommunikation mit den Prozessdaten aufgenommen wird. Die Konfiguration kann sich während des Betriebs durch Ziehen und Stecken von Modulen/Submodulen ändern. In diesem Fall muss der IO-Controller oder Supervisor unmittelbar informiert werden. Dafür stehen die Alarm_Notifications *Pull Alarm, Plug Alarm, Plug Wrong Submodul* zur Verfügung. Im Falle eins *Plug Alarms* überprüft der IO-Controller unmittelbar, ob dieser jeweilige Slot/Subslot neue Parameter benötigt. Beim Empfang einer *Alarm Notification Pull Alarms* oder *Plug Wrong Submodule* informiert der IO-Controller den Anwender und wartet auf eine entsprechende Reaktion. Zwischen *Connect.res* und *End of Parameterization* muss die Identifikation des Ausbaugrades im IO-Device konsistent gehalten werden, um mit *Application Ready* den IO-Controller aktuell zu informieren. In jedem Fall ist eine *Alarm Notification* an den IO-Controller zu senden, wenn sich an der Modul-Konfiguration etwas ändert. Die Mitteilung allein im *ModuleDiffBlock* an den IO-Controller ist nicht ausreichend.

☞ **Hinweis:**

Nachdem der Systemhochlauf abgeschlossen ist, müssen in einem PROFINET IO-Device folgende Daten gespeichert sein:

- Order_ID (Bestellnummer des Feldgerätes),
- MAC-Adresse,
- Hardware-Revision,
- Software-Revision und
- NameOfStation (bspw. Fräse 2, max. 25 Zeichen),
- Vendor_ID,
- alle I&M0-Daten.

Diese Daten sind sowohl für die Adressierung des Feldgerätes als auch für das Auslesen der I&M-Funktionen notwendig und können über einen Read-Aufruf ausgelesen werden.

5.10.5 Der Schnellhochlauf (*Fast Start-up*)

Der Systemhochlauf bei PROFINET IO nutzt heutzutage viele Funktionalitäten, die einen sicheren Hochlauf aller an der Kommunikation beteiligten Feldgeräte ermöglichen. Die damit verbundene Zeitspanne von bis zu 10 Sekunden (je nach Ausbaugrad des IO-Devices) stellt in einigen Automatisierungsanlagen ein Hindernis dar. Beispielsweise beim Werkzeugwechsel von Industrierobotern sind diese Hochlaufzeiten nicht akzeptabel, da sich in vielen Fällen diese Wartezeiten direkt auf den Bearbeitungsprozess (bspw. Zykluszeit eines Fließbandes) auswirken können. In einer heterogenen Automatisierungslandschaft spielt neben dem Taktzyklus eines Fließbandes auch die Flexibilität für die zu produzierenden Produkte (unterschiedliche Fahrzeugtypen) eine entscheidende Rolle, sodass Werkzeugwechsel eine immer wichtigere Rolle einnehmen. Deshalb besteht die Forderung der Anlagenbetreiber, einen Systemhochlauf deutlich kleiner einer Sekunde zu bewältigen.

Um die Problematik besser einordnen zu können, sind im Folgenden die Themenbereiche beschrieben, die zu den hohen Hochlaufzeiten beitragen.

Nach *Power on* laufen folgende Funktionen zum Aufbau einer Kommunikation zwischen IO-Controller und IO-Device ab:

- Durchführung der *Auto negotiation*- und *Auto crossover*-Funktion zum Aushandeln der Übertragungsparameter und dem Erkennen der Anschlusstechnik. Bei Cu-Übertragungstechnik kann das Aushandeln der gemeinsamen Betriebsart bei einem PHY-Pärchen bis zu 3 Sekunden dauern.
- Interner Hochlauf des IO-Devices zum Erkennen des Ausbaugrades,
- Ident-Zyklen des IO-Controllers zum Erkennen, ob ausgefallene IO-Devices wieder erreichbar sind,
- die Adressauflösung der projektierten Feldgeräte,
- Parametrieren der Peripherie-Baugruppen.

Connect-Sequenz und Write-Zyklen bis Application Ready

Aus diesen Abläufen ist ersichtlich, dass es verhältnismäßig lange dauern kann, bis ein IO-Device, das längst kommunikationsfähig ist, wieder vom IO-Controller erkannt und in den Datenaustausch aufgenommen wird. Deshalb stellt sich die Frage, ob alle beschriebenen Funktionen wirklich bei jedem IO-Device-Hochlauf erneut durchzuführen sind.

PROFINET IO beschreibt 3 Klassen des Systemhochlaufs:

- **Normaler Start-up (NSU)**
  Beschreibt den normalen Start-up mit einer Dauer von ca. 6 … 7 Sekunden mit DCP.Identify inkl. Abwarten des Time-outs, um sicher zu sein, dass keine doppelte Namensvergabe vorhanden ist. Anschließend erfolgt die komplette Adressauflösung.

- **Accelerated Start-up (ASU)**
  Beschreibt den beschleunigten Start-up mit einer Dauer von ca. 2 Sekunden mit dcp:identify ohne Abwarten des Time-outs. Anschließend erfolgt die komplette Adressauflösung). Der ASU ist hauptsächlich für den IO-Controller relevant.
- **Fast Start-up (FSU)**
  Beschreibt den priorisierten Start-up von bestimmten IO-Devices in weniger als 500 ms.

Die Thematik des FSU ist Inhalt des folgenden Kapitels, das auf einer Optimierung des PROFINET IO-Protokolls basiert. Der erste System-Hochlauf erfolgt immer als normaler Start-up, also ohne Optimierungen.

Hinweis:
Eine AIDA-Forderung ist der Fast Start-up in weniger als 500 ms. Um dies zu erreichen, sind einige Maßnahmen zu ergreifen.

Optimierungen für den Fast Start-up

Der ***Fast Start-up*** (FSU) ist ein optimierter Kommunikationsweg, um beim zweiten bis n-ten Hochlauf (beispielsweise nach einem Werkzeugwechsel) wesentlich schneller in den Datenaustausch zu gelangen, da viele Parameter bereits in den Feldgeräten schon gespeichert sind. Dieser optionale Weg kann parallel zum Standardhochlauf (der nach Power on, beim ersten Hochlauf oder Reset weiterhin stattfindet) eingesetzt werden. FSU definiert also eine Möglichkeit, um ein Device zu bauen, das in den geforderten 500 ms (AIDA-Forderung) wieder kommunikationsfähig ist. Entscheidend für eine PROFINET-Zertifizierung ist die Zeitangabe in der zugehörigen GSD-Datei. Diese Zeit bezieht sich auf den Zeitpunkt nach Power on bis zum erfolgreichen Setzen von Ausgängen. Folgende Optimierungen sind dabei möglich.

1. FSU beim Engineering

Die FSU-Fähigkeit wird im Anlagen-Engineering projektiert (eingestellt) und in Form einer *FSParamUUID* im ersten Parametrier-Frame beim zweiten bis n-ten Hochlauf an das IO-Device übertragen. Die *FSParamUUID* wird vom Engineering-Tool erzeugt und beschreibt alle Records innerhalb einer ARUUID, also innerhalb der Projektierungsdaten. Dadurch ist im IO-Device ein unmittelbarer Vergleich möglich, ob sich am Ausbaugrad oder an der erforderlichen Applikation (*IOCR* und den *Expected Submodules*) etwas geändert hat.

2. PHY-Initialisierung

Generell ist es zu empfehlen, bei häufigen Werkzeugwechseln und den damit verbundenen Steckkontaktierungen über den Einsatz von Lichtwellenleitern nachzudenken. Beim Einsatz von LWL ergeben sich gegenüber der Cu-Übertragung folgende Vorteile:

- keine Probleme mit Steckkontakten,
- fest eingestellte Parameter für die Übertragung,
- kein Auto negotiation und Auto crossover.

Ist es allerdings erforderlich, die Kupfer-Übertragung einzusetzen, wird nur beim ersten Hochlauf der Feldgeräte die Auto negotiation- und Auto crossover-Funktion durchgeführt. Diese ermittelten Parameter werden remanent gespeichert und sind für anschließende FSUs zu verwenden. Die Auto negotiation- und Auto crossover-Funktionen werden anschließend abgeschaltet. Damit ist eine Linkerkennung von ca. 1 ms möglich.

Hinweis:

Wird ein Feldgerät, das FSU unterstützt, in einer anderen Anlage eingesetzt, muss es eventuell in den Zustand *Reset to Factory Settings* rückgesetzt werden, um die festen Übertragungsparameter wieder zu löschen.

3. Device-interner Hochlauf

Der Device-interne Hochlauf kann durch den Einsatz entsprechender Hardware optimiert werden (schneller Reset-Baustein) und bestimmt dadurch den Hochlauf der Power supply nach Netz ein und den Hardware Reset.

Das Booten des IO-Device-Codes und der Zugriff auf die IO-Device-Remanenz ist Angelegenheit der eingesetzten Firmware. Spezielle Einstellungen der konfigurierten Ports und der Parameter für die Adressierungsdaten der IO-Devices sind im PDev der IO-Devices remanent hinterlegt, sodass diese Daten ab dem zweiten Hochlauf bereits zur Verfügung stehen. Die Parametrierung der Peripheriemodule mit den zuletzt erhaltenen Parametern kann ebenfalls voreilend durchgeführt werden, da diese Parameter durch die Erst-Inbetriebnahme vorhanden sind. Durch Vergleich mit der im ersten Parametriertelegramm übermittelten *FSParamUUID* kann das IO-Device erkennen, ob die Parametrierdaten noch gültig sind, oder ob eine neue Parametrierung durchzuführen ist. Die am Markt verfügbaren Software Stacks werden im Regelfall diese Optimierungen unterstützen.

4. Identzyklen des IO-Controllers (DCP.Identify)

IO-Devices sind im Hochlauf standardmäßig passiv und warten immer auf einen Request (Identzyklus) vom IO-Controller zur Adressauflösung, um sie in den Datenaustausch aufzunehmen. Damit verbunden sind auch die entsprechenden Wartezeiten auf eine Antwort vom IO-Device. Unterstützt ein IO-Device den FSU-Mode, dann wird es für einen erneuten Hochlauf aktiv und meldet sich selbst beim IO-Controller an (DCP.Hello, was einem DCP.Identify.res gleichkommt). Die zyklischen Identify-Services des IO-Controllers sind dann nicht mehr nötig. Wenn ein IO-Device den *Fast Start-up*-Mode unterstützt, ist dies in der GSD durch den Parameter *DeviceInitiative* definiert.

5. Die Adressauflösung

Nach Ausfall meldet sich das IO-Device mit einem *DCP-Hello* und teilt dem IO-Controller alle Daten zur Adressauflösung (NameOf Station, MAC-Adresse, IP-Adresse) mit, damit der IO-Controller gleich mit der *Connect-Sequenz* beginnen kann. Dadurch kann die Adressauflösungsprozedur komplett entfallen. Voraussetzung ist natürlich, dass das IO-Device die Möglichkeit bietet, die IP-Adresse und den Name remanent zu speichern.

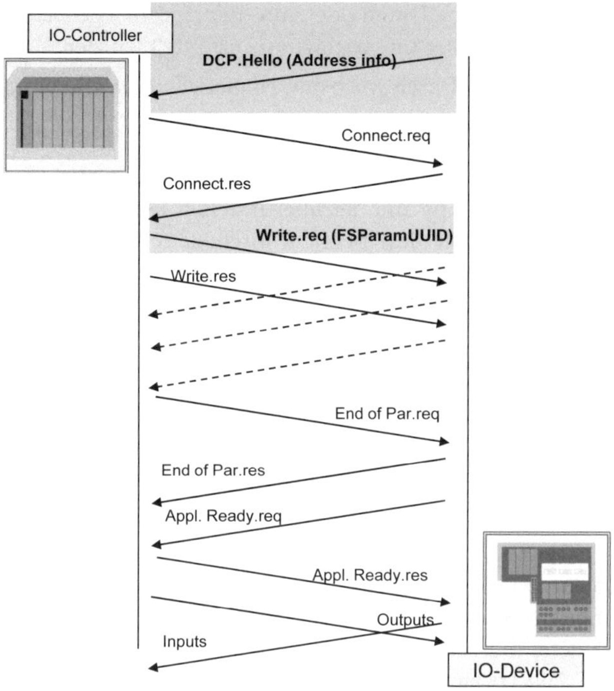

Bild 5.21: Beim *Fast Start-up* wird das IO-Device aktiv und übermittelt bereits alle Daten zur Adressauflösung an den IO-Controller.

5.10.6 Reset to Factory

Jedes PROFINET IO-Feldgerät muss sich in den Auslieferungszustand *Factory Reset* versetzen lassen, da es sonst nicht immer möglich wäre, ein Feldgerät ohne diese Vorkehrungen zwischen unterschiedlichen Automatisierungsanlagen austauschen zu können. Das Einstellen des Auslieferungszustands erreicht man am einfachsten mithilfe des DCP-Protokolls oder über einen Hardwareschalter, der allerdings mit zusätzlichen Kosten verbunden ist und zudem Auswirkungen auf die entsprechende Schutzart mit sich bringt. Im Zustand *Factory Reset* werden folgende Einstellungen getroffen:

- Abbau aller Application-/Communication Relations
- Name of Station = „“
- IP-Adresse und Subnetzmaske sind 0

Alle anderen Parameter werden zu herstellerspezifischen *default settings* überführt.

Die Funktionalität des Auslieferungszustands ist kaskadierbar und kann herstellerspezifisch angewendet werden, da es sich als nützlich erweist, bei einem Rücksetzen in den Auslieferungszustand nicht immer alle Daten zu löschen. Beispielsweise ist es bei PROFIdrive-Feldgeräten nicht sinnvoll, bei jedem Rücksetzen in den Auslieferungszustand die Applikationsparameter des Profils zu löschen. Feldgeräte haben also die Wahlmöglichkeit, welche Daten gelöscht werden sollen. Mit dem DCP-Protokoll (DCP.Control, Option 5, Suboption 6 → Reset to Factory) können nachfolgend aufgelistete Gruppen angesteuert werden:

- **Modul-/Submodul-spezifische Daten** oder anwenderspezifische Daten oder I&M-spezifische Daten, die erst während der Inbetriebnahme ermittelt wurden.
- **Kommunikations-relevante Daten** wie bspw. *NameOfStation*, IP-Parameter etc.
- **Firmware-/Software-Revisionen.**

Im Rahmen des DCP-Protokolls wurde der Adressierungsbereich *Option/Suboption* deshalb um diese Möglichkeiten erweitert. Aufgrund der übermittelten Kennung im DCP-Protokoll kann dann die Anwendersoftware gezielt diese Bereiche löschen.

Folgende Optionen/Suboptionen sind zusätzlich verfügbar (DCP.Control, Option 5, Suboption 6 mit nachfolgendem Block Qualifier):

0x0000 Reserviert

0x0001 Reset der Daten in den Auslieferzustand, die permanent in Modulen und Submodulen gespeichert sind.
- Herstellerspezifische Record-Data müssen in den Auslieferzustand versetzt werden.
- Alle I&M1 – I&M15 müssen in den Auslieferzustand versetzt werden.

0x0002 (mandatory) Die remanent gespeicherten Kommunikationsparameter im IO-C oder IO-D müssen in den Auslieferzustand versetzt werden.
- Der *NameOfStation* muss auf „" gesetzt werden.
- Die IP Suite Parameter müssen auf 0.0.0.0 gesetzt werden.
- DHCP-Parameter (falls vorhanden) müssen in den Auslieferzustand versetzt werden.
- Alle PDEV-Parameter (*PDIRData, PDPortDataAdjust, PDInterfaceMrpDataAdjust, ARFSU-DataAdjust*, ...) müssen in den Auslieferzustand versetzt werden.

0x0003 Reset Engineering Parameter. Die remanent im IO-C oder IO-D gespeicherten Engineering Parameter müssen in den Auslieferzustand versetzt werden.
- Wenn die Feldgerätefunktionalität zwischen IO-C und IO-D durch ein ES-Tool umgeschaltet werden kann, dann ist der Auslieferzustand zu aktivieren.
- Ein geladenes Applikationsprogramm muss rückgesetzt oder entfernt werden.
- Eine geladene Konfiguration muss rückgesetzt oder entfernt werden.

0x0004 setzt alle gespeicherten Daten im IO-D oder IO-C in den Auslieferzustand.

0x0005 setzt alle gespeicherten Daten im IO-D oder IO-C in den Auslieferzustand.

0x0006 setzt alle installierten Software Revisionen in den Auslieferzustand.

0x0007 – 0xFFFF Reserviert

☞ **Hinweis:**

Wenn die FSU-Funktionalität < 500 ms eingeschaltet wird, dann muss in dem jeweiligen Feldgerät die Auto negotiation-Funktion abgeschaltet sein Durch das Verbinden von Switchports (Datenleitungen werden gekreuzt) mit Endgeräteports (Datenleitungen werden nicht gekreuzt) können durchgängig Patchkabel (nicht gekreuzt) eingesetzt werden. Ebenfalls muss die IP-Adresse remanent gespeichert werden. Sind diese harten zeitlichen Bedingungen nicht gefordert, sind keine besonderen Vorkehrungen zu treffen.

5.11 PROFINET IO und die Real-Time-Kommunikation im Detail (Entwicklersicht)

Die Standard-Ethernet-Kommunikation nach IEEE 802.1 ist als UDP/IP-Kommunikation bekannt und reicht in vielen Fällen für die Datenkommunikation aus. Es gibt in der industriellen Kommunikation aber auch Anforderungen hinsichtlich Zeitverhalten und Taktsynchronität, die über den UDP/IP-Kanal nicht oder nur unzureichend erfüllt werden können. Messungen haben beispielsweise ergeben, dass die Übertragungsdauer von UDP/IP-Frames einer großen Abweichung hinsichtlich Determinismus unterliegt, die teils für Automatisierungsaufgaben nicht mehr tolerierbar sind. Deshalb war es notwendig, Mechanismen in das PROFINET-Konzept einzubringen, die sowohl die UDP/IP-Kommunikation unterstützen als auch einen optimierten Kommunikationsweg anbieten.

Anforderungen an eine Real-Time-Kommunikation

Die Aktualisierungszeiten bzw. die Reaktionszeiten, so die langjährigen Erfahrungen in der Automatisierungstechnik, müssen mindestens im Bereich von 5–10 ms liegen. Unter der Aktualisierungszeit versteht man die Zeitdauer, bis eine Variable in einer Applikation eines Gerätes A gebildet, an ein Partnergerät B über die Leitung geschickt und dort in der Anwendung bereitgestellt wird. Die Lösung einer Real-Time-Kommunikation soll mit Standard-Netzkomponenten wie z. B. Switches und Standard-Ethernet-Controllern realisierbar sein und den Einsatz von bestehenden Ethernet-Infrastrukturen ermöglichen. Für die Geräte darf die Implementierung einer Echtzeitkommunikation nur zu einer geringen Belastung des Prozessors führen. Die Hauptaufgabe des Prozessors muss weiterhin die Bearbeitung des Anwenderprogramms sein und nicht die Kommunikation zum Partnergerät.

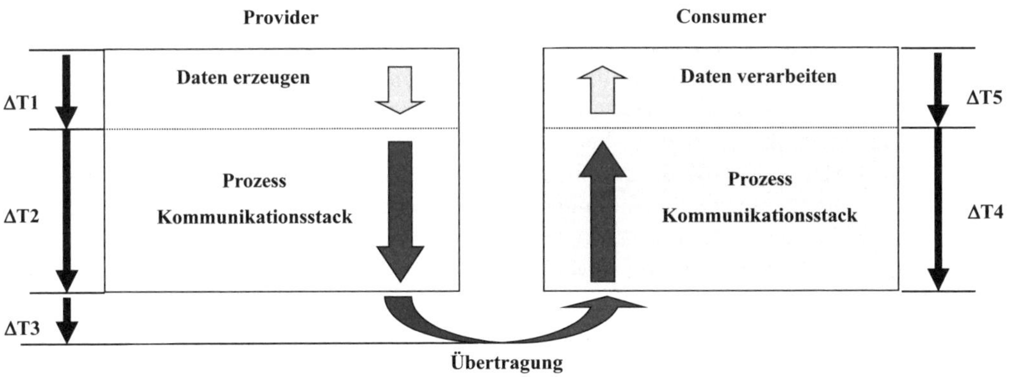

Bild 5.22: Die Kommunikationszeiten werden hauptsächlich durch den Kommunikationsstack bestimmt.

Folgende Faktoren sind verantwortlich für die Aktualisierungsrate zwischen zwei PROFINET Geräten:

t_1 Bereitstellen der Variablen in der Applikation (Provider),

t_2 Durchlauf des Kommunikationsstacks und Versenden,

t_3 Übertragung auf der Leitung (inklusive Verzögerung in den Netzkomponenten),

t_4 Empfang im Partnergerät und Durchlauf des Kommunikationsstacks,

t_5 Bereitstellen der Variablen in der Applikation (Consumer).

Die Übertragungsgeschwindigkeit auf der Leitung bei 100 Mb/s-Ethernet kann im Verhältnis zur Abarbeitung in den Geräten vernachlässigt werden. Weiterhin ist die Zeitdauer für die Bereitstellung der Daten in der Applikation des Providers unabhängig von der Kommunikation und kann deshalb als Konstante angesehen werden. Das kann man auch auf die Verarbeitung der empfangenen Daten im Consumer übertragen. Damit ist ersichtlich, dass sich hauptsächlich bei der Bearbeitung der Kommunikationsstacks im Provider und Consumer nennenswerte Verbesserungen bei den Aktualisierungsraten ergeben können.

Bei unterschiedlichen UDP/IP-Implementierungen hat sich ergeben, dass bei Standard-Kommunikationsstacks erhebliche Laufzeiten zur Erzeugung der Datenpakete benötigt werden. Diese Laufzeiten könnten sich zwar optimieren lassen, der dazu notwendige UDP/IP-Stack ist dann jedoch kein Standardprodukt mehr, sondern eine proprietäre Implementierung. Bei Verwendung von UDP/IP-Implementierungen gilt die gleiche Aussage.

Für den zyklischen Datenaustausch bei PROFINET IO ist bei der Real-Time-Kommunikation kein spezielles Protokoll notwendig, um den Kommunikationspartner zu kontrollieren. Da sie auch nicht über Router führt, ist die Implementierung der IP-Schicht ebenfalls nicht notwendig. Die zu übertragende Datenmenge beläuft sich im Regelfall zwischen ca. 30 und ca. 100 Bytes für RT-Daten. Deshalb ist auch keine Segmentierung und Re-Assemblierung der Daten notwendig. Diese Protokollelemente kann man dementsprechend vernachlässigen, da Ethernet-Kommunikation bis zu 1 500 Bytes in einem Frame übertragen kann.

RT-Daten basieren auf dem zyklischen Datenaustausch mit einem Provider/Consumer-Modell. Dafür reichen die Kommunikationsmechanismen der Schicht 2 aus. Zur optimierten Verarbeitung von RT-Frames innerhalb eines Devices wurde deshalb der Ethertype 0x8892 eingeführt, der eine schnelle Kanalisierung des PROFINET-RT-Frames ermöglicht. Für den Aufbau der RT-Kommunikation wird allerdings ein UDP/IP-Protokoll auf Basis OSF DCE RPC benötigt (Standard Ethernet). Das Herzstück bei jeder RT-Kommunikation mit PROFINET IO ist ein **E**thernet **D**evice **D**river (EDD), der sowohl in Software als auch in Hardware integriert sein kann. Er übernimmt die bevorzugte Behandlung von RT-Frames. Als Hardwarelösung trägt er zudem zur deutlichen Entlastung der Prozessorleistung bei, die für die eigentliche Applikation benutzt werden kann. Der EDD übernimmt sowohl die zyklische (Prozessdaten, die im buffered mode verarbeitet werden) als auch die azyklische (Alarme, die im queued mode verarbeitet werden) RT-Kommunikation. Für die azyklische Kommunikation ist bei PROFINET IO ein spezielles Protokoll mit Quittierungsmechanismen integriert. Bei der zyklischen Kommunikation verzichtet man auf spezielle Quittierungs-Mechanismen.

Für RT-Frames ist es ausreichend, 5 ms bei 100 Mb/s im Vollduplex-Betrieb mit VLAN-Tag zu erreichen. Eine Synchronisation der übertragenen Daten ist mit dem neu eingeführten Cycle Counter möglich, erhöht dabei die verfügbare Bandbreite und reduziert eine temporäre Überlast am Bus. Diese RT-Kommunikation kann mit allen verfügbaren Standard-Netzwerk-Komponenten realisiert werden. Eine genaue Sicht auf einen RT-Frame veranschaulicht nochmal deutlich, dass keine speziellen Kommunikations-Mechanismen eingebaut sind.

Der Real-Time-Frame bei PROFINET ist wie folgt aufgebaut:

6 Bytes	6 Bytes	2 Bytes	2 Bytes	2 Bytes	2 Bytes	36-1440*)Bytes	2 Bytes	1 Byte	1 Byte	4 Bytes
Dest Dest	Src. Src	Tag Eth.	Tag VLAN	Eth.type 2	Fra Frame	RT- User	Cyc Cycle	Da tData	TTransfer	FCS FCS
AD Addr.	AD Addr.	Tttt type1	II I ID	L 0x8892	ID ID	D data	Cou Counter	Sta Status	Stat Status	
		VLAN-Tag			RT-Data		APDU-Status			

*) es sollten max. 1440 Bytes übertragen werden, da die restlichen Bytes für künftige Erweiterungen reserviert sind.

Bild 5.23: Der Aufbau eines PROFINET-Real-Time-Frames.

Erklärung der relevanten Daten im Frame

Eth.type 1: 0x8100 zeigt den Beginn eines VLAN-Tags an.

VLAN ID unterscheidet virtuelle Netzwerke und die Priorität des jeweiligen Frames. Sie ist Bestandteil des VLAN-Tags.

Eth.type 2: 0x8892 dient als Kennzeichnung eines RT-Frames.

FrameID wird verwendet, um die unterschiedlichen Frames innerhalb der verwendeten Real-Time-Klassen zu kennzeichnen. Im Systemhochlauf (innerhalb des Connect.req/res) tauschen Controller und Device die für die jeweilige Real-Time-Klasse verwendeten FrameIDs aus.

Der ***APDU-Status*** ist nur bei zyklischen RT-Frames vorhanden.

☞ **Hinweis:**

Die FrameID unterscheidet u. a. die Real-Time-Klassen, mit denen die Daten-Frames übertragen werden. Unsynchronisierte RT-Frames werden bei PROFINET IO immer mit einen VLAN-Tag übertragen.

Cycle Counter Provider

Über den Cycle Counter verteilt jeder Provider phasenrichtig einen Takt an alle Consumer. Dieser stellt lediglich einen Zahlenwert dar, der beispielsweise dazu benutzt werden kann, um aktuelle von älteren Frames unterscheiden zu können. Die Auswertung des Cycle Counters wird vorwiegend bei redundanter Datenübertragung verwendet. Der Provider inkrementiert den Cycle Counter in jedem Takt um 31,25 µs und fügt ihn ein. Der im Cycle Counter enthaltene Wert ist nur als relative Zeit zu betrachten.

Cycle Counter Consumer

Der Consumer prüft den Cycle Counter beim Empfang. Er kann daraus die Aktualität und Überholvorgänge der Daten ableiten.

Data Status

- **Bit0 (State) 1** = Primary, bestimmt bei mehreren (redundanten) Kanälen den aktiven Kanal.
- **Bit2 (DataValid) 1** = Daten sind gültig; 0 ist nur während der Hochlaufphase erlaubt.
- **Bit4 (ProcessState) 1** = Prozess, der die Daten generiert hat, läuft (dies hat aber eher informellen Charakter).
- **Bit5 (ProblemIndicator)**
  = 1 es liegen keine Probleme vor
  = 0 es ist mindestens eine Diagnose gemeldet worden bzw. die Diagnose-Informationen können in den entsprechenden Records abgeholt werden. Die Diagnose LED im IO-Controller wird angesteuert.

Cycle Counter, Data-Status und Transfer-Status werden zusammen als APDU-Status bezeichnet (**A**pplication **P**rotocol **D**ata **U**nit Status). Er wird nur bei der zyklischen Kommunikation verwendet und ist Bestandteil der Data Unit. Die Steuerung erfolgt durch die Applikation. Der Data-Status zeigt dabei die Gültigkeit der übermittelten Daten an und außerdem, ob prinzipiell ein Problem im Feldgerät vorliegt. Er ist nicht zu verwechseln mit dem IOXS, der die Gültigkeit der Daten in einem Subslot angibt.

Transfer-Status

Der Transfer-Status ist bei der RT-Kommunikation immer 0. Er hat nur bei der IRT-Kommunikation (RT_CLASS_3) eine spezielle Bedeutung.

Bei PROFINET IO werden Ethernet-Frames verwendet, die durch den Ethertype 0x8892 als PROFINET-Real-Time-Frames gekennzeichnet sind. Ethertypes werden von IEEE vergeben und sind deshalb ein eindeutiges Unterscheidungskriterium zu anderen Ethernet-Protokollen.

Zur Adressierung eines bestimmten Kommunikationskanals zwischen zwei Feldgeräten dient die FrameID. Ethertype und FrameID sind die einzigen Protokoll-Elemente von RT und erlauben eine schnelle Selektion von RT-Frames ohne überflüssigen Header. Das IO-Device gibt dabei die FrameID für den durchzuführenden Datenaustausch in Eingaberichtung (von Device zu Controller) vor, da es die Verwaltung der FrameIDs beim Datenaustausch mit unterschiedlichen Controllern verwalten muss. Die 6-Byte-MAC-Adresse wird schon vom Ethernet-Controller ausgewertet (dies ist nicht durchgängig bei Multicast-Adressen). Der RT-Teilnehmer braucht nur noch den Ethertype und die FrameID auszuwerten, um den richtigen Kommunikationskanal für die Verarbeitung zu finden.

Wichtig ist eine effiziente Zeitüberwachung der Kommunikation, die einerseits eine schnelle Reaktion beim Ausfall eines Feldgerätes ermöglicht, andererseits das System aber nicht zu stark beansprucht. PROFINET protokolliert, wie viele gültige Frames innerhalb einer bestimmten Zeiteinheit eingetroffen sind. Im Fehlerfall können diese protokollierten Daten dazu verwendet werden, eine Fehlerbehandlung auszulösen.

In einem Feldgerät bestimmt normalerweise die Anwendung den Takt, in dem die Prozessdaten zu verarbeiten sind. Deshalb kann der Anwender zu jedem Zeitpunkt auf die Prozessdaten zugreifen und diese verarbeiten. Dieses Prinzip hat sich bei Feldbussen bewährt und kann Zyklen in Anwendungen und Kommunikation gut entkoppeln.

5.11.1 Der Austausch von Prozessdaten

5.11.1.1 Der zyklische Datenaustausch

PROFINET basiert auf dem Standard nach IEEE 802.1 und unterstützt die Frame-Priorisierung mit VLAN-Tags nach IEEE 802.1Q, um RT-Frames gegenüber UDP/IP-Frames zu priorisieren. Der zyklische Datenaustausch bei PROFINET IO wird ausschließlich verbindungsorientiert über die Real-Time-Kommunikation ohne Quittungsmechanismen durchgeführt. Hierzu ist es erforderlich, dass im Systemhochlauf eine AR und eine IO-CR zwischen einem Initiator (normalerweise IO-Controller) und einem Responder (normalerweise IO-Device) erfolgreich aufgebaut wurde. Anschließend sendet das IO-Device die zyklischen Daten selbstständig ohne weitere Aufforderung. Die Prozessdaten werden zyklisch zwischen einem Provider und einem Consumer in einem parametrierten Raster ungesichert und ohne Quittierung übertragen. Ein Provider stellt die Prozessdaten einem Consumer zur Verfügung. Der Auf-/Abbau der Verbindung erfolgt durch ein übergeordnetes Protokoll. Wie bereits erwähnt, sind die Prozessdaten einem oder mehreren Subslots zugeordnet. Die Prozessdaten, die in einem Subslot-Datenbereich gesendet werden, sind über eine Statusinformation (IOPS, IOCS) pro Subslot genauer spezifiziert. Die Statusinformation zeigt an, ob diese Daten gültig sind. In vielen Fällen erspart man sich dadurch eine separate Anforderung von Diagnoseinformationen.

- Der Sender von zyklischen Frames (Provider, beispielsweise für die Eingangsdaten vom Prozess) erhält keine explizite Rückmeldung, dass ein Datenpaket beim Empfänger (Consumer, beispielsweise der IO-Controller für die Eingangsdaten vom Prozess) angekommen ist. Er erhält auch keine Fehlermeldung, d. h. für den Rückkanal ist eine weitere Verbindung mit getauschten Rollen erforderlich. Dies bedeutet, es ist eine CR zu etablieren für die Ausgangsdaten. Hierin werden dann neben den Ausgangsdaten auch die Consumer Stati (IOCS) für die empfangenen Eingangsdaten an das entsprechende IO-Device gesendet.
- Der Consumer überwacht den Empfang der Daten mithilfe eines Überwachungsintervalls.
- An der Anwenderschnittstelle des Providers können nur Datenpakete übergeben werden, deren Länge zusammen mit allen Protokoll-Headern die Gesamtlänge eines Ethernet-Pakets nicht überschreiten. Das bedeutet, dass das zyklische Protokoll keine Segmentierung und Re-Assemblierung der Daten unterstützen.
- Die Anwenderschnittstellen für die Daten beim Provider und beim Consumer arbeiten im *buffered mode*. Ist die Aktualisierungsrate der Provider-Applikation größer als das Sendeintervall, werden nicht alle von der Applikation in den Puffer geschriebenen Werte (Zustände) in jedem Zyklus an den Consumer gesendet. Ist die Aktualisierungsrate beim Consumer kleiner als das Sendeintervall, dann werden die Werte mit jedem empfangenen RT-Telegramm überschrieben.
- Für jeden Provider wird ein Aktualisierungs-Intervall vorgegeben. Dieses darf nicht unterschritten, kann jedoch überschritten werden.
- Für jeden Consumer wird ein Provider-Control-Intervall vorgegeben. Der Consumer überwacht den Provider auf regelmäßiges Senden der vorher definierten Daten.
- Aktualisierungs-Intervall und Provider-Control-Intervall werden durch die Projektierung und durch die Leistungsfähigkeit des jeweiligen Feldgerätes festgelegt.

Obwohl der eigentliche Prozessdatenaustausch erst nach der gesamten Hochlaufphase relevant ist, wird bereits nach einem *Connect.req* im Hochlauf der zyklische Datenaustausch aktiviert. Damit kann die Verbindungsüberwachung im IO-Controller komplett durch den zyklischen Austausch durchgeführt werden. Im IO-Device ist deshalb nur eine Überwachung zwischen Connect und Parametrierungsende erforderlich.

☞ **Hinweis:**

Das IO-Device überträgt die Prozessdaten in der Reihenfolge, wie sie vom IO-Controller im Connect-Frame angegeben wurden. Handelt es sich bei einem IO-Device nur um ein Eingabegerät, dann überträgt der IO-Controller keine Ausgangsdaten an das Device, sondern nur den jeweiligen IOCS (Consumer-Status) für die übermittelten Eingangsdaten der Subslots.

Im Systemhochlauf übergibt ein IO-Controller den Ethertype 0x8892 an das IO-Device zur Kennzeichnung der Real-Time-Kommunikation.

Die Adressierung der I/O-Daten erfolgt durch Slot/Subslot-Kombinationen. Folgende Werte gelten bei der Adressierung von I/O-Daten:

Slot 0 … 0x7FFF

Subslot 1 … 0x7FFF.

Slots und Subslots gehören immer zu einer API innerhalb einer AR. Standardmäßig wird die herstellerspezifische API 0 zur Adressierung verwendet. Anwenderprofile sind einer API 1 … x zugeordnet. In einer AR können mehrere APIs definiert werden.

☞ **Hinweis:**

Der Ethertype 0x8892 wurde von der IEEE für die Real-Time-Kommunikation bei PROFINET freigeschaltet und kann in jedem Switch implementiert werden. Er wird bei PROFINET IO für die Kommunikation aller zyklischen Daten und Alarme verwendet. Anhand dieses Ethertypes können Priorisierungen von Real-Time-Frames gegenüber UDP/IP-Frames in Switches vorgenommen werden.

Der Frame-Aufbau des zyklischen Datenaustauschs bei PROFINET IO ist wie folgt:

Beispiel: Eingangsdaten vom IO-Device → IO-Controller

Data Unit*)

VLAN	Ether-type	FrameID	Data (Subslot)	IOPS	…	IOPS	…		Cycle	Data Sts	X Sts	FCS
4	0x8892	2	1.	1		1			2	1	1	4

Input len = 0 keine Daten — APDU Status

*) Je nach Parametrier-Reihenfolge im Connect.req (Aufteilung der Inputs und Outputs) überträgt das IO-Device an der entsprechenden Stelle die IOCS für die jeweiligen Outputs. Bei der Kalkulation der übertragenen Subslot-spezifischen Prozessdaten ist pro Subslot immer noch der IOPS dazu zu addieren.

Beispiel: Ausgangsdaten vom IO-Controller → IO-Device

Data Unit*)

VLAN	Ether-type	Frame ID	IOCS	IOCS	…	Data	IOPS	Data … IOPS	Cycle	Data Sts	X Sts	FCS
4	0x8892	2	1.	1		1 …		1.	2	1	1	4

APDU Status

*) Je nach Parametrier-Reihenfolge im Connect.req (Aufteilung der Inputs und Outputs) überträgt das IO-Device an der entsprechenden Stelle die IOCS für die jeweiligen Inputs. Bei der Kalkulation der übertragenen Subslot-spezifischen Prozessdaten ist pro Subslot bei den Outputs immer noch der IOPS dazu zu addieren und der Status für das DAP.

Erklärung der relevanten Daten im Frame

Beim Datenaustausch zwischen IO-Controller und IO-Device überträgt der jeweilige Provider neben den Prozessdaten und dem IOPS (pro Subslot) immer auch die IO-Consumer Stati (IOCS pro Subslot) des jeweiligen Consumers. Damit sind Controller und Device gegenseitig informiert, ob die gesendeten Daten auch verarbeitet werden konnten.

FrameID: Für den Datenaustausch wird die FrameID verwendet, die im Hochlauf (*Connect.req* innerhalb des *IOCRBlock.req* übermittelt wurde). Die FrameID wird zur Unterscheidung der verschiedenen RT-Frametypen (u. a. zyklisches/azyklisches RT) verwendet. Außerdem können durch die FrameID innerhalb eines Typs weitere Bereiche für unterschiedliche überlagerte Protokollanwendungen verwendet werden.

Data: Die kleinste Frame-Größe bei einer Ethernet-Kommunikation ist 64 Bytes, bestehend aus Src. Addr(6), Dest. Addr(6), VLAN(4), Ethertype(2), FrameID(2), Data(36 … 1 440), Cycle(2), Data Sts(1), XSts(1) und FCS(4). Daher müssen mindestens 36 Bytes zwischen FrameID und Cycle übertragen werden. Das Data-Feld enthält aus Provider-Sicht (hier IO-Device) die Eingangsdaten der parametrierten Submodule in der Reihenfolge, wie sie im *Connect.req*-Frame parametriert wurden. Die Ausgangsdaten vom IO-Controller zum IO-Device werden im Datenframe durch die jeweiligen Statusinformationen angezeigt. Aus Consumer-Sicht (hier IO-Controller) werden zuerst die IOCS-Felder für die einzelnen Submodule und dann die Ausgangsdaten übertragen. Jeder Datenblock (Submodul-Daten) ist von einem IOCS (Consumer-Status) oder IOPS (Provider-Status) gefolgt. Es können mehrere Datenblöcke (Daten eines Submoduls) in einem Frame übertragen werden.

In einem IO-Feldgerät gibt es aus Software-Sicht zwei Kommunikationspfade, den RT- und den UDP/IP-Pfad. Anhand des detektierten Ethertypes wird ein empfangener Frame in den entsprechenden Kommunikationspfad geleitet und verarbeitet. Damit können RT-Frames auch in der Software priorisiert werden.

IOPS/IOCS geben an, ob die Daten innerhalb eines Submoduls gültig sind.

☞ **Hinweis:**

Der **IOxS** (x = P für Provider oder C für Consumer) dient dazu, der Applikation mitzuteilen, ob ein Device/Controller gültige Daten liefern kann. Wechselt der Status von bad nach good, ist das unmittelbar mit der Erzeugung eines Return-of-Submodule-Alarms verbunden. Beim einem Good/bad-Übergang ist dies nicht erforderlich. Anwenderseits sollte allerdings ein Diagnose-Alarm (Pull/Plug, ...) erzeugt werden.

Da in einem Automatisierungsprozess nicht alle Daten in jedem Buszyklus übertragen werden müssen, bietet PROFINET IO die Möglichkeit, zyklische Daten innerhalb eines Sendezyklus in unterschiedlichen Phasen zu übertragen (Untersetzungsfaktor oder Reduction Ratio).

5.11.1.2 Der Daten-Querverkehr (MCR)

Die zyklische Datenübertragung an mehrere Teilnehmer erfordert einen hohen Anteil an Prozessorleistung beim Provider. Ein weiterer Nachteil ist die damit verbundene hohe Netzwerklast, die ebenfalls zu Lasten der Performance geht. Um diese Last deutlich zu minimieren, wurde der direkte Datenverkehr von einem Provider an mehrere/alle Teilnehmer als Daten-Querverkehr definiert. Der Daten-Querverkehr wird bei PROFINET IO korrekterweise als **M**ulticast **C**ommunication **R**elation (MCR) bezeichnet. MCRs innerhalb eines Segments werden als RT-Frames ausgetauscht. Segment-übergreifende MCR-Daten folgen dem Datenaustausch mit *RT_CLASS_UDP*. Die Daten, die über MCR auszutauschen sind, folgen ebenfalls dem IO-Gerätemodell und sind Subslots zugeordnet. Ein M-Provider-Subslot eines IO-Device kann die Input-Daten sowohl an den zugeordneten IO-Controller über eine Input-CR als auch über eine Querverkehrsbeziehung (M-CR) veröffentlichen. Für die beiden CRs können unterschiedliche Übertragungsverfahren (RT, IRT) eingesetzt werden.

Ein M-Consumer-Subslot eines IO-Devices kann Output-Daten entweder von einem IO-Controller über eine Output-CR oder über eine Querverkehrsbeziehung (M-CR) von einem M-Provider empfangen.

Bei den MCRs arbeiten ein oder mehrere IO-Feldgeräte als M-Provider und ein oder mehrere IO-Feldgeräte als M-Consumer. Ein M-Provider ist dabei der Teilnehmer, der eine bestimmte Steuerungsfunktion übernimmt und Daten veröffentlicht. Ein M-Consumer nimmt die Daten von einem M-Provider entgegen. Mit diesem Verfahren ist ein schnellerer Datenaustausch direkt zwischen IO-Feldgeräten möglich. Ein IO-Feldgerät kann zur gleichen Zeit sowohl M-Provider als auch M-Consumer sein. Die Funktionalität und die Aufgabenaufteilung werden nur durch den Funktionsumfang in der jeweiligen Anlage bestimmt. Um eine MCR einzurichten, parametriert der IO-Controller im Systemhochlauf den oder die M-Provider und den oder die M-Consumer für die MCR.

Die MCR entspricht von der Übertragung her den Regeln des zyklischen Datenaustauschs. Dafür benutzt PROFINET IO eine Multicast-Adresse und eine FrameID, die aus irgendeiner RT-Klasse stammen kann.

Ein **M-Provider** veröffentlicht die Daten über die parametrierte IO-CR. Alarme werden ebenfalls über die parametrierte Alarm-CR zum IO-Controller gemeldet. Nach dem Systemhochlauf sendet der Provider seine Daten erst, nachdem er *Application Ready* an den IO-Controller gemeldet hat. Ein M-Provider kann sowohl ein IO-Controller als auch ein IO-Device sein.

Ein **M-Consumer** empfängt die Daten einer MCR über eine vom IO-Controller parametrierte Output-CR. Wenn die Verbindung zum Provider aufgebaut ist, meldet dies der Consumer mit *Application Ready*. Die für diesen Datenaustausch benutzte FrameID gibt der M-Provider vor. Die Verbindung zum M-Provider überwacht der M-Consumer und meldet sich bei Ausbleiben der zu übertragenden Daten mit einem *Identify.req*. Sind mehrere Consumer an der Kommunikation beteiligt, dann initiieren im Fehlerfall auch alle Consumer einen *Identify.req*. Die MCR kann Segment übergreifend stattfinden. Ein M-Consumer kann sowohl ein IO-Controller als auch ein IO-Device sein.

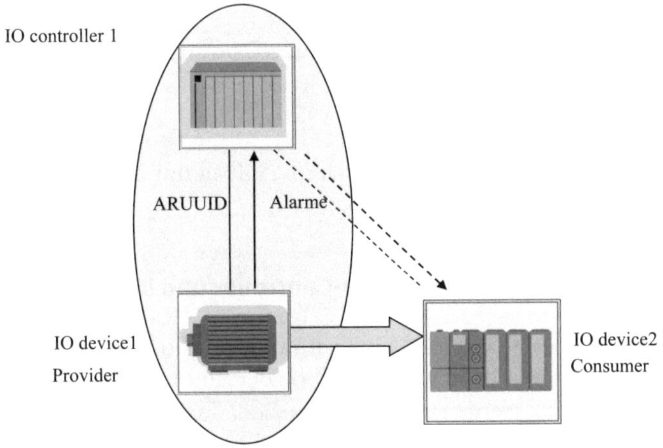

Bild 5.24: PROFINET IO unterstützt die direkte Kommunikation zwischen IO-Devices.

Erklärungen zum Bild:

In vorherigem Bild ist eine MCR von einem Provider an mehrere Consumer dargestellt. Die MCR wird dabei vom Controller eingerichtet und parametriert. Die M-Provider-Funktionalität im IO-Device 1 sendet die Querverkehrsdaten über eine M-CR mit Multicast-Adressierung. Der Aufbau einer MCR läuft gemäß vorherigem Bild folgendermaßen ab:

1. Der Controller baut zu Device 1 mit einem *Connect.req* eine AR auf mit beispielsweise einer Input-CR, Output-CR, Alarm-CR und eine Input-MCR auf (Kennung 0x0003 für MCProvider CR im IOCRType).
2. Der Controller baut zu Device 2 und 3 im *Connect.req* eine AR auf mit beispielsweise einer Input-CR, Output-CR, Alarm-CR und eine Output-MCR auf (Kennung 0x0004 für MCConsumerCR im IOCRType). Damit sind der M-Provider und der M-Consumer für die MCR parametriert, da sowohl der M-Provider als auch der M-Consumer die auszutauschenden Daten kennen.
3. Der M-Provider sendet nach *Application Ready* die Daten zum M-Consumer, die über die MC-Input CR parametriert wurden.
4. Die M-Consumer erwarten nach *Application Ready* die über die MC-Output CR parametrierten Daten in dem parametrierten Zyklus vom M-Provider.

Bei Ausfall des M-Providers melden die M-Consumer den Ausfall per Alarm an den Controller.

Jeder M-Consumer überwacht die Verfügbarkeit seines M-Providers. Entdeckt ein M-Consumer den Ausfall seines M-Providers, versucht er durch einen Identify eine erneute Namensauflösung vorzunehmen. Bei einer Antwort merkt sich der M-Consumer die MAC-Adresse. Der Ausfall eines M-Consumers ist für den M-Provider nicht relevant.

Der Frameaufbau bei einer MCR:

Data Unit

VLAN	Ethertype	FrameID	Data	IOPS	...	IOPS	...		Cycle	Data Sts	X Sts	FCS
4	0x8892	2	1.	1		1			2	1	1	4

Input len = 0
keine Daten

APDU Status

Der Frameaufbau einer MCR unterscheidet sich im Aufbau nur durch die Multicast-Kennung in der Destination Adresse.

5.11.1.3 Überwachungsfunktionen im IO-Controller und IO-Device

Der Datenverkehr wird bei der PROFINET IO-Kommunikation durch die standardmäßig integrierten Überwachungsfunktionen zwischen Provider und Consumer überwacht. Zwischen IO-Controller und IO-Device werden zyklisch Daten oder der jeweilige IOXS-Status übertragen. Den Ausfall der Kommunikationsverbindung stellt ein Consumer fest, der daraufhin die entsprechende *Application Relation* und damit auch die *Communication Relations* abbaut.

Im Systemhochlauf überwacht der IO-Controller den Datenverkehr bis zum ersten Write-Frame oder *EndOfParameterization* anhand des *CMInactivity*-Time-outs. Anschließend wird der azyklische Datenverkehr durch den RPC-Time-out überwacht.

Für den zyklischen Datenverkehr hat PROFINET IO zwei Überwachungszeiten spezifiziert, den *Watchdog* und den *DataHoldTimer*.

Der *WatchdogTimer* überwacht das Eintreffen von Frames. Damit kann der Consumer erkennen, ob der Provider noch aktiv ist.

Der *DataHoldTimer* überwacht das Eintreffen von gültigen Frames. Diese Zeit gibt an, wann die Ausgänge in den sicheren Zustand gesetzt werden, wenn keine gültigen Ausgangsdaten mehr empfangen wurden.

Folgende Regeln gelten für die *DataHoldtimer/Watchdog*-Funktionen:

***DataHoldTime* (RT → < 1,92 s bei UDP → 61,44 s):**

$$DataHoldTime = DataHoldTime \cdot SendClockFactor \cdot ReductionRatio \cdot 31{,}25\ \mu s$$

***Watchdog* (bei RT → < 1,92 s bei UDP → 61,44 s):**

$$WatchdogTime = WatchdogFactor \cdot SendClockFactor \cdot ReductionRatio \cdot 31{,}25\ \mu s$$

- Der *Watchdog/DataHoldTime*-Wert muss bei der RT-Kommunikation kleiner 1,92 s einstellbar sein.
- Für die UDP-Kommunikation gilt ein Wert kleiner 61,44 s.

Der Watchdog-Timer überwacht nur das Eintreffen von Frames (Lebenszeichen des Kommunikationspartners). Die jeweiligen Werte für diese Überwachungsfunktionen überträgt ein IO-Controller im Systemhochlauf innerhalb eines *Connect.req*.

5.12 Das Diagnosekonzept (Alarme)

Die Verfügbarkeit einer Automatisierungsanlage hängt sehr stark von einem leistungsfähigen Diagnosekonzept ab. Dabei ist es von großer Bedeutung, dass vom Feldgeräte-Entwickler bis hin zum Anlagenbetreiber ein in sich abgestimmtes Konzept existiert, das sowohl Standardmeldungen beinhaltet als auch herstellerspezifische Meldungen zulässt. Genauso wichtig ist das Verständnis zur Interpretation der unterschiedlichen Alarm-/Diagnosemeldungen vom Geräteentwickler bis hin zum Anlagenbetreiber. Sowohl der Geräteentwickler als auch der Anlagenbetreiber sollten sich im Vorfeld über das Melden und Anwenden von Alarmen und Diagnosen ausreichend informieren, um den gewünschten Effekt zu erzielen. In vielen Fällen können Fehler schon im Vorfeld erkannt und entsprechende Wartungs-Intervalle angezeigt werden. Die Auflösung dieses Themas ist Inhalt dieses Kapitels.

Ein Kommunikations-System sollte folgende Möglichkeiten im Diagnose-Konzept unterstützen:

- Ereignisse, die aus dem Prozess kommen und an das Leitsystem gemeldet werden,
- Ereignisse, die Fehlfunktionen eines Feldgeräts anzeigen und im Anwenderprogramm der Steuerung benötigt werden,
- Angabe der Fehlerursache im Klartext,
- Meldungen, die aus dem Feldgerät ausgelesen werden können sowie
- herstellerspezifische Diagnosen,

um einen schnellen und detaillierten Überblick über die Automatisierungsanlage zu gewinnen.

PROFINET IO überträgt Ereignisse (Events) prinzipiell als Alarme. Sie decken sowohl systemdefinierte Ereignisse (wie Ziehen und Stecken von Baugruppen) ab als auch anwender-definierte Ereignisse, die in der verwendeten Steuerungstechnik erkannt wurden (z. B. Lastspannung defekt) bzw. schon im Prozess auftraten (z. B. Kesseldruck zu hoch). In der Steuerung müssen deswegen für den Empfang von Alarmen anwenderseits ausreichend Puffer zur Verfügung stehen. PROFINET definiert standardmäßig eine Reihe von Alarmen. Diese werden zur eindeutigen Zuordnung immer in Verbindung mit einer Slot/Subslot-Kombination gemeldet.

PROFINET IO kennt nur die Kanaldiagnose, über die allerdings Rückschlüsse auf das entsprechende Modul gezogen werden können. Eine geräte- und modul-spezifische Diagnose wie bei PROFIBUS gibt es nicht.

☞ **Hinweis:**
Alarme gehören zu den azyklischen Frames, die über den RT-Pfad übertragen werden. Sie sind ebenfalls durch den Ethertype 0x8892 oder 0x0800 bei RT_CLASS_UDP identifiziert. Alarme sind grundsätzlich bidirektional. Wird ein gemeldeter Alarm im Consumer nicht unterstützt, reagiert dieser mit einem *Alarmtype not supported.*

Für das Anwenden von Alarmen gelten bei PROFINET IO folgende Regeln:

- **Alarme** müssen von den IO-Devices gemeldet werden, wenn im Feldgerät oder im angeschlossenen Prozess Ereignisse auftreten und wenn sie wieder verschwinden (das kann bei sehr kurzfristigen Ereignissen in einem Schritt erfolgen). Ausnahme ist, dass sämtliche Fehler eines Moduls mit einer „Gehend"-Meldung signalisiert werden können.
- **Prozess-Alarme** sind dann anzuwenden, wenn die Meldung aus dem Prozess heraus kommt, z. B. eine Grenztemperatur überschritten wird. In diesem Fall kann das IO-Device noch funktionsfähig sein. Die Daten werden nicht lokal im Submodul gespeichert. Prozess-Alarme sind immer herstellerspezifisch zu melden.
- **Diagnose-Alarme** sind dann anzuwenden, wenn der Fehler oder das Ereignis innerhalb eines IO-Devices (oder in Zusammenhang mit den verbundenen Komponenten wie bei Drahtbruch) auftritt. Diagnose- und Prozess-Alarme haben unterschiedliche Priorität. Diagnose-Alarme können im Vergleich zu den Prozess-Alarmen kommend oder gehend sein. Vor einem „Kommend-Alarm" muss der entsprechende Diagnosedatensatz gemäß Standardformat (s. IEC 61158) an den IO-Stack übergeben werden, damit die Alarmdaten auch nachträglich, z. B. mit einem Diagnosetool, auslesbar sind.
- **Pull- und Plug-Alarme** treten in Zusammenhang mit modularen IO-Devices auf, wenn ein Modul gezogen bzw. gesteckt wird. Mit dem Erhalt eines Plug-Alarms parametriert der IO-Controller die entsprechende Baugruppe neu. Mit dem Plug-Wrong-Alarm wird angedeutet, dass jetzt zwar ein neues Submodul vorhanden ist, aber nicht das erwartete.
- Ein **Return-of-Submodule-Alarm** ist dann anzuwenden, wenn ein IO-Device für ein bestimmtes Input-Element wieder gültige Daten liefert (ohne dass es davor neu parametriert werden muss) bzw. ein Output-Element die erhaltenen Daten wieder verarbeiten kann. Der Status für das Submodul IOPS/IOCS wechselt in diesem Fall vom Zustand BAD → GOOD.
- Der **Redundanz-Alarm** wird benutzt, um Veränderungen in einem redundanten AR-Paar zu melden.
- Mit dem **Control by Supervisor** wird angezeigt, dass ein IO-Element von einem IO-Supervisor übernommen wurde. Der **Release by Supervisor-Alarm** meldet die Rückgabe. Danach läuft dieselbe Sequenz ab wie beim Plug-Alarm.
- **Status** zeigt an, dass sich der Status in einem Modul/Submodul geändert hat.
- **Update** zeigt an, dass sich Parameter in einem Modul/Submodul geändert haben.
- **Plug wrong Submudule** muss gemeldet werden, wenn ein falsches Modul/Submodul anstatt eines geforderten Modul/Submodul gesteckt ist.
- **Profile Specific** wird von künftig unterstützten Anwenderprofilen benutzt.

- **Multicast Provider Communication Running** ist zu melden, wenn die Multicast-CR fehlerfrei läuft.
- **Sync Data Changed Notification** zeigt eine Veränderung bei der Uhrzeitsynchronisation an.
- Multicast Provider Communication Stopped muss gemeldet werden, wenn bei einer Multicast-CR ein Time-out festgestellt wurde.
- Diagnosis Appears darf nur benutzt werden, wenn mindestens eine zusätzliche Kanaldiagnose und ein kommender, herstellerspezifischer Alarm ansteht.
- Diagnosis Disappears darf nur benutzt werden, wenn kein kommender Alarm ansteht, keine vorher gemeldeten Fehler mehr anstehen und kein kommender Alarm ansteht.
- Isochronous Mode Problem Notification zeigt ein Problem bei taktsynchronen Anwendungen an.
- Manufacturer Specific kann herstellerspezifisch benutzt werden (Wertebereich von 0x0020 bis 0x007F).
- Port Data Change Notification zeigt ein Synchronisations- und Zustandsmeldungen der Ethernet-Ports an.

Diese Alarme sind bei PROFINET standardisiert. Herstellerspezifische Alarme können auf Anwenderebene gemeldet werden.

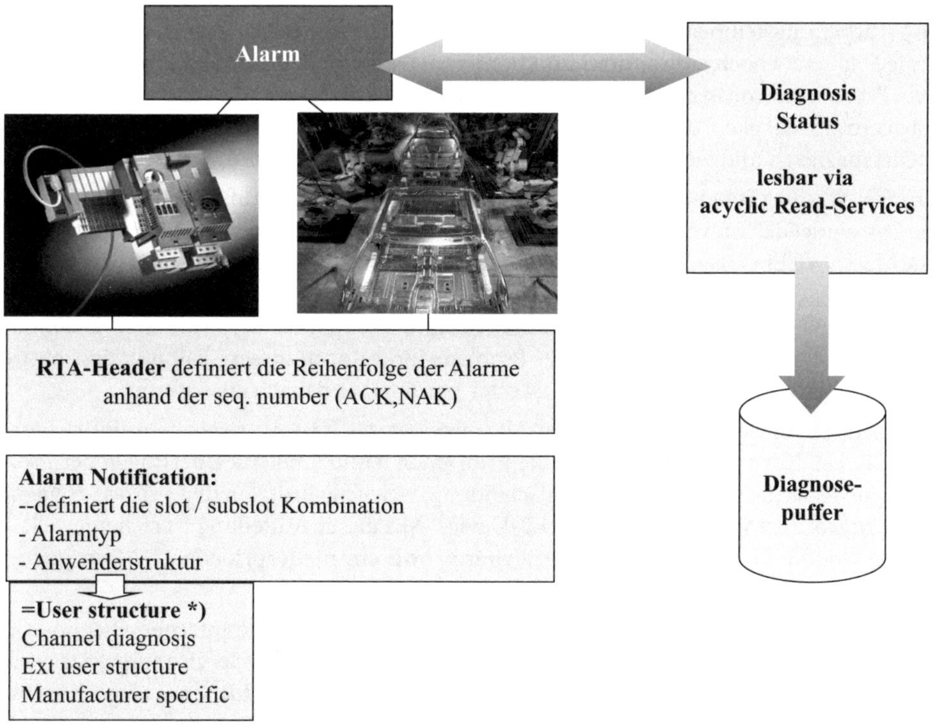

Bild 5.25: PROFINET IO unterstützt Alarme und Diagnosen.

☞ **Hinweis:**

Alle gemeldeten Alarme müssen innerhalb der aufgebauten AR quittiert werden, sowohl die Kommend-Meldung als auch die Gehend-Meldung. Baut ein IO-Supervisor eine IOS-AR auf, so hat er damit auch eine funktionsfähige Alarm-CR zur Verfügung. Arbeitet der Supervisor über die implizite-AR oder dem Device Access, so wird keine Alarm-CR aufgebaut.

5.12.1 Wie ist das Melden von Alarmen anzuwenden?

5.12.1.1 Die Diagnosebehandlung aus Anwendersicht

Bei PROFINET IO gibt es ein paar Status-Informationen und Möglichkeiten der Alarmübertragung, um Prozesszustände und die Gültigkeit von Daten zu melden. Die nachfolgenden Ausführungen konzentrieren sich darauf, sowohl dem Feldgeräteentwickler als auch dem Anlagenbetreiber eine Hilfestellung zu geben, wann welche Alarme und Statusinformation verwendet werden sollen (IOXS; APDU-Status, Prozess-Alarme, Diagnose-Alarme, gerätespezifische Diagnosen).

Prozess-Alarme (PA) sollen dann verwendet werden, wenn ein kritischer Zustand innerhalb eines Prozesses festgestellt wird. Dies können zum Beispiel ein zu niedriger Kesseldruck oder eine zu hohe Verarbeitungstemperatur sein. Beim Auftreten von Prozess-Alarmen ist es im Regelfall so, dass die Feldgeräte noch einwandfrei funktionieren. Deshalb wird aus dem Prozess heraus auch nur ein Prozess-Alarm an das übergeordnete Leitsystem übertragen. Der IOPS für einen Subslot bleibt allerdings auf *good*, da das IO-Modul selbst nicht davon betroffen ist. Prozess-Alarme sind herstellerspezifisch und werden nicht nach „kommend“ oder „gehend“ unterschieden.

Diagnose-Alarme (DA) werden mit einer eigenen, im Hochlauf definierten Priorität versehen. Einen DA sendet der Anwender, wenn ein spezielles Problem im Feldgerät auftritt (Kanal defekt, Kurzschluss, ...). Ein Diagnose-Alarm soll innerhalb des zyklischen Datenaustauschs immer mit dem Setzen des Problem-Indicators innerhalb des Data Status (APDU-Status) verbunden sein. Da nicht vorausgesagt werden kann, ob die Alarmmeldung oder die zyklischen Daten zuerst im IO-Controller ankommen, besagt der Problem-Indicator in diesem Fall nur, dass entweder gerade eine Alarmmeldung gekommen ist oder unmittelbar danach eine kommt.

Die Prioritäten für die Übertragung von Alarmen legt der IO-Controller beim Einrichten der Alarm-CR fest. Normalerweise werden die Prioritäten 6 und 5 für das Übertragen der Prozess- und Diagnosealarme verwendet. Die Entscheidung, welche Prioritäten den Prozess-/Diagnosealarmen zugeordnet werden, liegt beim IO-Device. Mit dieser Aufteilung ist sichergestellt, dass zu einem Zeitpunkt sowohl ein hochprioritärer **und** ein niederprioritärer Alarm gemeldet werden können.

Gleichzeitig soll die Anwendung im Feldgerät einen Eintrag in einen internen Diagnosepuffer vornehmen. Dieser Diagnosepuffer kann über einen azyklischen Read-Service ausgelesen werden. Damit hat das Wartungspersonal die Möglichkeit, sich über den aktuellen Anlagenzustand zu informieren. Ist beispielsweise ein Ausgang defekt, dann ist ein Diagnose-Alarm zu erzeugen. Ein *Return of Submodule*-Alarm wird auch über IOPS gemeldet (Übergang bad → good).

> **Hinweis:**
>
> Beim Auftreten eines Prozess-Alarms ist es nicht sinnvoll, einen IOXS-Status (X steht für Consumer oder Provider) im Frame auf *bad* zu setzen, da die Ursache des Fehlverhaltens im Prozess zu suchen ist und nicht eine Störung des Feldgerätes darstellt.
>
> Diagnose-Alarme sind zu melden, wenn im Feldgerät selbst ein Fehlverhalten festgestellt wird. Da dies zur Beeinträchtigung der Funktionalität führt, ist ein Diagnose-Alarm in Verbindung mit einer Anzeige im APDU-Status zu sehen. In wieweit der IOXS-Status beeinträchtigt wird, ist die Entscheidung des Anwenders.

Wenn ein Alarm auftritt, sind von der Anwendung im Feldgerät prinzipiell drei Aktivitäten durchzuführen:

- APDU-Status im zyklischen Datenaustausch aktualisieren,
- Senden eines Alarm-Frames (2 Prioritäten Alarm high und low stehen zur Verfügung und eine entsprechende FrameID aus dem Band für high/low-Alarm ist anzugeben),
- Eintrag in den Diagnose-Speicher, damit für Servicezwecke über Read/Write die Daten gelesen werden können.

Die Unterscheidung zwischen Prozess-Alarm und Diagnose-Alarm ist folgendermaßen zu sehen: Ein Prozess-Alarm wird als Alarm gemeldet und ist für das übergeordnete Leitsystem interessant. Ein Diagnose-Alarm ist in erster Linie für den Wartungsmann interessant. Dabei sollte man sich die Frage stellen, was kann der Wartungsmann beeinflussen und klarstellen.

> **Hinweis:**
>
> Es ist zu empfehlen, die Diagnoseursache im Klartext anzugeben. Dies ist bei PROFINET IO in den Definitionen der GSD-Datei auf einfache Weise möglich. Der Anwender braucht sich dann nicht mit Bitkombinationen zu befassen.

5.12.1.2 Die Diagnosebehandlung aus Entwicklersicht

Prinzipiell bietet PROFINET IO folgende Möglichkeiten, Diagnosemeldungen abzusetzen:

Nach einen Connect-Frame im Systemhochlauf meldet der Provider im *Connect.res*, wenn für ein vom IO-Controller parametriertes Modul keine gültigen Daten geliefert werden können.

Der APDU-Status ist nur dafür zuständig, dass ein aufgetretener Fehler im IO-Device im APDU-Status gemeldet wird und an der CPU im IO-Controller angezeigt wird (an- und ausschalten). Dies wird erreicht durch Setzen/Rücksetzen des Problem-Indicator Bits im APDU-Status (verglichen mit PROFIBUS entspricht dies dem Ext_Diag Bit). Solange eine Diagnose im Feldgerät ansteht, muss der Problem-Indicator gesetzt sein. Der APDU-Status kann vom Anwenderprogramm ausgewertet werden.

IOXS dient dazu, der Applikation mitzuteilen, ob das Device gültige Daten für einen Subslot liefern kann. Wechselt der Status von bad nach good, ist das unmittelbar mit der Erzeugung eines Return of Submodule-Alarms verbunden. Dadurch wird dem IO-Controller signalisiert, dass ein Modul wieder vorhanden ist. Somit kann der IO-Controller dieses Modul bei Bedarf wieder parametrieren. Beim Good/bad-Übergang ist dies nicht erforderlich. Anwenderseits sollte allerdings ein Diagnose-Alarm (Pull/Plug, ...) erzeugt werden.

Die Betriebsbereitschaft zeigt das IO-Device durch eiun *Application Ready-Frame* an.

Prozess-Alarme können anders priorisiert werden als Diagnose-Alarme und führen nicht zum Ansteuern des APDU-Status. Sie werden direkt im Leitsystem ausgewertet. Prozess-Alarme führen nicht zum Eintrag in einen Diagnosespeicher.

> **Hinweis:**
>
> Prozess-Alarme und Diagnose-Alarme werden durch Angabe des Subslots in Verbindung mit einer Sequence-Number gemeldet. Die Sequence Number ist eindeutig und wird für jeden gemeldeten Alarm inkrementiert. Sie muss lückenlos sein.

Diagnosen im Feldgerät werden über ein Subslot adressiert. Das Auslesen der Diagnosedaten aus dem Feldgerät mittels Read-Aufruf bekommt die Applikation nicht mit. Das wird im *Context Management* intern abgehandelt.

In einem modularen Feldgerät sind die Alarme sinnvollerweise für jedes Modul in einem dem Modul zugeordneten Submodul zu definieren. Die einzelnen Diagnosen können vom IO-Controller über Read-Aufrufe ausgelesen werden. Die Adressierung erfolgt über Indizes:

Bereich der Indizes:

800A, 800B, 800C,

C00A, C00B, C00C,

E00A, E00B, E00C,

F00A, F00B, F00C.

5.12.1.3 Empfohlene Möglichkeiten der Diagnosemeldungen

PROFINET bietet mehrere Möglichleiten an, Diagnosen an die übergeordnete Steuerung zu melden, die in diesem Unterkapitel noch einmal dargestellt sind.

1. Im *Connect.res* kann das IO-Device im *ModuleDiffBlock* Unterschiede zwischen der Soll- und Istkonfiguration melden, also Module- oder Submodule anzeigen, für die keine gültigen Daten geliefert werden können.
2. Der IOPS/IOCS zeigt für jede IOCR subslotgranular die Gültigkeit der Daten an.
3. Während des zyklischen Datenverkehrs bestehen die Möglichkeiten, Fehlverhalten im APDU-Statius und dem Problem-Indicator anzuzeigen.

Für diese Art der Diagnosemeldung sollte folgende Hierarchie vom IO-Device eingehalten werden. Die unterschiedlichen Arten der Diagnose wird im Alarm-Frame durch den „user structure identifier (usi)“ angegeben. (Ein Beispiel für den Aufbau von Alarm-Frames sehen Sie im Anhang):

1. die standardisierte kanalspezifische Diagnose (usi = 0x8000),
2. die herstellerspezifische Kanaldiagnose (usi = 0x8000),
3. die erweiterte standardisierte Kanaldiagnose (usi = 0x8002),
4. die erweiterte herstellerspezifische Kanaldiagnose (usi = 0x8000),
5. die herstellerspezifische Kanaldiagnose (usi = 0 … 0x7FFF).

Diese Reihenfolge (Hierarchie) der Möglichkeiten sollte eingehalten werden. Bei Zertifizierungstests stellt man häufiger fest, dass herstellerspezifische Kanaldiagnosen (5) von den IO-Devices übertragen werden, die als standardisierte Kanaldiagnose (1) genauso ihren Zweck erfüllt hätten. Dadurch entstehen zusätzliche Aufwände im Engineering Tool und in der SPS für die Auswertung und Darstellung. Diese Auswertung muss dann über einen speziellen Funktionsbaustein erfolgen.

Deshalb gilt folgende Empfehlung: Nur wenn der Meldevorrat der standardisierten Diagnosemeldungen nicht ausreicht, sollte erst die Möglichkeit der herstellerspezifischen Kanaldiagnose in Betracht gezogen werden. Dies ist auch im Sinne der Anlagenbetreiber.

5.12.2 Die Netzwerkdiagnose

Die Netzwerkdiagnose ist Bestandteil des Diagnose-Managements und trägt entscheidend zur Zuverlässigkeit des Netzbetriebs bei. Zu Wartungszwecken und Überwachung der Netzwerk-Komponenten hat sich als internationaler Standard SNMP (**S**imple **N**etwork **M**anagement **P**rotocol) etabliert. SNMP kann lesend (Diagnoseinformationen) als auch schreibend (für Administration) auf Netzwerk-Komponenten zugreifen und sollte in jedem Feldgerät implementiert sein (siehe Kapitel 19.1 *Conformance Classes*). Die Integration von SNMP in ein Feldgerät ist anwenderspezifisch vorzunehmen.

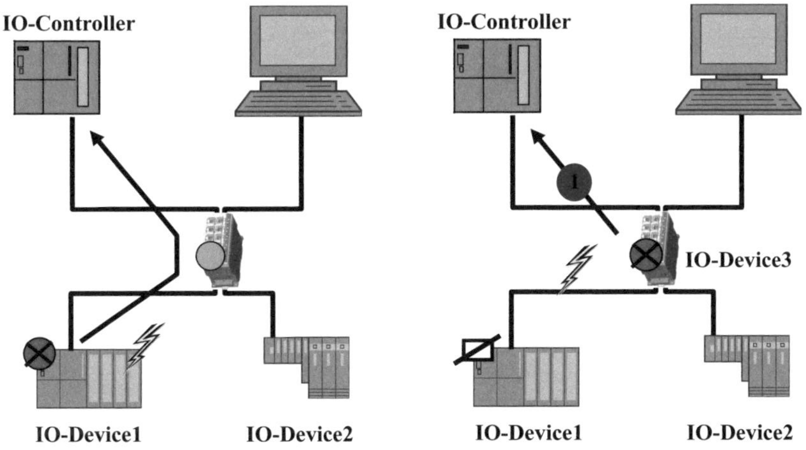

Bild 5.26: Managed Switches sowie als Device modellierte Switches müssen projektiert werden.

Eine weitere Möglichkeit, ein Netzwerk zu diagnostizieren, ist die Integration von Überwachungsfunktionen direkt in die Netzwerk-Komponenten wie Switches. Standard-Switches sind nur dazu ausgelegt, die Diagnoseinformationen der angeschlossenen Feldgeräte an einen IO-Controller weiterzuleiten. Zusätzliche Überwachungs-Funktionen sind normalerweise nicht integriert. Switches, die als IO-Devices ausgelegt sind, haben mehr Intelligenz integriert. Die technischen Möglichkeiten sind in einer dazugehörigen GSD-Datei beschrieben. Weiterhin haben sogenannte *managed switches* normalerweise das SNMP-Protokoll integriert und sind in der Lage, Netzwerkfehler eines unterlagerten Ethernet-Stranges direkt über SNMP zur Verfügung zu stellen oder an einen IO-Controller weiterzuleiten.

5.12.3 Ablauf der Alarmübertragung im Detail

Sämtliche Prozess-Ereignisse werden als Alarme in Form von Real-Time-Nachrichten übertragen. Alle Alarme müssen durch den IO-Controller auf Protokollebene quittiert werden. Dadurch wird auch eine bessere Unterstützung bei redundanten Kommunikationsmedien ermöglicht. Wenn in einer Automatisierungsanlage ein Ereignis auftritt, wird es vom Provider (in der Regel ein IO-Device) als Alarm an einen Consumer (in der Regel ein IO-Controller) als RTA_Data (Alarm) gemeldet. Den Empfang des Alarms bestätigt der IO-Controller auf Protokollebene mit einem RTA_Ack-Frame. Der Provider des Alarms (IO-Device) erhält zusätzlich noch eine Bearbeitungsquittung vom Consumer (IO-Controller) anhand der RTA_Data(Alarm_Ack)-Quittung. Erst dann werden die Ressourcen im IO-Device wieder freigegeben.

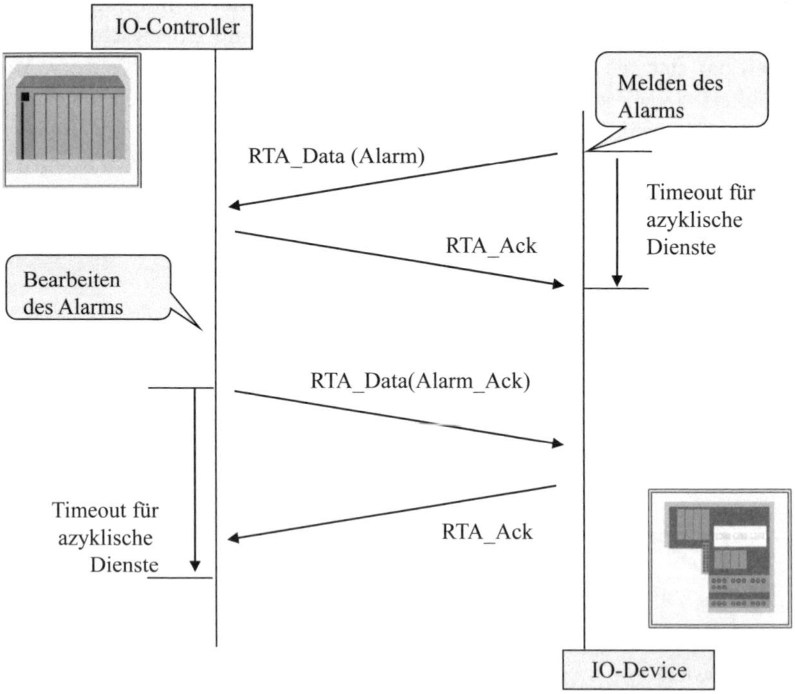

Bild 5.27: Diagnose-Alarme müssen bei PROFINET IO quittiert werden.

Folgende Werte gelten bei der Adressierung von Alarmen und Diagnosen:

Slot 0 ... 0x7FFF

Subslot 1 ... 0x7FFF.

Der komplette Ablauf einer Alarmübertragung ist im Bild 5.27 dargestellt.

5.12.3.1 Alarm-Benachrichtigung (Alarm Notification)

Alarme gehören zu den azyklischen Frames, die über den Real-Time-Kanal übertragen werden. Mit dem Alarm Notification Request RTA_Data (Alarm) meldet ein IO-Device einen Alarm an den IO-Controller.

Der Frame-Aufbau ist wie folgt:

VLAN	Ethertype	FrameID	RTA Header	Alarm Notification	FCS
4	0x8892	2	12	64	4

Erklärung der relevanten Daten im Frame

Ein Alarm-Frame kann anhand der ***FrameID*** (0xFC01 für Alarm high und 0xFE01 für Alarm low) identifiziert werden. Damit ist die Interpretation der nachfolgenden Daten festgelegt.

Im ***RTA-Header*** (**RT**-**A**zyklischer Header) werden die Quell-Referenz und die Ziel-Referenz übertragen. Es wird angezeigt, ob es sich um Alarmdaten oder eine Quittierung handelt. Zur eindeutigen Identifizierung wird eine Sequence Number mit übertragen. Diese wird auch für die Quittierung des Alarms verwendet.

Im Feld ***Alarm Notification*** ist der Alarm näher spezifiziert. Hier wird angezeigt,

- um welchen Alarmtyp es sich handelt (Prozess, Diagnose, Pull, Plug, ...),
- zu welcher API (**A**pplication **P**rocess **I**dentifier) er gehört,
- Zuordnung und Identifizierung des Slots/Subslots,
- Anzeige, ob Kanaldiagnose oder Diagnosedaten folgen.

Wenn innerhalb der Übertragung eine Kanaldiagnose spezifiziert ist, folgen in den darauffolgenden Daten die Kanalnummern.

5.12.3.2 Alarm-Quittung auf einen gemeldeten Alarm (Protokollebene)

Mit dem RTA_ACK quittiert der IO-Controller auf Protokollebene einen Alarm. Diese Quittung sagt nur aus, dass der IO-Controller den Alarm empfangen hat, also keine Wiederholung notwendig ist.

Der Frame-Aufbau ist wie folgt:

VLAN	Ethertype	FrameID	RTA Header	FCS
4	0x8892	2	12	4

Erklärung der relevanten Daten im Frame

Siehe Alarm-Benachrichtigung (Alarm Notification).

5.12.3.3 Alarm-Quittung auf Anwenderebene (Alarm_ACK)

Mit dem RTA_Data.req (Alarm_Ack) quittiert der Consumer des Alarms (Controller-Applikation) einen Alarm auf Anwenderebene. Sie besagt, dass der Alarm auf Anwenderebene angekommen ist und somit weitere Alarme des gleichen Typs vom jeweiligen Provider gesendet werden können.

Der Frame-Aufbau ist wie folgt:

VLAN	Ethertype	FrameID	RTA Header	Alarm Ack	FCS
4	2	2	12	64	4

Erklärung der relevanten Daten im Frame

Siehe Alarm-Benachrichtigung (Alarm Notification).

Das Feld ***AlarmAck*** gibt die Priorität, den Alarmtyp, Slot/Subslot und eventuelle Fehlermeldungen an.

5.12.3.4 Die Alarm-Quittung auf Anwenderebene (RTA_ACK)

Mit dem RTA_ACK quittiert der Provider des Alarms (IO-Device) auf Anwenderebene den Empfang eines RTA_Data (Alarm_Ack)-Frames.

Der Frame-Aufbau ist wie folgt:

VLAN	Ethertype	FrameID	RTA Header	FCS
4	2	2	12	4

Erklärung der relevanten Daten im Frame

Siehe Alarm-Benachrichtigung (Alarm Notification).

Ist die Ursache, die zu einer Alarmmeldung geführt hat, bereinigt, läuft das gesamte Alarmprotokoll nochmals mit der Kennung als „gehender Alarm" ab. Somit ist immer sichergestellt, dass sowohl der IO-Controller als auch ein IO-Device dieselben Anlagenzustände haben.

5.12.4 Diagnose über SNMP

Zum Auslesen von Diagnosedaten, Informationen der LLDP-MIB (Nachbarschaftsinformationen) und der Standard MIB-2 kann der Anwender den Standard IT-Dienst SNMP (**S**imple **N**etwork **M**anagement **P**rotocol) verwenden. Somit kann ein Anlagenbetreiber u. a. die Anlagentopologie im Engineering-System nachbilden und aufgetretene Anlagenfehler darstellen.

SNMP muss von jedem PROFINET-Feldgerät ab Conformance Class B unterstützt werden. Die verwendete Port-Nummer ist 161.

5.13 Der azyklische Datenverkehr im Detail (Record Data-CR)

PROFINET IO bietet die Möglichkeit, neben dem zyklischen Datenverkehr zur Übertragung der Prozessdaten bestimmte Daten azyklisch zwischen einem Provider und Consumer über die Record Data CR auszutauschen. Azyklische Daten werden als niederprioritäre Daten übertragen, die nur bei Bedarf ausgetauscht werden. Dies erfolgt über den UDP/IP-Pfad mit dem RPC-Protokoll. Hierzu stellt PROFINET IO das Lesen (Read-Service) und das Schreiben (Write-Service) von Daten zur Verfügung.

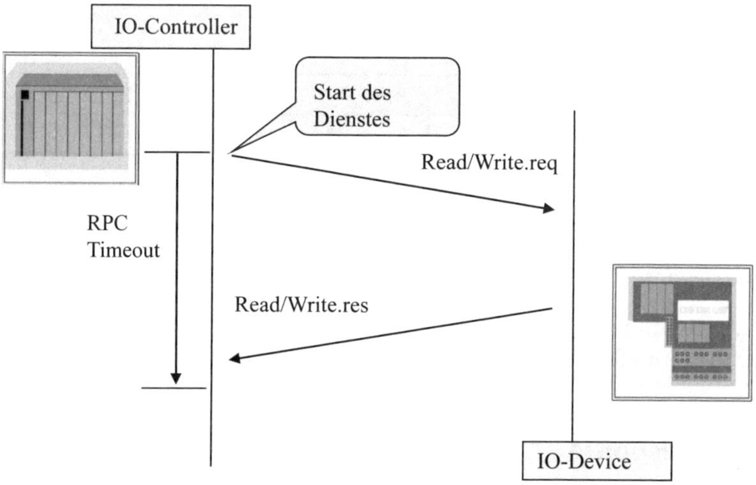

Bild 5.28: Der Ablauf der azyklischen Datenübertragung wird zeitlich über den RPC-Time-out überwacht.

Der Ablauf der azyklischen Kommunikation besteht aus zwei Frames, einem Aufruf (Request) und einer Antwort (Response).

Folgende Werte gelten bei der Adressierung von Record Data Services:

Slot 0 … 0x7FFF
Subslot 1 … 0x7FFF
Index 0 … 0x7FFF.

Typische Anwendungsfälle beim azyklischen Datenverkehr sind beispielsweise

- Auslesen von Diagnosepuffern für Wartungszwecke,
- Lesen der Konfigurationsdaten zum Überprüfen des Ausbaugrads,
- Lesen der gerätespezifischen Daten (I&M-Funktionen),
- Lesen der Logbuch-Einträge für statistische Datenauswertungen,
- Lesen von Ein- und Ausgängen zur Prozesskontrolle,
- Lesen und Schreiben der PDev-Daten
- Schreiben von Baugruppen-Parametern.

Write-Aufrufe sind nur innerhalb einer aufgebauten CR erlaubt. Read-Aufrufe dürfen auch ohne vorherigen Verbindungsaufbau durchgeführt werden, da der Prozess dadurch nicht beeinflusst wird. Welche Daten letztendlich gelesen oder geschrieben werden sollen, spezifiziert das Indexfeld im Read- oder Writeblock innerhalb der *Data Unit*.

5.13.1 Read Request

Read-Aufrufe können während des zyklischen Datenaustauschs zu jedem Zeitpunkt durchgeführt werden. Mit dem *Read.req* fordert ein Initiator Daten von einem Device an.

Der Frame-Aufbau ist wie folgt:

VLAN	Ethertype	IP/UDP	RPC	NDR	Read Block	FCS
4	0x0800	28	80	20	64	4

Opt.
Feld

Erklärung der relevanten Daten im Frame

Im Read Block (Kennung 0x00, 0x09) spezifiziert der Initiator die zu lesenden Daten anhand der ARUUID, API und Slot/Subslot und Index.

5.13.2 Read Response

Mit der Read Response werden die angeforderten Daten zeitnah übergeben. Die Überwachungszeit, bis wann ein Read.req beantwortet werden muss, entspricht der RPC-Überwachungszeit.

Der Frame-Aufbau ist wie folgt:

VLAN	Ethertype	IP/UDP	RPC	NDR	Read Block	Read Data	FCS
4	0x0800	28	80	20	64	...	4

Opt.
Feld

Erklärung der relevanten Daten im Frame

Der Read Block (Kennung 0x80, 0x09) enthält im Wesentlichen die Slot- und Subslotnummer sowie den Index, der die zu lesenden Daten spezifiziert. Im nachfolgenden Read-Data-Feld überträgt das Feldgerät die angeforderten Daten.

5.13.3 Write Request

Mit einem *Write.req*-Dienst kann ein IO-Controller Daten in ein Feldgerät schreiben. Dies ist allerdings nur möglich, wenn eine *Record Data-CR* vorher aufgebaut wurde.

VLAN	Ethertype	IP/UDP	RPC	NDR	Write Block	Write Data	FCS
4	0x0800	28	80	20	64	…	4

Opt.
Feld

Erklärung der relevanten Daten im Frame

Write Block (Kennung 0x00, 0x08) enthält im Wesentlichen die eindeutige Identifikation für die übermittelten Daten oder unterschiedliche Datenbereiche dieser Verbindung (z. B. Angabe eines Application Profile Identifier (API) wie beispielsweise PROFIsafe oder PROFIdrive) sowie die Adressierung des Objektes und dessen Länge. Die Kodierung erfolgt im Big-Endian-Format.

Write Data Im *Write Data*-Bereich spezifiziert der Initiator die zu schreibenden Daten anhand der ARUUID, API und Slot/Subslot und Index.

5.13.4 Write Response

Jeder *Write.req-Frame* wird seitens eines IO-Devices mit einem *Write.res-Frame* quittiert. Fehlermeldungen können darin übermittelt werden.

VLAN	Ethertype	IP UDP	RPC	NDR	Write Block	FCS
4	0x0800	28	80	20	64	4

opt.
Feld

Erklärung der relevanten Daten im Frame

Write Block (Kennung 0x80, 0x08) quittiert anhand der API, Slot, Subslot und Index die geschriebenen Daten.

5.14 Der PROFINET IO-Controller

Ein PROFINET IO-Controller ist die Station innerhalb einer Automatisierungsanlage, in der das Steuerungsprogramm abläuft. Er fordert die Prozessdaten (Eingänge) von den projektierten IO-Devices im Hochlauf an, bearbeitet sein Steuerungsprogramm und überträgt die auszugebenden Prozessdaten (Ausgänge) an die jeweiligen IO-Devices. Um diesen Datenaustausch durchführen zu können, benötigt er die Daten der Anlagenprojektierung, die alle für die Kommunikation benötigten Daten enthält. Bei einer Anlagenprojektierung werden folgende Daten festgelegt:

- Ausbaugrad eines IO-Devices,
- Parametrierungen für ein IO-Device,
- Übertragungshäufigkeit,
- der Ausbaugrad der Automatisierungsanlage,
- Informationen zu Alarmen und Diagnosen.

In einem PROFINET-System können mehrere IO-Controller eingesetzt werden. Sollen diese IO-Controller auf dieselben Daten in den IO-Devices zugreifen können, so ist das bereits beim Projektieren anzugeben.

Nachdem einem IO-Controller ein Name innerhalb der Automatisierungs-Anlage zugewiesen wurde, läuft die *Start up Procedure* im IO-Controller folgendermaßen ab:

- Starten des MAC-Interfaces,
- Starten LLDP zur Ermittlung der Nachbarschaftsinformationen,
- Starten des DCP-Senders und DHCP-Client (wenn vorhanden),
- Warten auf eine IP-Adresse (oder Benutzen der intern vorhandenen IP-Adresse),
- Überprüfung der eigenen IP-Adresse und des Namens durch DCP und ARP zur Feststellung, ob bereits andere Teilnehmer dieselben Einstellungen haben.

Anschließend überprüft ein IO-Controller zuerst die Verfügbarkeit der projektierten IO-Devices und gibt ihnen gegebenenfalls ihre IP-Adresse (siehe auch Kapitel *Die Adresszuordnung zu den IO-Devices*). Dann baut er die benötigten ARs und CRs zu den IO-Devices auf und schreibt gegebenenfalls die in der GSD-Datei angegebenen Parameter für die einzelnen Module in die IO-Devices.

In einer Automatisierungsanlage können bei der Kommunikation mit PROFINET sowohl IO-Feldgeräte und CBA-Feldgeräte eingesetzt werden. Deshalb ist es zu empfehlen, dass IO-Controller auch die Funktionalität von PROFINET CBA-Geräten beherrschen, um die Einsatzfälle nicht einzuschränken. IO-Controller, die universell einsetzbar sind, enthalten auch den Software-Stack für die Komponenten-basierte Kommunikation (PROFINET CBA). Der Anwender merkt normalerweise keinen Unterschied in der Arbeitsweise im Vergleich zu PROFIBUS. Die Prozessdaten werden auch beim IO-Controller im Prozessabbild gespeichert. Normalerweise sind auch die verwendeten Funktionsbausteine gleich.

Nachfolgendes Bild zeigt den strukturellen Aufbau eines IO-Controllers. Der IO-Controller erhält die Projektierungsdaten der Automatisierungsanlage und baut die Application Relations und die Communication Relations zu den projektierten IO-Devices selbstständig auf.

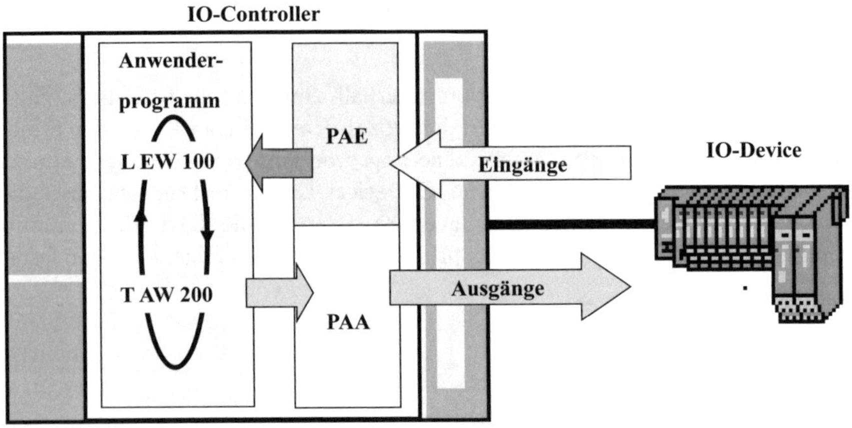

Bild 5.29: Ein PROFINET IO-Controller führt den Prozessdatenverkehr mit den IO-Devices durch.

Ein IO-Controller kann zu mehreren IO-Devices jeweils eine AR aufbauen. Eine AR ist eindeutig durch die ARUUID identifiziert. Innerhalb einer AR können mehrere APIs für den Datenaustausch genutzt werden. Dies kann beispielsweise sinnvoll sein, wenn mehrere Anwenderprofile (PROFIdrive, Encoder oder andere Profile) an der Kommunikation beteiligt sind, die unterschiedliche Subslots benötigen. Innerhalb einer IOCR erfolgt die Unterscheidung durch die angegebenen APIs (**A**pplication **P**rocess **I**dentifier). Dadurch ist eine Vermischung der Daten zwischen den APIs nicht möglich. Der Zugriff auf die Anwenderdaten ist durch das Anwenderprogramm zu koordinieren. PROFINET IO lässt zu, dass mehrere Anwenderprofile innerhalb derselben AR definiert werden können.

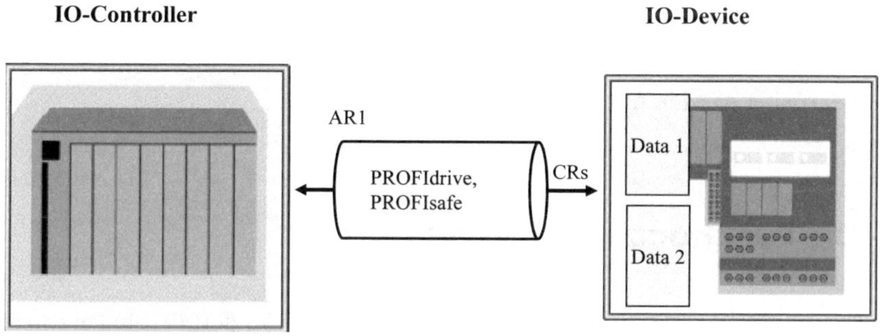

Bild 5.30: Zu einem IO-Device können mehrere ARs aufgebaut werden.

☞ **Hinweis:**
Das PROFIsafe-Profil bildet hier eine Ausnahme. Es enthält keine *Application-Profile-Number* und wird innerhalb der API = 0 benutzt, da die Überprüfung der sicherheitsrelevanten Daten von mehreren Anwenderprofilen genutzt werden kann.

Folgende Funktionen muss ein IO-Controller unterstützen:

- Alarmbehandlung,
- Prozessdatenaustausch (vom IO-Device in den Peripheriebereich des Hosts),
- azyklische Dienste,
- Parametrieren (Übertragen von Hochlaufdaten, Übertragung von Rezepturen und Anwenderparametrierung der zugeordneten IO-Devices),
- Diagnose der projektierten IO-Devices,
- Initiator beim Contextaufbau zu einem IO-Device,
- Adressvergabe über DCP,
- API: Eine API wird verwendet, um verschiedene Anwendungen unterscheiden zu können. Die Verwendung der API = 0 ist herstellerspezifisch. Im Bereich von API = 1 … 0xFFFFFFFF können Anwenderprofile adressiert werden. Die Vergabe der API-Nummern für Anwenderprofile erfolgt durch die PNO.

Ein IO-C muss folgende Datenmengen unterstützen:

1 Application Relation (AR),

2 IOCR → 1 440 Octet und 240 Octets konsistent,

1 Alarm CR mit mindestens 200 Octets bis maximal 1 432 Octets,

1 Record AR mind. 4 132 bis 2 hoch 32–65,

2 APIs (API0 und API x für eine profilspezifische Kommunikation).

Im Prinzip kann man einen „ganzen" Frame mit einem Submodule füllen. Damit darf ein Submodule maximal 1 440 Byte, inkl. IOPS und IOCS, lang sein.

Jedoch muss ein IOC nur eine Submodule-Länge von 240/255 Byte inkl. IOPS für den konsistenten Datenaustausch unterstützen (muss im Profile bei der IOCR-Länge stehen), da Submodule konsistent bearbeitet werden müssen.

5.15 Die Funktionalität des iPar-Servers

Die statische Parametrierung eines Feldgerätes erfolgt anhand der definierten Parameter in einer zum Feldgerät zugehörigen GSD-Datei. Eine GSD-Datei enthält unter anderem Baugruppenparameter für Peripheriebaugruppen. Diese sind statisch hinterlegt und werden beim Systemhochlauf vom IO-Controller per Write-Sequenzen an ein IO-Device geladen. Bei manchen Feldgeräten ist die Parameterversorgung über den GSD-Weg wegen der Datenmengen, der Benutzerführung oder der spezifischen Gegebenheiten in einer Automatisierungsanlage nicht möglich bzw. nicht sinnvoll. Solche geräte-/anlagensspezifisch anfallenden Daten bezeichnet man als individuelle Parameter (iPar). Sie können auch erst bei der Inbetriebnahme festgelegt werden. Solche anlagenspezifische Parameter können beispielsweise über das Tool Calling Interface (TCI) in ein Feldgerät geladen werden (siehe auch Kapitel *Das Tool Calling Interface*).

Beim Gerätetausch eines solchen Feldgerätes mit individuellen Parametern ist es wünschenswert, diese Parameter automatisch wieder in das getauschte Feldgerät zu laden. Das Sichern und Nachladen solcher Parameter musste in der Vergangenheit proprietär gelöst werden, weil es keinen Standardweg gab, d. h. dem Anwender wurden die unterschiedlichsten Lösungen und Handhabungen bzw. keine Lösung zugemutet.

Die iPar-Server-Lösung

Das Ergebnis der beschriebenen Thematik ist der sogenannte iPar-Server zum Speichern und automatischen Laden von sogenannten dynamischen Geräte-Parametern. Dadurch entfallen für den Feldgerätehersteller Zusatz- bzw. Softwarelogistikkosten, weil der iPar-Server vom Systemhersteller bereitgestellt wird. Der iPar-Server ist als optionaler Programmteil (normalerweise ein Funktionsbaustein bei SPS-Anwendungen) im Host/IO-Controller zu sehen. Er ist nicht sicherheitsrelevant und sorgt dafür, dass ein Feldgerät ohne zusätzliche Eingriffe seine iParameter abspeichern und ein Ersatzgerät diese wieder abrufen kann.

Um die Funktion eines iPar-Servers im gesamten PROFINET-Kontext besser einordnen zu können, ist die Funktionsweise anhand einer einfachen Applikation erklärt. Dadurch geht auch

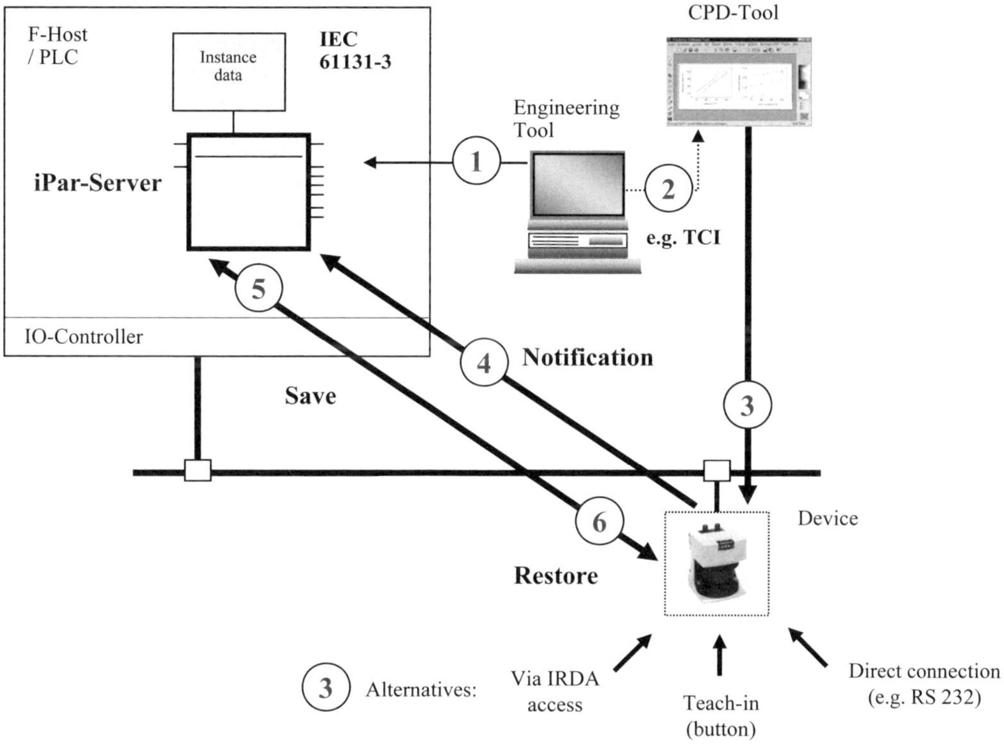

Bild 5.31: Mithilfe eines iPar-Servers können gesicherte Daten beim Gerätetausch automatisch nachgeladen werden.

das Zusammenspiel zwischen einer TCI-Applikation (siehe *Das Tool CallingInterface*), dem Gerätetausch und dem iPar-Server hervor. Dynamisch ermittelte Parameter können von einem IO-Device aktualisiert und erneut zum iPar-Server übertragen werden. Dadurch kann ein getauschtes Feldgerät mit den optimierten Parametern von Anfang an arbeiten.

Bei der Erst-Inbetriebnahme läuft folgende Sequenz ab:

1. Die statischen Daten aus der GSD-Datei werden in ein Konfiguriertool eingelesen. Die allgemeine Konfiguration wird wie bisher durchgeführt. Zusätzlich kann nun aus speziellen GSD-Parametern der Bedarf für die iPar-Server-Funktion und der iParameter-Umfang in kByte angemeldet werden. Ein Systemhersteller muss mindestens 32 kByte i-Parameter pro Teilnehmer abspeichern können.
2. Beim Systemhochlauf (Connect- und Write-Services) versorgt ein IO-Controller das Feldgerät mit den aus der GSD generierten Daten, um es in den Datenaustausch zu bringen und für die azyklische Kommunikation bereit zu sein.
3. Über ein Parametrier-Tool können nun die iParameter per Anwender-Dialog für das entsprechende Feldgerät eingestellt werden. Auf welchem Weg die iParameter dabei in das Gerät gelangen – z. B. über eine Schnittstelle wie TCI, direkte Punkt-zu-Punkt-Verbindung wie RS-232, Infrarot-Verbindung oder Teach-in vor Ort – ist dem Gerätehersteller freigestellt.

4. Den komfortabelsten Weg bietet dabei die Verbindung des Parametrier-Tools mit dem Device über eine Schnittstelle wie TCI (Tool-Calling-Interface) unter Nutzung des *Communication Servers.*
5. Das Feldgerät meldet sich nach erfolgter i-Parametrierung und gegebenenfalls Verifikation mit einer Alarm-Notification (*AlarmType 30=Upload/Retrieval*) und fordert ein Upload der i-Parameter an.
6. Der iPar-Server im Host/IO-Controller liest die i-Parameter aus dem Feldgerät azyklisch aus und speichert sie, um sie bei Bedarf (z. B. Gerätetausch) wieder laden zu können.

Was geschieht beim Gerätetausch?

Nach einem Gerätetausch und erneutem Hochlauf (Connect- und Write-Sequenzen) lädt der IO-Controller alle GSD-basierten Daten, um das ausgetauschte Feldgerät wieder in den Datenaustausch zu bringen. Das getauschte Feldgerät stellt nach der Grundversorgung applikativ fest, dass es noch i-Parameter benötigt. Es erzeugt daraufhin eine Alarm-Notification (Update&Retrieval-Alarm). Daraufhin lädt der iPar-Server die gespeicherten iParameter des Vorgängergerätes in das Feldgerät.

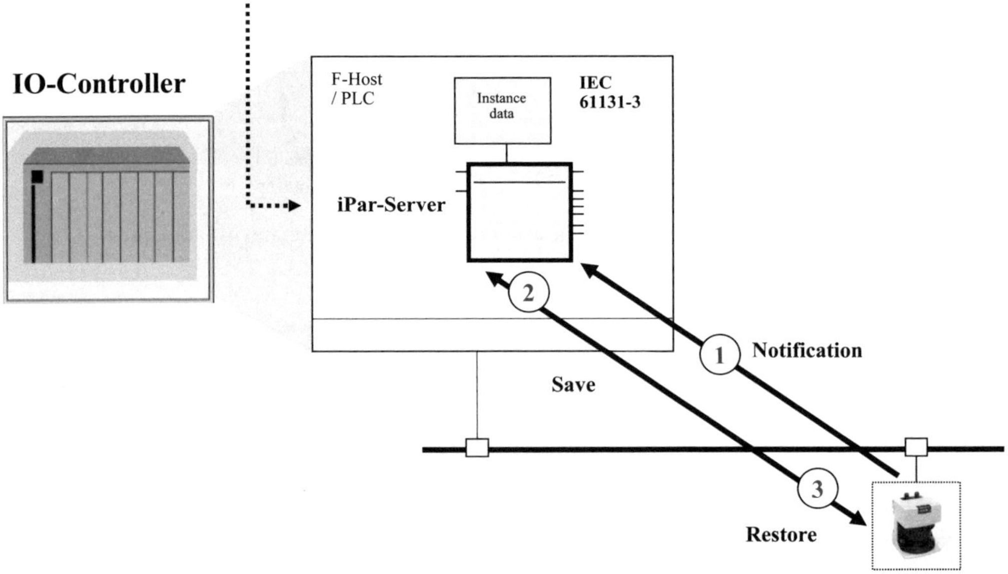

Bild 5.32: Beim Gerätetausch parametriert der iPar-Server das neue Feldgerät.

Hier der zeitliche Ablauf im Einzelnen:

1. Das defekte Feldgerät wird ersetzt und eingeschaltet.
2. Nach der automatischen Adressauflösung baut der IO-Controller eine AR zum Feldgerät auf und lädt die GSD-basierten statischen Parameter.
3. Das neue Feldgerät stellt fest, dass es noch (dynamische) i-Parameter benötigt und meldet dies über eine Alarm-Notification (*iPar-Request*).

Der iPar-Server lädt die angeforderten i-Parameter in das neue Feldgerät.

5.15.1 Die I&M-Funktionen (Identification & Maintenance)

In vielen Fällen ist es sehr hilfreich, grundlegende Informationen aus einem Feldgerät auslesen zu können. Damit können beispielsweise Rückschlüsse auf ein eventuelles Fehlverhalten oder einer nicht unterstützten Funktionalität in einem Feldgerät gezogen werden. Diese Auskunftsfunktionen sind in den Datenstrukturen der IM0 ... IM4 festgelegt. Die Daten von IM0 sind lesbar und müssen in jedem PROFINET-Feldgerät vorhanden sein. Die I&M-Daten I&M1-I&M4-Daten sind beschreibbar. Das Auslesen der I&M0 bis I&M4-Daten erfolgt über Read-Services mit den Indizes 0xAFF0 bis 0xAFF4. Nachfolgende Daten muss deshalb ein IO-Device mindestens liefern:

- Order ID (Bestellnummer des Feldgerätes),
- MAC-Adresse,
- Hardware-Revision,
- Software-Revision und
- Devicetype (bspw. IM 151-3, max. 25 Zeichen),
- Vendor-ID,
- alle I&M0-Daten.

Diese Daten sind sowohl für die Adressierung des Feldgerätes als auch für das Auslesen der I&M-Funktionen notwendig.

Per Read-Aufruf (*I&M0FilterData-Funktion)* kann ein IO-Controller aus einem IO-Device auslesen, welches Submodul I&M-Daten liefern kann. Prinzipiell muss jedes Submodul I&M-Daten liefern können. Die I&M-Daten können aber auch in einem Stellvertreter, bspw. dem DAP, vorhanden sein und darüber ausgelesen werden. In der GSD-Datei gibt der Hersteller für jedes Submodul an, ob es neben den I&M0-Daten auch noch schreibbare I&M1 bis I&M4-Daten liefern kann (Writeable_IM_Records).

Beispiel eines GSD-Eintrags für schreibbare I&M-Funktionen:

Writeable_IM_Records= „1 2“ bedeutet, dass I&M1 und I&M2 mit dem Index 0xAFF1 und 0xAFF2 in das Feldgerät geschrieben werden können.

Hinweis:

Die „I&M0FilterData-Funktion“ gibt Auskunft, welche Module in einem IO-Device I&M0-Daten enthalten. „I&M0FilterDataSubmodule“ müssen in jedem IO-Device vorhanden sein. Damit kann der Anwender die I&M0-Daten (Index 0xF840 als Device specific Index) der jeweiligen Slots/Subslots des IO-Devices lesen. Im IO-Device müssen deshalb auch I&M0-Daten existieren.

5.16 PROFINET IO und die IRT-Kommunikation

5.16.1 Einführung in die IRT-Kommunikation

Die auf Ethernet basierte Daten-Kommunikation gemäß IEEE 802-Standard erfüllt gemäß Echtzeit-Anforderungen in der industriellen Kommunikation nicht die Bedürfnisse der Anlagenbetreiber. Deshalb mussten Erweiterungen für die PROFINET-Kommunikation eingeführt werden, um den Forderungen der Anwender Rechnung zu tragen.

PROFINET IO bietet für die zyklische Übertragung von Prozessdaten unterschiedliche Real-Time-Klassen an. Es ist dem Anlagenbetreiber überlassen, welche RT-Klassen er beim Engineering für die Anlage festlegt. In der Automatisierungstechnik gibt es neben den Anforderungen an Real-Time-Fähigkeit auch Anwendungen, die es erfordern, I/O-Daten taktsynchron und mit höchstmöglicher Performance zu übertragen. Taktsynchron bedeutet dabei, dass jeder Beginn eines Buszyklus mit einer maximal definierten Abweichung von 1 µs taktgenau beginnt und ständig synchronisiert werden muss. Nur so können der Entstehungszeitpunkt der Eingangsdaten und der berechnete Ausgabezeitpunkt für die Ausgangsdaten an den Prozess mit höchster Genauigkeit bestimmt werden. So ist es beispielsweise bei Positioniervorgängen im Bereich der Antriebstechnik notwendig, dass sowohl der genaue Entstehungszeitpunkt als auch die daraus errechneten neuen Positionswerte synchronisiert werden. Diese Genauigkeit kann allerdings nur mit speziellen Kommunikationsmechanismen erreicht werden, die mit der IRT-Funktionalität standardisiert wurde. Ein Anwenderszenario, auf dem die Taktsynchronität basiert, zeigt nachfolgendes Bild.

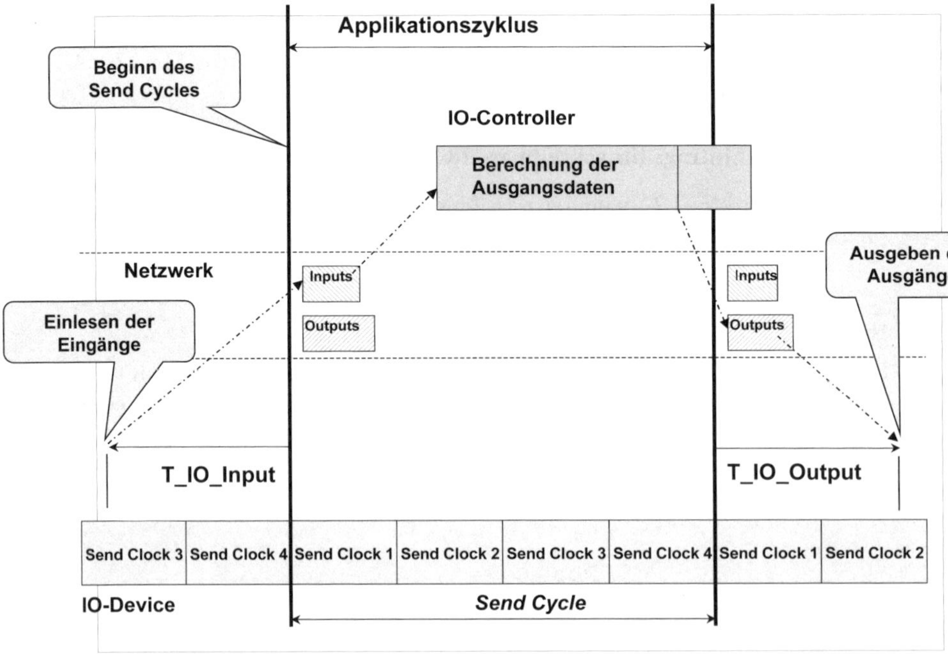

Bild 5.33: Beispiel einer taktsynchronen IRT-Anwendung

Erklärung des Beispiels: Durch die Synchronisation des Send Cycles kann ein IO-Device genau den Zeitpunkt ableiten, wann die Eingangsdaten (T_IO_Input) einzulesen sind. Mit diesen genau ermittelten Daten kann die übergeordnete Applikation im IO-Controller die daraus resultierenden Berechnungen durchführen, beispielsweise neue Positionierwerte berechnen und an das jeweilige IO-Device übertragen. Das IO-Device gibt die neu berechneten Ausgangsdaten dann taktgenau an den Prozess aus. Diese T_IO_Output-Zeit wird ebenfalls vom Beginn des Send Cycles abgeleitet.

IRT steht für *Isochronous Real Time* und erhebt den Anspruch, Buszyklen deutlich kleiner einer Millisekunde mit einer maximalen Abweichung des Bustaktes von 1 µs zu beherrschen.

Für die IRT-Kommunikation bietet PROFINET ein zweistufiges IRT-Konzept an, das einerseits eine sehr flexible Art der Kommunikation vorsieht (synchronisierte RT_CLASS_2-Kommunikation), aber die verfügbare Bandbreite für die Datenübertragung konzeptbedingt nicht optimiert ausnutzt. Dieser Dienst ist optional. Andererseits bietet PROFINET eine auf höchste Performance ausgelegte Kommunikation, die eine genaue Planung der Kommunikation im Vorfeld voraussetzt (RT_CLASS_3). Der Determinismus und die Taktsynchronität sind bei beiden Varianten allerdings gleich.

Prinzipiell verwendet IRT dieselben Übertragungsprotokolle wie das bei PROFINET IO standardmäßig verwendete RT-Protokoll. Als Ergänzung wurden ein Synchronisationsprotokoll sowie das Management der zeitgesteuerten Kommunikation eingeführt, das allerdings kein zusätzliches unterlagertes Protokoll erfordert. Die Synchronisation der Teilnehmer übernimmt ein definierter Clock-Master.

Wird IRT in einer Anlage benötigt, muss der Buszyklus bereits bei der Projektierung in einen IRT-Teil und einen UDP/IP-Teil aufgeteilt werden. Im Unterschied zu RT erfolgt die Übertragung von Telegrammen deterministisch und taktsynchron.

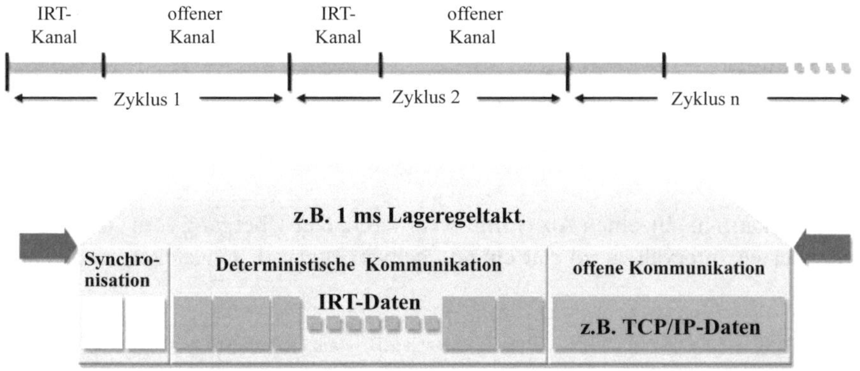

Bild 5.34: Die Aufteilung des Buszyklus erfolgt in einen IRT- und einen offenen Kommunikationsteil.

Hinweis:

Aus Sicht des Anwenderprogramms ergibt sich kein Unterschied zwischen RT- und IRT-Kommunikation. Der IO-Controller gibt aufgrund der GSD-Einträge die verwendete RT-Klasse im Connect-Frame für die IO-Devices vor.

Voraussetzungen für die IRT-Steuerung

Eine deterministische (taktsynchrone) Kommunikation mit dem IRT-Konzept basiert auf folgenden Voraussetzungen:

A) Die Kommunikation erfolgt ausschließlich innerhalb **eines** Subnetzes.

B) Die Aufteilung des Buszyklus erfolgt in eine IRT- und eine offene Phase.

C) Die IRT-Domäne muss die Taktsynchronisation unterstützen. Die Genauigkeit der Taktsynchronisation hängt von der Applikation ab und liegt bei kleiner einer Mikrosekunde.

Zu A) Die Lösung hierfür bietet das *Isochronous Real Time*. Die vorhandenen Adressierungsmechanismen wurden so reduziert, dass nur eine Adressierung innerhalb eines Subnetzes anhand der MAC-Adresse möglich ist.

Zu B) Bei der Verwendung von IRT-Kommunikation wird bereits beim Engineering der Buszyklus in zwei Intervalle unterteilt. Diese Unterteilung löst das IRT-Konzept durch eine Intervall-Steuerung, bei der gilt:

- in dem „offenen Intervall" wird die Auftragsbearbeitung nach den Regeln von IEEE 802 abgewickelt (nach Prioritäten),
- in dem „reservierten Intervall" dürfen nur IRT-Aufträge gesendet werden;
- die Taktsynchronisation erfolgt im „offenen Intervall".

Diese Überwachungsfunktionen müssen von der eingesetzten Hardware unterstützt werden. Die verfügbare Bandbreite wird in Abschnitte aufgeteilt und kann anwenderspezifisch erfolgen. Die Summe der einzelnen Intervalle ist einstellbar (üblicherweise 1 ms oder kleiner).

Hinweis:

Jedes IRT-fähige IO-Device muss einen *SendCycle* von 1 ms oder kleiner unterstützen.

Die Aufteilung kann in einzelnen Abschnitten variieren. Der Übergang vom „offenen Intervall" zum „reservierten Intervall" wird mit einem „gelben Intervall" eingeleitet, in der nur solche

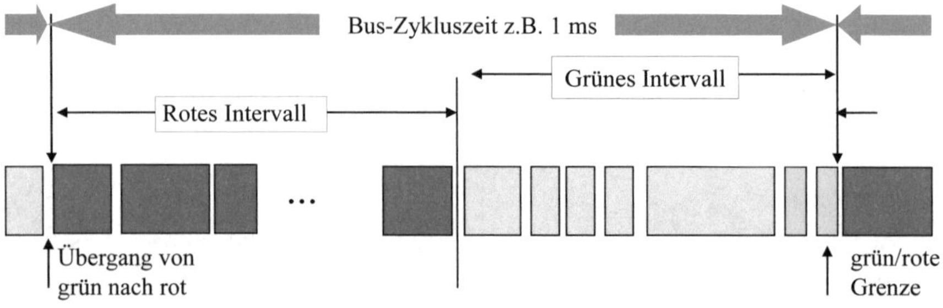

Bild 5.35: IRT arbeitet mit der zeitgesteuerten Kommunikation.

Aufträge angenommen werden dürfen, die vor Beginn des nächsten reservierten Intervalls transportiert werden können. Ist nicht sichergestellt, dass diese Aufträge noch vor dem Beginn des „reservierten Intervalls“ weitergeleitet werden können, werden diese Frames zwischengespeichert. Aufgrund der maximalen Framelänge bei Ethernet/PROFINET ergibt sich eine Mindestdauer des offenen Intervalls von 125 µs.

Aufteilung und Steuerung der IRT-Phasen

Bei RT können während der Datenübertragung von Quelle zu Ziel in jeder Netzkomponente Verzögerungen durch weitere RT-Telegramme oder durch Non-Real-Time-Kommunikation auftreten. Das Problem beim Switched-Ethernet ist, dass die Durchlaufzeit durch eine Kette von Switches stark variieren kann. In einem nicht synchronisierten Betrieb würde ein Frame mit voller Länge, am Anfang einer Kette von 20 Stationen eingefügt, die Lieferung eines Echtzeitpaketes um mindestens 2,5 ms (= 125 µs für den längsten Erthernet-Frame · 20 Teilnehmer) verzögern. Da zu befürchten ist, dass nach dem Paket noch weitere RT-Frames „durchschlüpfen“, kann sich das Ganze noch einmal deutlich verzögern. Dies alles zusammen führt zu einer Genauigkeit der Übertragung, die eine Schwankungsbandbreite von bis zu 10 ms unterliegt. Deshalb wird bei IRT die Kommunikation so eingerichtet, dass es zu keinen, nicht vorhersehbaren Verzögerungen kommt und auch die kalkulierbaren Wartezeiten gegen Null geht.

Die Auftragsbearbeitung der IRT-Frames wird sowohl in den Endknoten als auch in allen zwischengelagerten Switches durchgeführt. Nur dadurch wird eine homogene Bearbeitung sichergestellt. Da für die IRT-Kommunikation spezielle Anforderungen an die Switches gestellt werden, ist es unbedingt erforderlich, dass alle an der Kommunikation beteiligten Switches die Regeln der IRT-Kommunikation beherrschen, auch wenn die eigentliche Applikation am angeschlossenen Switch nicht IRT-fähig ist.

Offenes Intervall

Die Regeln für die Weiterleitung in den Switches sind in IEEE 802.1D festgehalten. Prioritäten können, wie dort beschrieben, benutzt werden. Allerdings unterstützen viele Switches nicht alle acht Prioritätsklassen, sondern häufig nur vier. Treffen in dem „offenen Intervall“ IRT-Frames ein, werden sie vernichtet und eine Alarmmeldung erzeugt.

Wichtig ist, dass zum Ende keine Aufträge mehr aktiv sind und somit das „reservierte Intervall“ ungehindert beginnen kann. Ein offenes Intervall muss innerhalb einer Phase nicht zwangsläufig vorhanden sein.

Reserviertes Intervall

Nur IRT-Frames dürfen in diesem Intervall durch Switches weitergeleitet werden. Wenn während eines reservierten Intervalls UDP/IP-Frames eintreffen oder generiert werden (da die *Anwendung* nicht IRT-fähig ist), so werden sie zwischengespeichert und erst nach Beendigung des reservierten Intervalls gesendet. Diese Aufgabe übernimmt der jeweilige Switch.

Zu C) Definition einer IRT-Domäne

Hauptfokus bei IRT ist das *Timing* der Kommunikation, das eine präzise Steuerung der Kommunikation erfordert. Da die IRT-Kommunikation höchste Anforderungen an die Taktsynchronität stellt, ist die Synchronisation aller IRT-Geräte auf ein gemeinsames Taktsystem unbedingte

Voraussetzung. Die Synchronisation erfolgt von einem *Clock-Master*. Er ist das Automatisierungs-Gerät mit der genauesten Uhr im System (evtl. Atomuhr) und definiert das gemeinsame Taktsystem. Die *Clock-Slaves* synchronisieren ihr lokales Taktsystem auf den Takt des *Clock-Masters*.

Durch die Zuordnung der beteiligten *Clock-Slaves* zu einem *Clock-Master* wird von diesen IRT-Geräten eine IRT-Domäne definiert, die eindeutig sein muss. Der *Clock-Master* kann sowohl ein IO-Controller als auch ein IO-Device sein. Die IRT-Geräte können dabei durchaus unterschiedlichen IO-Systemen angehören, d. h. eine IRT-Domäne könnte sich über mehrere IO-Systeme erstrecken. Die IRT-Geräte eines I/O-Systems dürfen jedoch nicht unterschiedlichen IRT-Domänen angehören.

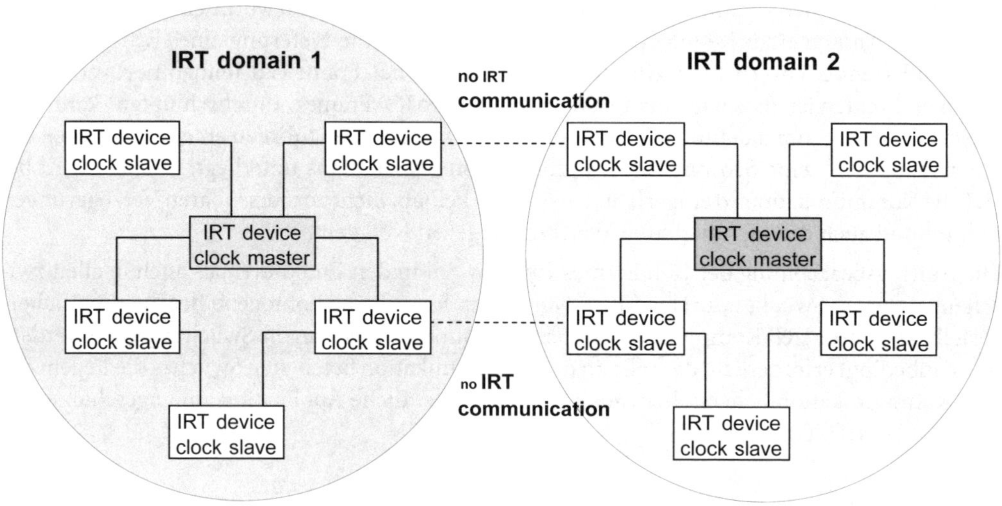

Bild 5.36: Jede IRT-Domäne nutzt ihren eigenen Takt zur Synchronisation der Teilnehmer.

Jedes IRT-Gerät gehört zu genau einer IRT-Domäne, die von einem einzigen Clock-Master synchronisiert wird. Auf Verbindungspfaden zwischen IRT-Geräten unterschiedlicher IRT-Domänen kann das Übertragungsverfahren IRT **nicht** verwendet werden.

Aufgrund der geforderten Genauigkeit und des Datendurchsatzes sind für IRT-Kommunikation spezielle Voraussetzungen zu erfüllen:

- Unterstützung der Taktsynchronisation,
- Überwachung des IRT-Intervalls,
- Ethernet-Controller mit integriertem Switch.

Hinweis:

Zwischen zwei Teilnehmern einer IRT-Domäne dürfen nur Teilnehmer vorhanden sein, deren Switch die definierten IRT-Kommunikationsregeln unterstützt. Nur so ist ein Weiterleiten der Frames möglich.

5.16.2 Ablauf der Kommunikation mit IRT

Im Rahmen der IRT-Kommunikation stößt man auf die beiden Begriffe *relative forwarding* und *absolute forwarding* bei der zyklischen Kommunikation.

Das ***absolute forwarding*** basiert auf einer Weiterleitetabelle, die dem ASIC mitteilt, über welchen Port ein empfangenes Datenframe zu welchem Zeitpunkt weiterzuleiten ist. Diese Weiterleiteinformationen werden beim Konfigurieren der Automatisierungsanlage ermittelt. Der IO-Controller lädt diese Tabelle während des Systemhochlaufs an jeden Switchport eines PROFINET-ASICs für jede Kommunikationsrichtung. Das „absolute forwarding" wird meistens bei Kommunikations-ASICs mit mehr als 2 Switchports angewendet oder wenn innerhalb der Kommunikation die gesamte Kommunikationsaufgabe in Verbindung mit dem *FrameSendOffset* optimiert wird.

Das ***relative forwarding*** kann nur von Kommunikations-ASICs mit exakt 2 Switchports unterstützt werden. Ab und zu findet man auch die Begriffe *straight mode* oder *constant forwarder.*

Die Konsequenz beim *relative forwarder* ist, dass der *FrameSendOffset* lokal berechnet wird. Ein empfangenes und weiterzuleitendes Frame wird dementsprechend mit einem konstanten Delay relativ zu seinem Empfangszeitpunkt beaufschlagt und über den anderen Port weitergeleitet. Deshalb ergibt sich daraus der Begriff *relative forwarding.*

Bei der IRT-Kommunikation kann der Anwender zwischen zwei Ausführungen wählen, die nachfolgend beschrieben werden.

5.16.2.1 Die flexible IRT-Kommunikation mit (RT_Class_2 synchronisiert)

Bei der flexiblen Kommunikation in *Switched-Ethernet-Netzwerken* ist die Konfiguration der Endteilnehmer ausreichend. Alle dazwischen liegenden Netzwerk-Komponenten (Switches) bauen in der Hochlaufphase Adresstabellen auf, anhand derer die empfangenen Frames weitergeleitet werden können.

Bei RT_Class2 ist das „reserved interval" flexibel gestaltet. Durch den synchronisierten Send Cycle beginnen alle an der IRT-Kommunikation beteiligten Teilnehmer zur gleichen Zeit mit dem Übertragen der Eingangsdaten an den IO-Controller. Frames werden nur anhand ihrer MAC-Adresse zum Zielteilnehmer transportiert. Dies ermöglicht eine flexible Art der Kommunikation mit sehr hoher Performance, bei der keine besonderen Regeln einzuhalten sind. Die bessere Flexibilität und die damit verbundene leichtere Erweiterbarkeit einer Anlage erkauft man sich allerdings durch eine „schlechtere" Ausnutzung der Bandbreite. Die Synchronisation des Send Cycles erfolgt mit einem Synchronisationsimpuls RTsync. Auch dieser Synchronisationsimpuls kann flexibel transportiert werden und muss nicht in jedem Buszyklus erfolgen. Die RT-Class_2-Kommunikation ist optional und nicht so performant und auch nicht so genau wie die RT_Class_3-Kommunikation, auf die im nächsten Kapitel detaillierter eingegangen wird. Taktsynchrone Applikationen sind im Regelfall hiermit nicht zu bewerkstelligen.

5.16.2.2 Die Topologie basierte IRT-Kommunikation mit RT_Class_3

RT_Class_3 stellt ein zeitlich geplantes Übertragungsverfahren dar. Deshalb ist die Kenntnis der Anlagentopologie notwendig. Es erhebt den Anspruch, Buszyklen deutlich kleiner einer Millisekunde mit einer maximalen Abweichung des Bustaktes von 1 µs zu beherrschen. Wird IRT-Kommunikation in einer Anlage benötigt, muss der Buszyklus bereits beim Engineering in einen IRT-Teil und einen UDP/IP-Teil aufgeteilt werden, was eine genaue Planung der Kommunikation erfordert. Hier wird auch für jedes zu sendende Frame festgelegt, wann es mit welcher Frame-Länge gesendet wird. Entscheidenden Einfluss haben dabei die Anlagen-Topologie und die Kabellängen zwischen den einzelnen Teilnehmern. Bei einer Anlagen-Änderung muss auch der Planungs-Algorithmus neu durchlaufen werden. Die Datenübertragung im IRT-Teil erfolgt immer zeitlich geplant. Jedes Frame ist deshalb durch seine zeitliche Lage und den ankommenden und abgehenden Switch-Ports eindeutig identifiziert. Dadurch ist eine wesentlich höhere Ausnutzung der zur Verfügung stehenden Bandbreite gewährleistet, und es kann nicht zu Wartezeiten von Frames bei der Kommunikation kommen. RT_Class_3-Frames werden immer ohne VLAN-Tag gesendet. Die Priorität ist bereits durch die zeitliche Lage gegeben.

RT_Class_3 basiert auf einen im Vorfeld fest projektierten Fahrplan, d. h. neben den Informationen für die Endteilnehmer benötigen die dazwischen liegenden Netzwerk-Komponenten Informationen, die das Weiterleiten der Frames definieren.

Die Kenntnis der Netztopologie bildet dabei die Grundlage für die zeitliche Planung der Telegrammübertragung. Folgende Vorteile ergeben sich dadurch:

- Sicherstellen der Taktsynchronität für jeden Switch-Port,
- Aufbau einer redundanten Verbindung durch das Senden von Frames über unterschiedliche Ports und
- bessere Ausnutzung der Bandbreite durch das gleichzeitige Senden von Frames auf unterschiedlichen Teilstrecken.

Dafür wird für die Planung der Kommunikation die Kenntnis der Netztopologie vorausgesetzt. Die Topologie hat Einfluss auf die Eigenschaften der Kommunikation zwischen den IRT-tauglichen Feldgeräten hinsichtlich Performance und Synchronisationsgenauigkeit. Änderungen in der Topologie bewirken Änderungen der Systemeigenschaften. Das muss bei der Projektierung berücksichtigt werden. Die Topologie-Informationen werden im Hochlauf des Systems an jeden Teilnehmer gesendet, sodass jedes RT_Class_3-Device seine projektierten Nachbarn kennt. Ein RT_Class_3-Device vergleicht diese Informationen mit den selbst ermittelten Nachbarschaftsinformationen (gemäß LLDP-Protocol), die zyklisch ermittelt werden.

Auch in Switches muss die Reihenfolge der Bearbeitung einzelner Aufträge genau eingehalten werden, weil sonst bei komplexeren, vermaschten Netzen keine exakte Kalkulation der Durchlaufzeit möglich ist.

Der „Fahrplan" (Schedule) orientiert sich nur an der Sequenz der eintreffenden Frames, die durch ihre FrameID und die Länge bestimmt sind. Eine zeitgesteuerte Bearbeitung der Aufträge innerhalb des „reservierten Intervalls" hilft, die letzten Quellen von Ungenauigkeiten zu beseitigen.

Beim Einsatz von Mehrportswitches ist es notwendig, die Weiterleitungs-Informationen in den Feldgeräten zur Verfügung zu haben. Bei 2-Port-Switches, was die gängigste Ausstattung von

Feldgeräten ist, kann sich die Prüfung auf ein Minimum beschränken. Wenn ein Frame in der reservierten Phase empfangen wurde und die zugehörige FrameID und die FCS passen, wird das Frame als gültig bearbeitet.

5.16.2.3 Der Frame-Aufbau bei IRT

IRT nutzt für die Kommunikation den Ethertype 0x8892 und verzichtet auf den VLAN-Tag. Die Unterscheidung zu den RT-Frames ist allein durch die FrameID bei der Übertragung innerhalb eines Buszyklus gegeben. IRT-Kommunikation kann sowohl mit *Cut through* als auch mit *Store and Forward* arbeiten. Der Frame-Aufbau ist für RT_Class_2 und RT_Class_3 identisch.

Der Frame-Aufbau bei der IRT-Kommunikation ist wie folgt:

6 Bytes	6 Bytes	2 Bytes	2 Bytes	xx–1 440 Bytes	4 Bytes	4 Bytes
DestDest. Addr.	Src. Src Addr	Tag Ethertype 0x8892	Fra FrameID	RT-User data	APDU-Status	FCS FCS

☞ **Hinweis:**

RT_Class_3-Frames werden **immer** ohne VLAN-Tag übertragen, da sie allein durch den Ethertype und ihre FrameID aus dem Band der RT_Class_3 ausreichend identifiziert sind. Die theoretische Obergrenze bei den Anwenderdaten liegt aufgrund von reservierten Daten bei 1 440 Bytes.

5.16.2.4 Alarmmeldungen im Isochronous Mode

Alarmereignisse (z. B. Ausgänge konnten nicht rechtzeitig ausgegeben werden) bei einer IRT-Kommunikation werden über einen kommenden *Isochronous Mode Problem Notification Alarm* an den IO-Controller gemeldet (Kennung im Datenbereich der Alarm Notification). Der Ablauf ist ansonsten identisch wie bei der RT-Kommunikation.

5.16.3 Die Clock-Synchronisation

Zu C) In einem Netzwerk für hochgenaue Anwendungen ist eine sehr präzise arbeitende Synchronisation aller Teilnehmer erforderlich, die einen IRT-Port konfiguriert haben. Die Synchronisation muss dabei in Hardware integriert sein, da die erforderliche Jitter-Genauigkeit sonst nur erreicht werden könnte, wenn alle zu synchronisierenden Teilnehmer sternförmig angekoppelt sind. Solche Netzwerke wird man im Regelfall allerdings nicht vorfinden. Die Jitter-Genauigkeit ist im Wesentlichen abhängig von den verwendeten PHYs als Ethernet-Anschaltung. Mit handelsüblichen Switches ohne spezielle Vorkehrungen auf Basis von Multicast-Adressen ist die bei IRT geforderte Synchronisation nicht möglich, da die Verzögerung in einem Switch im Bereich von einigen Mikrosekunden liegt. Die Zeitsynchronisation erfolgt mit dem PTCP-Protokoll gemäß IEEE 61588.

Die Basis-Synchronisation erfolgt entkoppelt von den IRT-Mechanismen, da man erst einmal beim Systemhochlauf auf ein unsynchronisiertes Netz trifft. Die Synchronisation läuft gestuft ab, d. h. ein *Clock-Master* bestimmt das gemeinsame Taktsystem. Die anderen IRT-Geräte, die *Clock-Slaves*, synchronisieren ihr lokal vorhandenes Taktsystem auf den Takt des *Clock-Masters.* Ein *Clock-Master* sendet ein Synchronisier-Frame an alle beteiligten *Clock-Slaves.*

Zur Synchronisation der Teilnehmer auf einen gemeinsamen Clock sind die Berechnung des Line-Delays (inkl. PortDelays) zwischen den benachbarten Teilnehmern und die eigentliche Synchronisation erforderlich.

Um bei Standard-Komponenten eine hochgenaue Clock-Synchronisation zu erhalten, benötigt man die Verzögerung des Sync-Frames auf der Leitung (Line Delay). Der Zeitpunkt des Auslösens eines Syncs kann optional als separates Telegramm nach dem Sync übertragen werden (Follow Up). Durch die Zuordnung von *Clock-Slaves* zu einem *Clock-Master* wird eine IRT-Domäne gebildet.

Eine IRT-Domäne kann dabei mehrere IO-Systeme umfassen. Die IRT-Geräte dürfen dabei aber nicht unterschiedlichen IRT-Domänen angehören.

5.16.3.1 Prinzipieller Ablauf der Clock-Synchronisation

PROFINET IO führt die Clock-Synchronisation anhand des Protokolls *Precision Transparent Clock Protocol* (PTCP nach IEC 61158 und IEEE 61588) durch. Ein PTCP-Master verteilt das Sync-Frame an alle Slave-Stationen, die dieser IRT-Domäne angehören. Dieses Verfahren kann aufgrund seines Layer-2-Protokolls nur innerhalb eines Subnetzes angewendet werden. Mit diesem Protokoll ist es möglich, die Synchronisationsgenauigkeit der Kommunikations-Zyklen im Bereich kleiner 1 µs sicherzustellen. Die Funktionalität eines IRT-Clock Masters können sowohl ein IO-Controller als auch ein IO-Device übernehmen. Ob ein IO-Device die Funktionalität eines *Clock-Masters* unterstützt, ist in der GSD-Datei angegeben. Bei einem IO-Controller ist diese Information intern im IO-Controller hinterlegt. Da das Projektierungstool auf den entsprechenden IO-Controller zugeschnitten ist, stellt das auch kein Problem dar.

Für die Synchronisation sind zwei Schritte notwendig:

1. **Messung der Verzögerungszeit zwischen zwei Stationen**. Der „Delay-Requestor“ veranlasst das Messen des „Line Delays“. Der „Delay-Responder“ sendet den Frame wieder an den „Delay-Requestor“ zurück. Hierfür benötigt man 4 Zeitstempel in dem Requestor und Responder, wenn mit Follow-up-Frames gearbeitet wird (siehe Bild 5.37). Die Zeitstempelung kann aber auch direkt in einem ASIC mit integriertem Switch durchgeführt. Solche ASICs sind in der Lage, die Uhrzeit quasi „on the fly“ in das Uhrzeit-Frame einzutragen. Dann entfällt der *Follow-up*-Frame.
2. **Clock-Synchronisation zwischen einem PTCP-Master und den PTCP-Slaves** oder zwischen zwei Teilnehmern. Da jeder Teilnehmer das „Line Delay“ zu seinem Nachbarn kennt, kann er auf die übertragene Uhrzeit das „Line Delay“ direkt aufaddieren, das interne Delay bestimmen und die Uhrzeit/den Synchronisationsimpuls an seinen nächsten Nachbarn weitergeben.

Das PTCP-Protokoll nach IEC 61158 kennt vier verschiedene Synchronisations-Telegramme zum Synchronisieren des Clocks. Diese sind:

- PTCP-Sync,
- PTCP-FollowUp
- PTCP-DelayReq,
- PTCP-DelayRes.

Die Differenzierung der einzelnen Frames erfolgt anhand unterschiedlicher FrameIDs.

Die Synchronisation führt ein *Clock-Master* mit einem Multicast-Telegramm durch. Damit werden alle beteiligten Knoten auf dieselbe Basis eingestellt. Jeder Empfänger des Synchronisationstelegramms regelt den Takt mit dieser Synchronisationsinformation nach.

Ermittlung des Line Delays

Das Prinzip zur Ermittlung des „Line-Delays" ist im nachfolgenden Bild **beispielhaft** dargestellt:

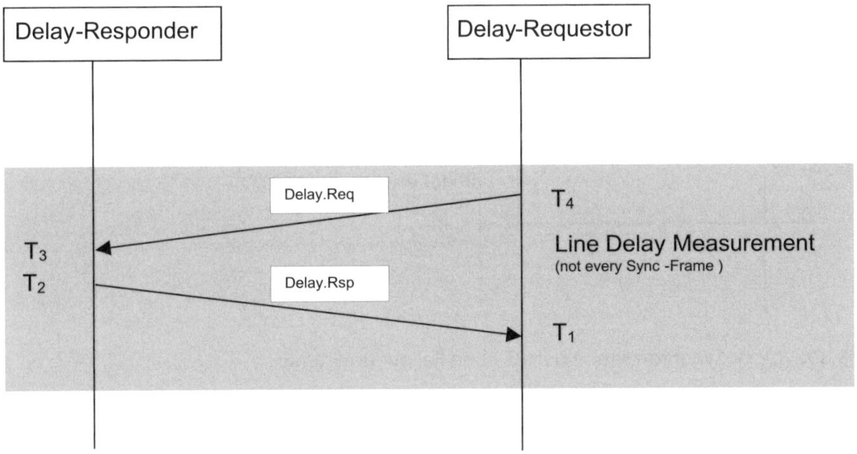

Bild 5.37: Schematischer Ablauf zur Berechnung des Line-Delays.

Erklärungen zum Bild:

Zum Zeitpunkt T4 sendet der Delay-Requestor einen Delay.req an den direkten Nachbarn, um die Messung des Line-Delays anzustoßen.

Zum Zeitpunkt T3 trifft dieser Request beim Delay-Responder ein und registriert den Zeitpunkt des Empfangs.

Nach einer Verzögerung im Switch des Delay-Responders sendet er das Delay.res an den Delay-Requestor zurück mit dem Zeitpunkt, bei dem der Delay.res ausgesendet wird.

Der Zeitpunkt des Eingangs des Delay.res wird beim Delay-Requestor gespeichert. Damit sind alle Zeiten vorhanden, um gemäß nachfolgender Formel das Line-Delay zwischen zwei benachbarten Teilnehmern zu berechnen:

Tid = [(T4 – T1) – (T3 – T2)] / 2

Die Clock-Synchronisation

Die Clock-Synchronisation ist in den Varianten mit und ohne Follow-up-Frame spezifiziert. Teilnehmer, die nicht in der Lage sind, die Zeit bereits in Hardware zu stempeln, arbeiten mit einem Follow-up-Frame. Teilnehmer (bei IRT immer) die die relative Zeit beim Empfang und beim Senden in Hardware stempeln können, arbeiten ohne Follow-up-Frame.

Follow-up-Frames werden allerdings immer von Teilnehmer zu Teilnehmer weitergeleitet, wenn sie einmal erzeugt wurden. Damit ist ein Mischen von Teilnehmern mit und ohne Follow-up möglich.

Beispiel einer Clock-Synchronisation bei IRT (ohne Follow-up)

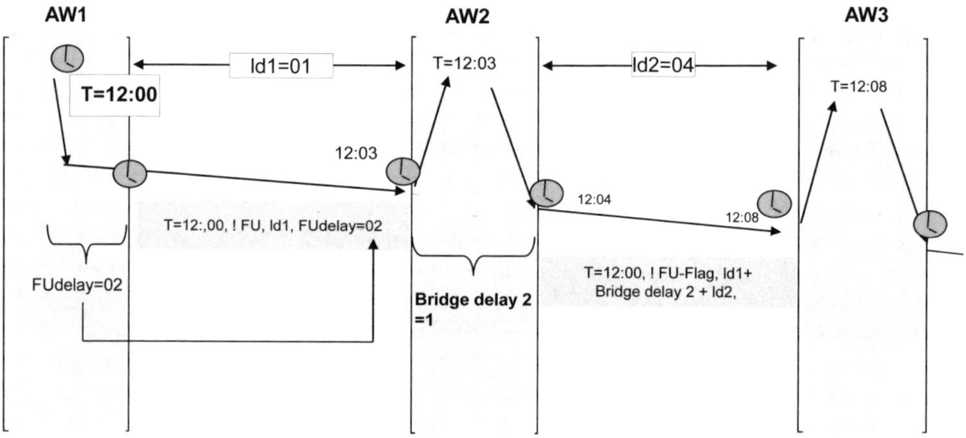

Bild 5.38: Clock-Synchronisation bei IRT ohne Follow-up-Frame.

Erklärungen zum Bild:

Jeder Teilnehmer ermittelt nach dem Einschalten das Line Delay zu seinen direkten Nachbarn und das interne Bridge Delay. Die Synchronisation der Clock-Slaves auf den Clock-Master läuft beispielhaft wie folgt ab:

Zum Zeitpunkt 12:00 sendet die Anwendung 1 (AW1) ein Synchronisationstelegramm aus. Unmittelbar beim Senden wird die interne Verzögerungszeit (Bridge Delay = FUdelay = 02) in das Frame eingeschrieben. Demnach wird im SYNC-Frame die Uhrzeit (12:00), das Line Delay (dieses wurde beim Start-up bereits mit ld1 = 01 ermittelt) und das FUdelay (interne Messung) übertragen. Im Frame wird ebenfalls die Kennung übertragen, dass kein *Follow-up*-Frame kommt.

Zum Zeitpunkt 12:03 (12:00 + ld1+ FUdelay) erreicht das Synchronisations-Frame den nächsten Teilnehmer (AW2). Dieser kann somit seinen Empfangszeitpunkt aktualisieren und sendet zum Zeitpunkt 12:04 (entspricht Empfangszeitpunkt 12:03 + internes Bridge Delay 2 = 1) das Synchronisations-Frame zur Anwendung AW3. Im Synchronisations-Frame werden nun die Informationen Ursprungs-Sendezeitpunkt (12:00) + line delay1 (01) + bridge delay2 (01) + line delay2 (04) übertragen.

Mit diesem Verfahren können alle Teilnehmer hochgenau synchronisiert werden.

Beispiel einer Clock-Synchronisation bei IRT (mit Follow-up)

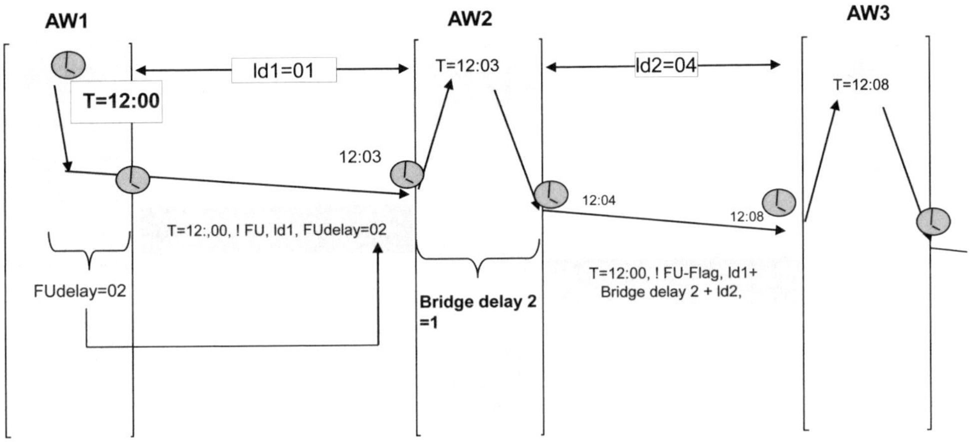

Bild 5.39: Beispiel einer Clock-Synchronisation mit Follow-up-Frames

Erklärungen zum Bild:

Zum Zeitpunkt 12:00 sendet die Anwendung 1 (AW1) ein Synchronisationstelegramm aus. Der Sendezeitpunkt wird festgehalten und in einem separaten Follow-up-Frame mit zeitlichem Versatz zum Nachbarn übermittelt (FU). Demnach wird im SYNC-Frame die Uhrzeit (12:00) und das Line Delay (dieses wurde beim Start-up bereits mit x1 = 01 ermittelt) übertragen. Im Frame wird ebenfalls die Kennung übertragen, dass ein *Follow-up*-Frame *(FU-Flag)* kommt. Das FU-Delay ist null.

Zum Zeitpunkt 12:01 (12:00 + ld1) erreicht das Synchronisations-Frame den nächsten Teilnehmer (AW2). Dieser kann somit seinen Empfangszeitpunkt aktualisieren und sendet zum Zeitpunkt 12:02 (entspricht Empfangszeitpunkt 12:01 + internes bridge delay2 = 1) das Synchronisations-Frame zur Anwendung AW3. Im Synchronisations-Frame werden nun die Informationen Ursprungs-Sendezeitpunkt (12:00) + line delay1 (01) + bridge delay2(01) + line delay2 (04) übertragen.

Nun müssen noch die Follow-up-Frames für alle Teilnehmer verarbeitet werden, um die vollständige Synchronisation zu erhalten. Im Follow-up-Frame wird anschließend von AW1 das FU-Delay (interne Messung dt = FU-Delay = 02) übertragen. Somit entspricht der Zeitpunkt bei AW2 nun 12:03 (Ursprungszeit 12:00 + line dalay x1 = 01 + FUdelay = 02) bei der vollständigen Synchronisation. Das Follow-up-Frame überträgt AW1 nun zu AW2 usw. Mit diesem Verfahren können alle Teilnehmer hochgenau synchronisiert werden.

5.16.4 Die Ermittlung des Buszyklus-Beginns bei IRT

In einem synchronisierten Bussystem errechnet sich jedes Device den Beginn des Buszyklus anhand der erhaltenen Sync-Frames (RTsync). Das RTSync-Frame wird nur im offenen Intervall gesendet, um möglichst wenig Bandbreite „zu verschenken". Sowohl bei RT_CLASS_2-

Kommunikation, als auch bei RT_CLASS_3-Kommunikation wird der Bus mit demselben RTsync-Frame synchronisiert.

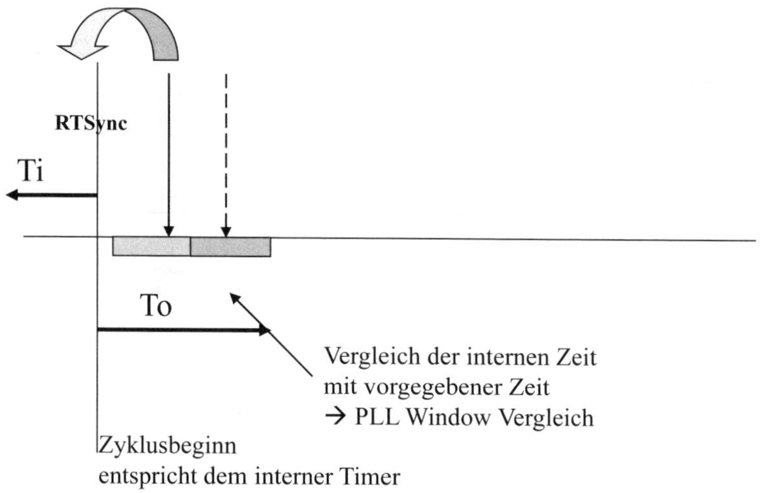

Bild 5.40: Mit der Clock-Synchronisation können bei PROFINET alle Busteilnehmer auf einen gemeinsamen Takt synchronisiert werden.

☞ **Hinweis:**

Im vorherigen Bild repräsentiert bei einer taktsynchronen Applikation Ti den Zeitpunkt, wann die Eingangsdaten vom Prozess eingelesen werden. Diese werden vom Zyklusbeginn abgeleitet. To bestimmt den Zeitpunkt für die Ausgabe der Ausgangsdaten an den Prozess, ebenfalls vom Zyklusbeginn abgeleitet.

Das Prinzip zur Berechnung des Buszyklus ist in nachfolgender Formel dargestellt.

Cycle begin = Entstehungszeitpunkt + Summe Delays + Delay zum direkten Nachbarn

Bei jedem erhaltenen Sync-Frame überprüft das IO-Device, ob das erhaltene Sync-Frame innerhalb des projektierten Windows (hier 1 µs) liegt und errechnet sich daraus iterativ den Beginn des Buszyklus.

5.16.5 Projektieren von IRT (RT_CLASS3)

Eine IRT-Domäne enthält mindestens einen *Clock-Master* (*Primary Clock Master*). Bei Bedarf kann ein weiterer redundanter *Clock-Master* projektiert werden (*Secondary Clock Master*). Ein *Secondary Clock Master* gehört dabei zur IRT-Domäne des *Primary Clock Masters*.

Bei einem präzise geplanten Übertragungsverfahren wie bei IRT muss der Frame-Transfer sowohl für die Endknoten als auch für alle Weiterleiteknoten auf dem Verbindungspfad geplant werden.

Ein Planungsalgorithmus benötigt als wesentliche Eingabedaten:

- die Topologie des Netzes und Leistungsdaten jedes einzelnen Knotens,
- die Datenmenge für den Provider und Consumer,
- den Quell- und den/die Zielknoten,
- die Verbindungen der Teilnehmer,
- die zu übertragende Datenmenge,
- die projektierten Eigenschaften des Verbindungspfades (wie redundante Übertragung) und
- die Projektierung der Sync-Geräterolle (*Primary Clock Master*, *Secondary Clock Master*, *Clock Slave*).

Die Topologie ist als die physikalische Verbindung der Ports der im Netz enthaltenen Switches definiert. Zur Topologie gehören aber auch wesentliche Zeitangaben zur Durchleitezeit von Frames durch einen Switch und zur Laufzeit auf der Verbindungsphysik zwischen den Ports benachbarter Switches.

☞ **Hinweis:**

In einer IRT-basierten Anlage kann die Automatisierungsanlage zuerst aufgebaut werden. Durch das LLDP-Protokoll werden alle Nachbarschaftsinformationen mit den beteiligten Teilnehmern ausgetauscht, die als Ergebnis dann in das Engineering-Tool geladen werden können. Damit kann die Automatisierungsanlage projektiert werden. Durch das Upload der Topologieinformationen kann die Offline-Projektierung entfallen. Damit spart sich der Anwender entsprechenden Projektieraufwand.

Die Ausgabedaten des Planungsalgorithmus sind für jede Übertragung und jeden Switch:

- der Empfangsport und/oder ein oder mehrere Sendeports,
- der exakte Transferzeitpunkt und
- die Einordnung in eine bestimmte Phase des Kommunikationszyklus bei Verwendung von untersetzten Zyklen.

Für die Planung der IRT-Kommunikation gibt es keine Differenzierung zwischen Controller und Device und zwischen Singlecast und Multicast. Es gibt nur ein Provider-/Consumer-Modell, d. h. es handelt sich um zu exportierende und zu importierende Daten. Der zyklische Austausch dieser Datensätze soll zeitlich so geplant werden, dass die insgesamt für den IRT-Bereich benötigte Zeit auf den Kommunikationsstrecken minimal wird. Wird ein zu exportierender Datensatz von mehr als einem Teilnehmer benötigt, so ist dabei eine mehrfache Übertragung des Datensatzes durch den Provider zu vermeiden. Ein Knoten kann ein Telegramm gleichzeitig über mehrere Ports aussenden. Dies gilt sowohl für den exportierenden Knoten als auch für alle durchleitenden Knoten.

Für die Planung der IRT-Kommunikation, die eine Optimierung der benutzten Kommunikationswege darstellt, wird ein zentraler Service (Planungsalgorithmus im Engineering-System) angenommen, da hierbei die gesamte Planung um einige Größenordnungen schneller durchgeführt werden kann als bei einem völlig dezentralen Verfahren. Weiterhin ist die zeitliche Abstufung der Kommunikationswege zu berücksichtigen, d. h. der Projekteur muss genau wissen, wann ein Frame welchen Kommunikationspfad benutzt.

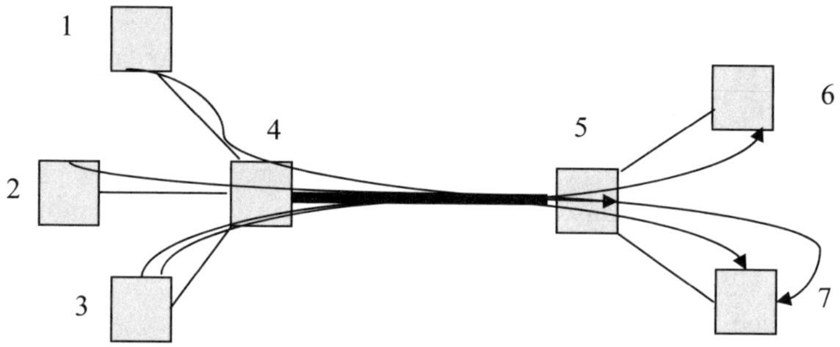

Bild 5.41: Die Optimierung der Kommunikationswege für eine IRT-Kommunikation ist bei der Projektierung zu berücksichtigen.

Wie im vorherigen Bild beispielhaft dargestellt, muss der Anlagenprojekteur im Vorfeld planen wie die Kommunikationswege innerhalb der Automatisierungsanlage aussehen. Es ist klar ersichtlich, dass der Kommunikationsweg von Teilnehmer 4 nach 5 das Nadelöhr in der Kommunikation darstellt, wenn die Teilnehmer 1, 2, 3 zu den Teilnehmern 5, 6 und 7 senden. Deshalb muss der Kommunikationsweg zwischen den Teilnehmern 4 und 5 zeitlich abgestimmt geplant werden.

Die Ergebnisse der Planung stellen dann (gegenüber Systemen mit adressbasierter Kommunikation) zusätzliche Parametrierdaten dar, mit denen die Teilnehmer geladen werden müssen.

5.16.6 Der Gerätetausch bei IRT

Wurde ein IO-Device getauscht, so muss es denselben Namen wie das ursprüngliche Device oder keinen Namen haben. Diese Regel sollte aus Sicherheitsgründen eingehalten werden. Dies kann beispielsweise durch Speichern des *NameOfStation* auf einem remanenten Datenträger (der in das getauschte IO-Device übernommen wird) sichergestellt werden. Eine weitere Möglichkeit besteht durch Auslesen der Nachbarschaftsinformationen.

Das getauschte IO-Device wird neu hochgefahren und erhält dadurch seine IRT-Projektierung. Eine Neuplanung durch den IRT-Planungs-Algorithmus ist nicht erforderlich, wenn es sich um denselben Gerätetyp handelt. Die unterschiedliche MAC-Adresse im Vergleich zu dem ursprünglichen Gerät ist dabei nicht relevant.

Wenn sich der Gerätetyp zwischen den getauschten Geräten unterscheidet, kann eine Neuplanung erforderlich sein. Dies ist beispielsweise der Fall, wenn die Zeitparameter (z. B. Durchlaufzeit durch die PHY (GSDML-Element)) unterschiedlich sind. Bei einem Gerätetausch zur Laufzeit liegt dies in Verantwortung des Anwenders.

Hinweis:
Aufgrund der höheren Performance wird man künftig hauptsächlich die IRT-Kommunikation der RT_Class_3 finden.

5.16.7 Die IRT-Definitionen in der GSD-Datei

Nachfolgend sind beispielhaft die wichtigsten Einträge für eine IRT-Kommunikation in der GSD-Datei dargestellt. Alle für die IRT-Kommunikation relevanten Definitionen sind in der aktuellen GSDML-Spezifikation ausführlich erklärt. Nachfolgender Extrakt anhand des Development Kits auf Basis des ERTEC200 dient deshalb mehr dem Verständnis.

Beispiel

```
<ModuleItem ID="ID_Mod_03" ModuleIdentNumber="0x00000003">
   <ModuleInfo>
      <Name TextId="TOK_TextId_Module_1I_Isochron" />
   <InfoText TextId="TOK_InfoTextId_Module_1I_Isochron" />
      <HardwareRelease Value="1.0" />
      <SoftwareRelease Value="1.0" />
   </ModuleInfo>
   <VirtualSubmoduleList>
      <VirtualSubmoduleItem ID="03" SubmoduleIdentNumber="0x0001" API="0">
         <IOData IOPS_Length="1" IOCS_Length="1">
            <Input Consistency="All items consistency">
               <DataItem DataType="OctetString"
                TextId="TOK_Inp_DataItem_1_Isochron" Length="1"
                UseAsBits="true" />
            </Input>
         </IOData>
         <ModuleInfo>
            <Name TextId="TOK_TextId_Module_1I_Isochron" />
            <InfoText TextId="TOK_InfoTextId_Module_1I_Isochron" />
         </ModuleInfo>
         <IsochroneMode IsochroneModeRequired="true" T_DC_Base="8"
          T_DC_Min="8" T_DC_Max="128" T_IO_Base="125000" T_IO_InputMin="1"
          T_IO_OutputMin="1" />
      </VirtualSubmoduleItem>
   </VirtualSubmoduleList>
</ModuleItem>
```

5.17 PROFINET Communication Schedule

PROFINET unterscheidet zwei Arten der Kommunikation, die unsynchronisierte und die synchronisierte Kommunikation. Die unsynchronisierte Kommunikation kann mit Standard-Netzwerk-Komponenten erreicht werden. Standard-Switches können für die synchronisierte Kommunikation nicht verwendet werden – insbesondere, wenn quasi parallel dazu noch eine Standard-IP-Kommunikation stattfinden soll.

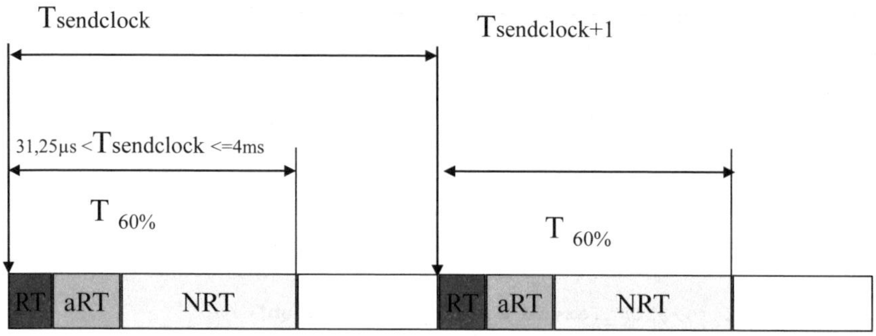

Bild 5.42: Das „Scheduling" einer unsynchronisierten Kommunikation.

Bei einer unsynchronisierten Kommunikation kann es vorkommen, dass beispielsweise durch einen nicht vorhersehbaren Schwall an UDP/IP-Frames das Ende des geplanten Buszyklusendes nicht eingehalten werden kann. Der Beginn des darauf folgenden Buszyklus verschiebt sich dann entsprechend, und das System würde nach einer unbestimmten Zeit außer Betrieb geraten. Deshalb muss PROFINET einen Mechanismus unterstützen, um den Sendedurchsatz zu kontrollieren.

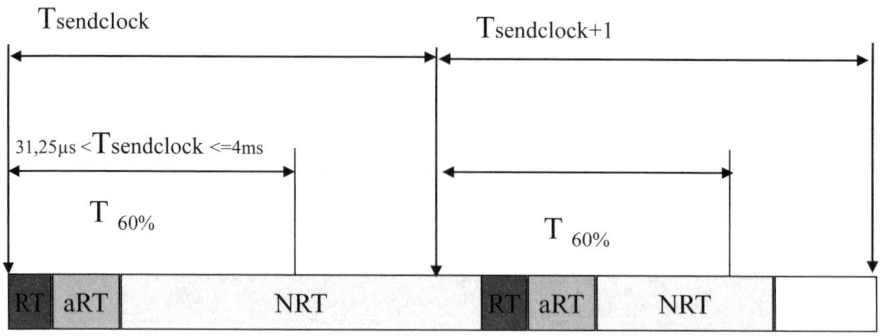

Bild 5.43: Die unsynchronisierte Kommunikation kann zu einer Überlastung führen.

Buszykluszeiten sind ab 31,25 µs einstellbar und sollten für eine Automatisierungsaufgabe bis mindestens 4 ms ausgelegt sein. Ein gewisser Sicherheitsfaktor ist deshalb einzuplanen, um eine Überlastung des Systems zu vermeiden. Wenn das Netzwerk so dimensioniert wird, kann man normalerweise mit einem stabilen Verhalten rechnen.

Folgende Regeln sollten bei einer unsynchronisierten Kommunikation beachtet werden:

- Alle RT-Frames müssen ausgesetzt werden, wenn der Beginn eines Buszyklus nicht korrekt beginnen kann.
- Die Übertragung der zyklischen RT-Frames sollte 50 % der Bandbreite des aktuellen Zyklus nicht überschreiten.
- Die Übertragung der Alarme sollte auf 10 % begrenzt sein.
- Im Durchschnitt sollten 60 % der Bandbreite für die gesamte Datenübertragung innerhalb eines Sendezyklus ausreichen.

Kommt es zu einer temporären Überlastung des Systems, sind folgende Maßnahmen definiert:

- Wenn zu Beginn eines neuen Sendezyklus das erste RT-Frame wegen lokaler Überlastung (aufgrund von noch zu sendenden RT-Frames) nicht gesendet werden kann, müssen alle RT-Frames für den gesamten Sendezyklus ausgesetzt werden.
- Wenn ein UDP/IP-Frame die verfügbare Bandbreite verletzt, wird es trotzdem zu Ende gesendet.

Die synchronisierte Kommunikation

Unterschiedliche Frames, die in einem Switched Ethernet auf denselben Port gesendet werden sollen, werden bei der unsynchronisierten Kommunikation nach dem FIFO-Prinzip (First in first out) verarbeitet. Mit VLAN-Tags kann zwar eine Priorisierung vorgenommen werden, aber das „queuing“ in einem Switch verursacht eine nicht vorhersagbare Verzögerung. Zur Verbesserung der Taktsynchronität muss deshalb Bandbreite für die RT-Kommunikation reserviert werden. Um einen klar definierten Beginn eines Buszyklus zu gewährleisten, ist es empfehlenswert, synchronisierte Kommunikationsmechanismen einzuführen.

IRT-Frames werden anhand der FrameID und des Ethertypes und der zeitlichen Lage in einem Buszyklus unterschieden. In der IRT-Phase werden deshalb nur IRT-Frames verarbeitet. UDP/IP-Frames werden gepuffert und in der adressbasierten Phase verarbeitet. Somit ist gewährleistet, dass IP-Frames die IRT-Frames nicht behindern.

Folgende Regeln müssen bei einer synchronisierten Kommunikation beachtet werden:

- RT-Frames dürfen nur in der UDP/IP-Phase kommen.
- Wenn ein UDP/IP-Frame in der IRT-Phase eintrifft, wird es gespeichert und erst im nächsten Zyklus weitergeleitet.

Hinweis:
Die Grenzen der IRT-Kommunikation, also Beginn und Ende des IRT-Zyklus, können applikativ sozusagen als Synchronisierimpuls betrachtet werden, um eine Anwendung zu starten. Dies wird der Applikation softwareseitig mitgeteilt.

Bei dieser Kommunikationsart werden zuerst die IRT-Frames, dann die RT-Frames und die aRT-Frames und am Ende die UDP/IP-Frames übertragen.

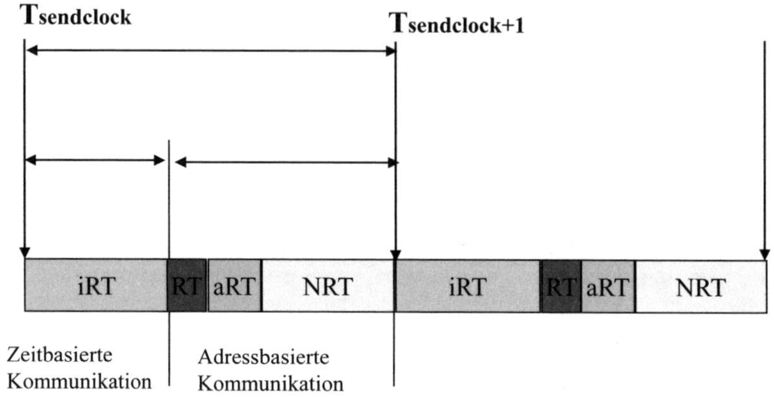

Bild 5.44: Die synchronisierte Kommunikation bei PROFINET IO ermöglicht den taktsynchronen Betrieb.

Hinweis:

Der Communication Schedule (RT, aRT, UDP/IP) wird innerhalb der verfügbaren Basissoftware durch den EDD (Ethernet Device Driver) in einem Feldgerät organisiert. Nur er kennt die Anzahl der zu übertragenden zyklischen Frames. Weiterhin kann ein Device nur einen Alarm high und einen Alarm low aktiv halten. Dadurch ist der Ablauf der zu übertragenden Daten vorgegeben. Die Applikation ist davon entlastet.

6 Die Performance-Optimierungen bei PROFINET IO

In einigen Bereichen der Automatisierungstechnik, wie in der Antriebstechnik, gelten höchste Anforderungen an die Performance, die in einzelnen Fällen über die bisherigen Möglichkeiten von IRT hinausgehen. Deshalb wurde es für solche speziellen Anwendungen notwendig, weitere Schritte zur Performanceverbesserung zu definieren. Das Ergebnis wurde in der Version V 2.3 der PROFINET IO-Norm definiert.

Eine kurze Wiederholung

Ethernet-Frames und damit auch PROFINET-Frames müssen beim Empfang zuerst identifiziert werden, um aus den Adressinformationen ableiten zu können, wohin das Datenframe weitergeleitet werden soll. In einem Ethernetframe werden zur Synchronisation 7 Octets Preamble und ein Start Frame Delimiter übertragen. Diese Sequenz der Bitsynchronisation ist heute nur noch aus Kompatibilitätsgründen vorhanden. Zur eindeutigen Identifizierung eines Frames muss ein Switch die Adressierungsinformationen im Telegrammheader auswerten. Weitere relevante Größen zum Weiterleiten von Frames im Switch innerhalb eines Netzwerkes sind das Bridge und Line Delay. Das Bridge Delay wird hier im Wesentlichen durch die Interpretation der Headerdaten bestimmt, die vom Switch für das Weiterleiten ausgewertet werden müssen. Deshalb muss der Switch solange warten, bis die FrameID erkannt wurde. Bei einem Standard RT-Frame sind beim Switch somit 28 Bytes beim Empfang abzuwarten, bis er die eindeutige Weiterleitung vornehmen kann.

Preamble **8 Octets**	**DA** **6 Octets**	SA 6 Octets	VLAN*) 4 Octets	Ethertype 2 Octets	**FrameID** **2 Octets**	Data	Trailer 4 Octets

← Minimum bridge delay = 28 Octets →

Bild 6.1: Bei Ethernetframes nach IEEE 802 müssen 28 Octets abgewartet werden, bis das Frame eindeutig identifiziert und weitergeleitet werden kann.

6.1 Das Fast Forwarding

Die vorher beschriebene Thematik war der Ansatz, Optimierungen zu definieren, um ein schnelles Weiterleiten von Datenframes zu ermöglichen. Das Ergebnis ist das Fast Forwarding, das nachfolgende Optimierungen enthält.

Eine erste Optimierung des Datenverkehrs ergibt die Integration der *FrameID* in die *DestMACAddr.* Somit verbleiben nur noch 14 Bytes bis zur kompletten Interpretation übrig.

Eine zweite Optimierungsstufe ist die Reduzierung des Line Delays. Dies ist nur möglich, wenn die *PortRxDelay*- und *PortTxDelay*-Werte reduziert werden können, also die Durchlaufzeiten in einer Bridge (Switch). Das Line Delay ist im Wesentlichen abhängig vom eingesetzten MAU-Typ

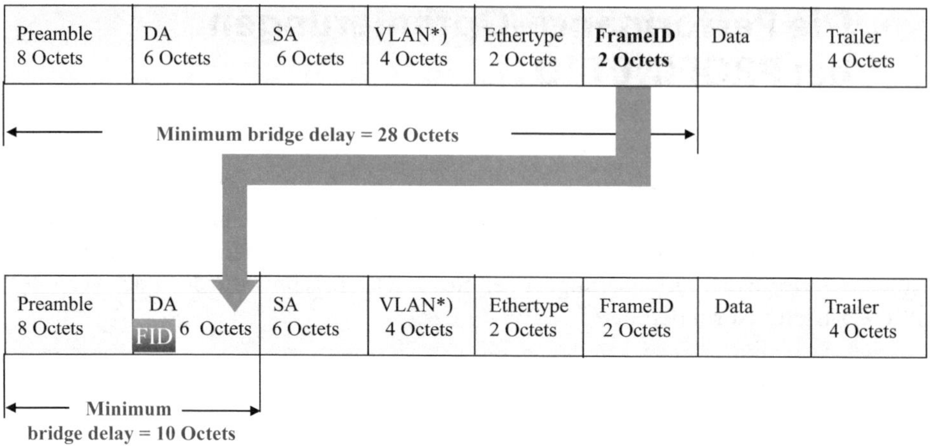

Bild 6.2: Bei der Performance-Optimierung wird die FrameID in die Destination Address verlegt.

(**M**edium **A**ttachment **U**nit). Die heutzutage verfügbaren MAU-Typen sind in der Lage, Ethernetframes bereits nach 2 Octets Preamble sicher zu detektieren. Daraus resultieren nur noch 4 Octets zum sicheren Ableiten der Weiterleitung eines Datenframes, wie im nachfolgenden Bild dargestellt.

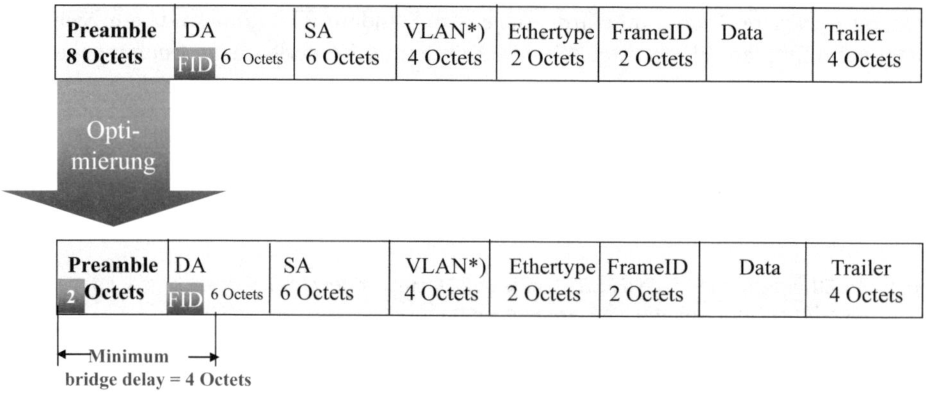

Bild 6.3: Ethernetframes können durch Optimierungen bereits nach dem Empfang von 4 Octets eindeutig detektiert werden.

6.2 Das Data Frame Packing

Eine weitere Optimierung beschreibt das Data Frame Packing. PROFINET IO bietet für den optimierten Datenaustausch von Real Time Daten besondere Unterstützung in Form des Data Frame Packing an (DFP). Um diese Optimierungsstufe nutzen zu können, sind folgende Voraussetzungen erforderlich:

Kenntnis der Topologie, um die Datenpakete in der erforderlichen Reihenfolge für die Endteilnehmer aufbauen und übertragen zu können.

Unterstützung der synchronisierten Kommunikation (IRT-Kommunikation), da sowohl beim Durchreichen von Datenpaketen die Sende-/Empfangszeitpunkte eingehalten werden müssen, als auch der Sendezeitpunkt zum Senden von „eigenen Frames" an den Zielteilnehmer.

Unterstützung des Fast Forwarding (FF): FF erkennt ein DFP-fähiges Feldgerät am speziellen Aufbau der OUI (siehe Bild 6.8).

Prüfungen beim Fast Forwarding

Für das Fast Forwarding benutzt PROFINET den optimierten Telegramm Header wie vorher beschrieben. Zur vollständigen Detektierung eines Datenframes genügen bei 2-Port-Switches einfache Prüfungen. Es ist ausreichend, zu überprüfen, ob das Frame in der reservierten Phase eingetroffen ist und ob die verwendete FrameID passt. Fast-Forwarding-Frames erkennt ein Teilnehmer an dem speziellen Aufbau der OUI innerhalb der *Destination Address*. Die Kennung hierfür sind die beiden höchstwertigen Bits.

Bei Mehrport Switches (> 2 ports) wird das Weiterleiten (Forwarding) über eine Weiterleit-Tabelle bewerkstelligt, die im Systemhochlauf portgranular für jede Kommunikationsrichtung vom IO-Controller geladen wird.

Wie funktioniert DFP?

DFP basiert auf dem Prinzip des Fast Forwarding, der Kenntnis der Anlagentopologie und der synchronisierten IRT-Kommunikation. In einem Datenframe überträgt PROFINET durch die Nutzung von DFP die gesamten Eingangs-/Ausgangsdaten für alle an der DFP-Kommunikation beteiligten Feldgeräte. Dadurch werden die Adressierungs- und Sicherungsinformationen nur einmal für alle beteiligten Feldgeräte übertragen, was die Dateneffizienz deutlich erhöht.

Das Senden von Ausgangsdaten

Durch die Kenntnis der Anlagentopologie baut der IO-Controller das Datenframe so auf, dass die Datenblöcke bereits in der richtigen Reihenfolge im Datenframe enthalten sind. Jedes an der Kommunikation beteiligte Feldgerät entnimmt seine Ausgangsdaten und aktualisiert das Frame hinsichtlich FCS. Dadurch wird der Datenframe bei jedem Consumer um die entnommenen Daten gekürzt und aktualisiert. Es ist konzeptbedingt sichergestellt, dass der letzte Teilnehmer in der Kette immer ein Ethernetframe mit Mindestlänge empfängt. Innerhalb des Datenframes ist der Datenteil für das entfernteste Feldgerät aus IOC-Sicht an erster Stelle im Datenteil des Frames zu finden. Der entfernteste Teilnehmer erhält demnach nur noch einen Frame mit seinen eigenen Datenteil.

Senden von Eingangsdaten

Der am weitesten entfernte Teilnehmer beginnt mit dem Senden seiner Eingangsdaten und generiert das Datenframe, bestehend aus Header (inkl. spez. *DestMAC Addr.*) der Data Unit und dem Trailer mit der Anfangs FCS. Jedes an der Kommunikation beteiligte Feldgerät baut seinen eigenen Frame mit Header und Trailer auf und hängt die gesamte Data Unit des empfangenen Frames an die eigene Data Unit an und aktualisiert den Trailer hinsichtlich FCS.

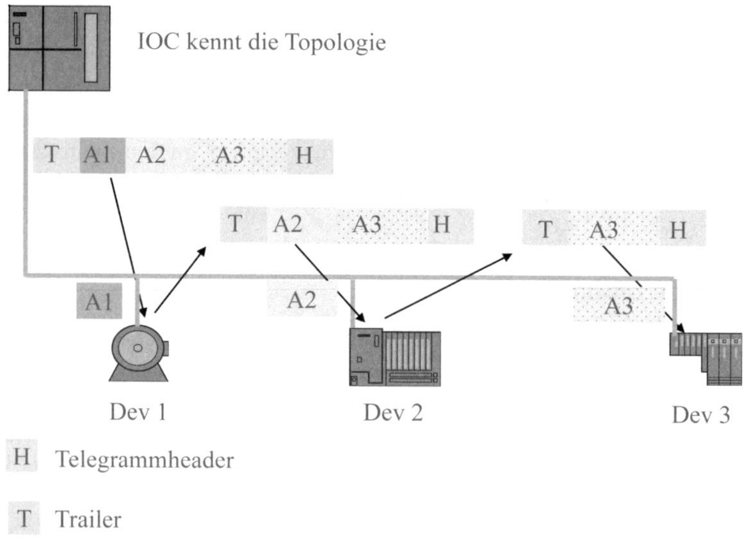

Bild 6.4: Das Senden von Ausgangsdaten an die DFP-Feldgeräte erfolgt gepackt in einem Frame.

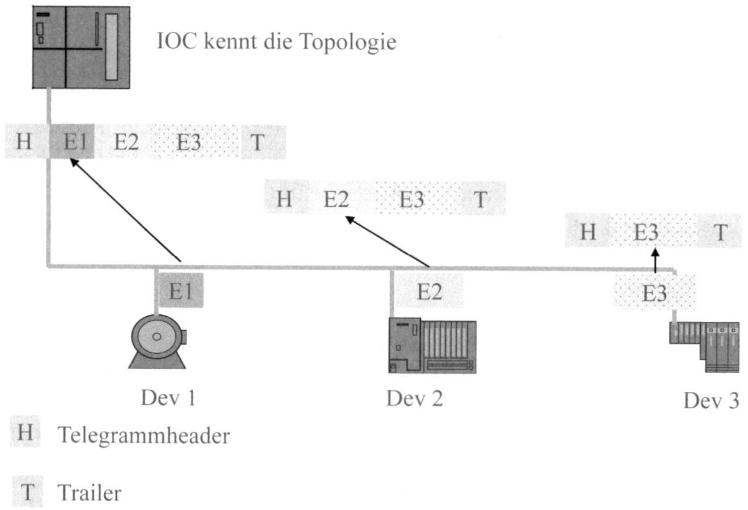

Bild 6.5: Das Senden von Eingangsdaten an den IOC erfolgt gepackt in einem Datenframe.

Hierzu ist ein exaktes Timing erforderlich, damit jedes Feldgerät genau weiß, wann es mit dem Senden beginnen kann, damit die zu sendenden Eingangsdaten lückenlos angehängt werden können. Dadurch ist auch das Bridge Delay optimiert. Der Datenaustausch erfolgt hier immer im Cut Through-Verfahren.

Das Modell des DFP unterstützt 2 Varianten. Die erste, das sogenannte „pack on transport" ist in den vorherigen Bildern dargestellt. Das zweite Modell ist die Endknotenvariante. In diesem Fall werden alle Subframes von einem IO-C und einem IO-D generiert. DFP ist auch End-to-End möglich, d. h. der IO-C sendet einen Frame mit allen Subframes zu einem IO-D. Das IO-D anwortet mit einem Frame in dem alle Subframes enthalten sind. Auf der Datenübertragungsstrecke ändert sich das Frame nicht.

Dieses Modell ist hervorragend für transparente Gateways geeignet, da es Transparenz und Performance vereint.

Hinweis:

In einer DFP-Domäne (Linie) können auch Nicht-DFP-fähige Feldgeräte angeschlossen sein. Sie müssen aber IRT-fähig sein, damit das Timing bei der Projektierung berücksichtigt werden kann.

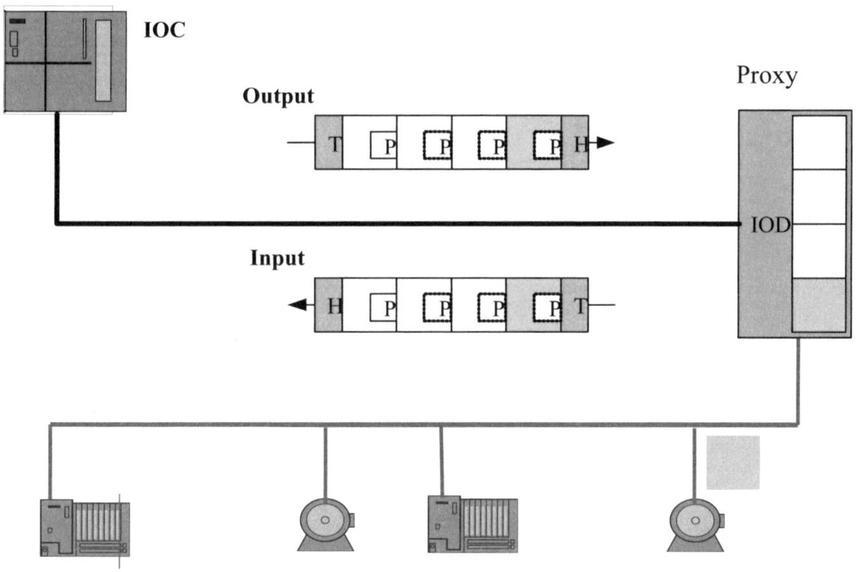

Bild 6.6: Das Prinzip der Endknotenvariante

6.3 Der DFP System-Hochlauf

DFP ist nur in Verbindung mit der IRT-Kommunikation möglich, da neben der Topologie-Kenntnis auch noch die synchronisierte Kommunikation von den Feldgeräten unterstützt werden muss. Der System-Hochlauf ist deshalb identisch dem IRT-Hochlauf. Erst nachdem vom IO-Device „ReadyForRT_CLASS3" gemeldet wurde kann diese optimierte Kommunikation durchgeführt werden. Im System-Hochlauf bekommt jedes an der DFP-Kommunikation beteiligte Feldgerät die Synchronisationsdaten mitgeteilt. Beginn der reservierten Phase und des eigenen Sendezeitpunkts von Eingangsdaten.

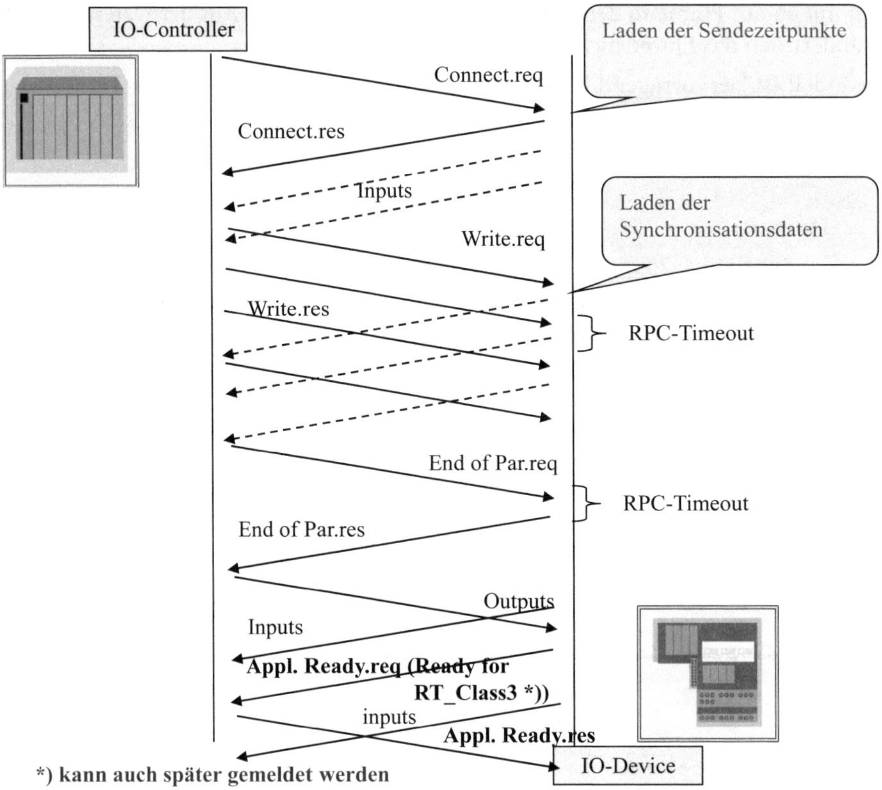

Bild 6.7: Beim Systemhochlauf von DFP muss vor dem Datenaustausch die Synchronität sichergestellt sein.

6.4 Der Frameaufbau bei DFP

Bei der Nutzung von DFP überträgt PROFINET die Daten für alle an der Kommunikation beteiligten Feldgeräte innerhalb eines Frames. Die Unterscheidung, ob es sich um ein DFP-Frame oder ein RT-/IRT-Frame handelt, erfolgt anhand des Aufbaus der Dest MAC Addr., die im nachfolgenden Bild dargestellt ist.

Das Weiterleiten von DFP-Frames

DFP-Frames werden im eingeschwungenen Zustand in der reservierten Phase empfangen und an die Zieladresse weitergeleitet. Im Connect-Frame bekommt das letzte Feldgerät in der Linie mitgeteilt, dass es das letzte Feldgerät in der Linie ist und das empfangene Frame nicht mehr weiterleiten darf. Da in den meisten Feldgeräten 2-Port-Switches integriert sind, kann sich die Prüfung der Frames auf ein Minimum reduzieren. Der Minimalcheck beinhaltet deshalb nur die Prüfungen, ob der Frame in der reservierten Phase empfangen wurde und die FrameID

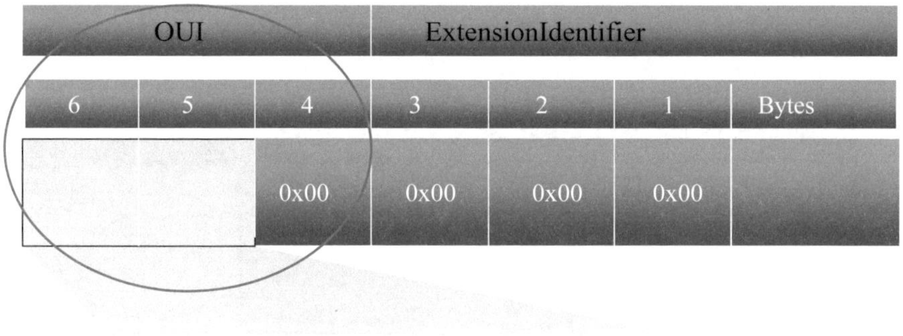

(I/G)	(U/L)	FrameID
1 Bit	1 Bit	14 Bit
0x01	0x01	0x0000-0x3FFF

(U/L) bedeutet „universally or locally administered address“
(I/G) bedeutet „Individual group address“

Bild 6.8: Fast-Forwarding-Frames haben einen speziellen Aufbau der *DestAddress*.

mit der DFP-FrameID übereinstimmt. Sind beide Prüfungen positiv verlaufen, wird der Frame entweder bearbeitet oder über den anderen Port an das Nachbarfeldgerät weitergeleitet. Für das Einhalten des Timings ist es ausreichend, wenn der Telegramm-Header in der reservierten Phase empfangen wird.

6.5 Fragmentierung von Frames im offenen Intervall

Durch die Einführung von DFP hat PROFINET einen entscheidenden Schritt zur Performance-Optimierung unternommen. Weitere Verbesserungspotenziale resultieren durch die Verkürzung der Buszykluszeiten. In Automatisierungsanlagen, bei denen Buszykluszeiten < 250 µs gefordert sind, ist es ohne Vorkehrungen nicht immer möglich, sowohl RT-Frames, Alarme und azyklische Dienste aufgrund der begrenzten Bandbreite im selben Zyklus zu übertragen, da bspw. ein maximales UDP/IP-Frame bereits ca. 125 µs der verfügbaren Bandbreite beansprucht. Deshalb ist es erforderlich, Datenpakete zu fragmentieren, d. h. so aufzusplitten, dass sie je nach Datengröße in 1 bis n Zyklen übertragen werden.

Frames, die fragmentiert werden, müssen entsprechend gekennzeichnet sein. Die Unterscheidung zu nicht fragmentierten Frames definiert PROFINET anhand eines bestimmten FrameID-Bandes. Für die Fragmentierung von Frames steht das FrameID-Band 0xFF80 – 0xFF8F zur Verfügung. Die niederwertigen 4 Bits werden dabei als Laufnummer verwendet zur Identifizierung der Reihenfolge.

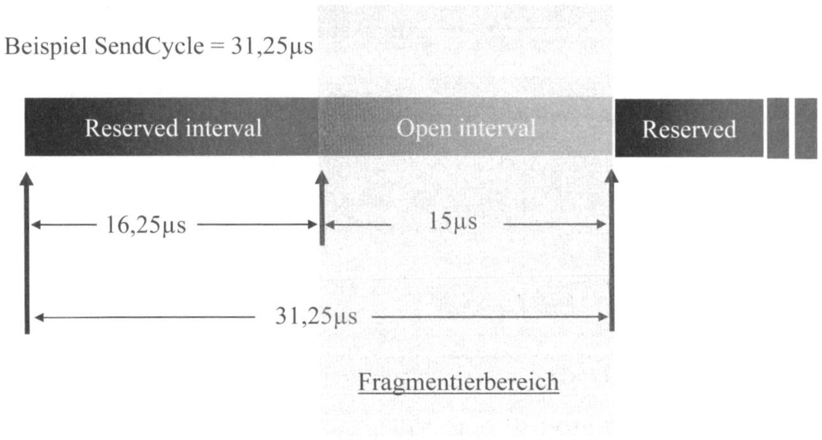

Bild 6.9: Bei kleinen Zykluszeiten werden Frames im „open interval" fragmentiert übertragen.

Das Prinzip der Fragmentierung

Durch die Einführung der Fragmentierung von Frames, die in der offenen Phase gesendet werden, ist es möglich, SendClocks von 31,25 µs zu realisieren.

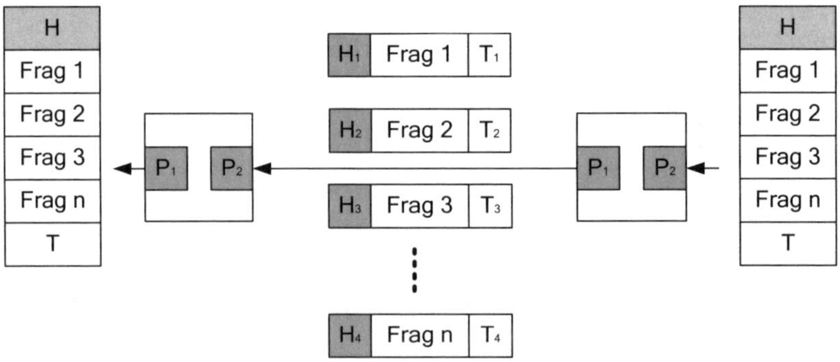

Bild 6.10: Bei Buszykluszeiten < 250 µs werden die Datenframes im offenen Intervall fragmentiert übertragen.

Die Generierung von Fragmenten soll sicherstellen, dass einerseits die Fragmente groß genug sind, um die verfügbare Bandbreite optimal auszunutzen. Andererseits müssen die erzeugten Fragmente auch klein genug sein, um in der offenen Phase übertragen zu werden. Der Idealfall wäre natürlich, Fragmente zu erzeugen, die genau die offene Phase ausfüllen. Die Erzeugung von Fragmenten kann dynamisch erfolgen.

Die nachfolgende Tabelle gibt einen Anhaltspunkt, wie eine sinnvolle Fragmentierung gemäß IEC 61158 aussehen kann.

Tabelle 6.1: Empfohlene Werte der zu sendenden Fragmente

SendClock	Offene Phase	Framelänge	Empfohlene Fragmentlänge
125 µs	> 51 µs	504	256
93,75 µs	> 41 µs	376	
62,5 µs	> 35 µs	304	
62,5 µs	> 31 µs	256	
31,25 µs	> 20 µs	192	128
31,25 µs	> 15 µs	128	

7 PROFINET IO und die Redundanz

7.1 Medien-Redundanz

Ethernet-Kommunikation ist ursprünglich für eine Punkt-zu-Punkt-Kommunikation mit Sterntopologie geschaffen worden. Damit ist aber noch keine erhöhte Anlagensicherheit geschaffen, da jedes Feldgerät nur über einen definierten Pfad erreichbar ist. Redundanz ist in einer Automatisierungsanlage in bestimmten Fällen notwendig, um die Verfügbarkeit der Feldgeräte zu erhöhen.

Bei der Ethernet-Kommunikation sind alle Feldgeräte über Netzwerk-Komponenten (Switch oder Hub) angeschlossen. Switches lernen dabei im Systemhochlauf, welche Kommunikationswege vorhanden sind, um die empfangenen Frames gezielt in den richtigen Pfad weiterzuleiten. Beim Ausfall einer Netzwerk-Komponente sind die im Kommunikationspfad dahinter liegenden Feldgeräte nicht mehr über diesen Kommunikationsweg „ansprechbar". Deshalb ist es notwendig, besondere Maßnahmen zu ergreifen, um die Anlagensicherheit zu erhöhen. Dies kann mit der redundanten Auslegung der Kommunikationspfade erreicht werden. Allerdings ist es nicht allein damit bewerkstelligt, eine Linienstruktur zu einem Ring zu erweitern, da dies ohne weitere Vorkehrungen zum Zusammenbruch des Netzwerkes durch das Aufkommen von zirkulierenden Frames führen würde. Es müssen weitere Vorkehrungen getroffen werden, um eine industrietaugliche Lösung zu schaffen.

Folgende Problematik ergibt sich durch die redundante Datenkommunikation, die beherrscht werden muss:

A) **Redundante Pfade können zum Zirkulieren von Frames führen**. Dies würde das Netzwerk unnötig belasten, und es bleibt die Frage offen, wie lange das Frame zirkulieren kann.

B) **Erkennen von redundanten Pfaden und Rekonfigurieren dieser Pfade im Fehlerfall.** Je nach Netzwerk-Struktur kann das mit den bestehenden Mechanismen mehrere 10 Sekunden dauern. Deshalb muss hier eine schnelle Umschaltung der Kommunikationswege erfolgen.

Abhilfemaßnahmen

Zu A) PROFINET-Feldgeräte werden ausschließlich über Switches als Netzwerk-Komponenten angeschlossen. Bereits bei der Projektierung eines redundanten Systems muss *ein* Teilnehmer als sogenannter Redundanz-Manager (Ring-Master) definiert werden.

Die Aufgabe eines Redundanz-Managers (RM) ist es, die durch die Anlagen-Projektierung vorgegebene Ringstruktur permanent auf Funktionsfähigkeit zu überprüfen. Dies erfolgt durch das Aussenden von zyklischen Testframes. Solange die Testframes von ihm selbst wieder empfangen werden, ist die Ringstruktur intakt. Damit werden Frames, die zusätzlich über einen anderen Port ankommen, nicht mehr weitergeleitet. Der RM verhindert somit das Zirkulieren von Frames. Der RM führt also eine Ringstruktur in eine Linienstruktur über. Das „innere Auftrennen" des Busses wird im RM aufgehoben, wenn er im Ring selbst ein Auftrennen durch Ausfall eines Teilnehmers erkennt. Im Fehlerfall ist es die Aufgabe des RM, alle an der Kommunikation beteiligten Clients

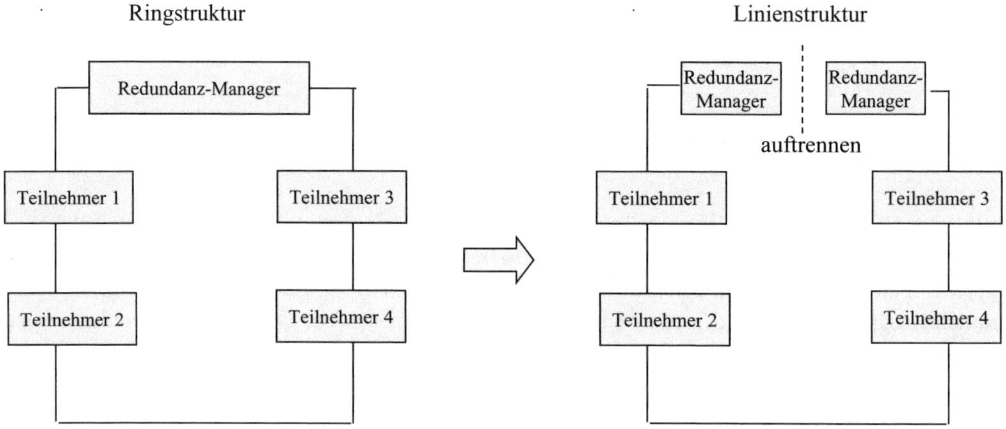

Bild 7.1: Das Verhindern von zirkulierenden Frames wird durch logisches Auftrennen des Busses erreicht.

(Switches als sogenannte Durchreicher) zu informieren, dass sie ihre interne Adresstabelle löschen und die neuen Kommunikationswege erlernen. In einem PROFINET-Ring kann es nur *einen* Redundanz-Manager geben.

Zu B) Die Methode zum Erkennen von zirkulierenden Frames ist im STP (**S**panning **T**ree **P**rotocol) oder RSTP (**R**apid **S**panning **T**ree **P**rotocol) nach IEEE 802.1D standardisiert. Dies kann beim STP mehrere 10 Sekunden dauern. Je einfacher die Netzstruktur ist und je weniger Teilnehmer vorhanden sind, desto schneller kann das Netzwerk rekonfiguriert werden. In Ringstrukturen sind Rekonfigurierzeiten mit RSTP von ungefähr 50 ms möglich.

7.1.1 Das Media Redundancy Protocol (MRP) nach IEC 62439-2 Ed 1.0

PROFINET IO unterstützt als optionalen Dienst das Media Redundancy Protocol (MRP). Das MRP-Protokoll beschreibt die Medien-Redundanz für Datenframes mit Umschaltzeiten im Fehlerfall von kleiner 200 ms. Dieses Protokoll ist feldbusunabhängig. Im Prinzip werden hier dieselben Mechanismen der Datenübertragung verwendet wie vorher beschrieben. Es wird lediglich unterschieden, in welcher Weise die unterschiedlichen Frames (UDP/IP- und RT-Frames) übertragen werden. Das Redundanz-Konzept ist feldbusübergreifend in der IEC 62439-2 Ed 1.0 definiert. Die PROFINET-spezifische Umsetzung der Medien-Redundanz ist in der IEC 61158 spezifiziert.

Für die Realisierung der Medien-Redundanz werden bei PROFINET IO nur „managed Switches" eingesetzt, deren Switch-Ports beispielsweise über SNMP oder Web-Services konfiguriert werden. Beim Einsatz des MRP-Protokolls werden alle PROFINET-Frames nur einkanalig, und zwar über den „gesunden" Kanal übertragen (zyklische und azyklische Daten). Hierfür sorgt der erforderliche MRM (**M**edia **R**edundancy **M**anager), der zyklische Testframes aussendet, um die Verfügbarkeit des Bussystems zu überprüfen. Diese Testframes werden mit Port-MAC-Adressen übertragen, damit ein Switch nicht umlernen muss, wenn er Datenframes vom selben Feldgerät über einen anderen Kommunikationskanal bekommt.

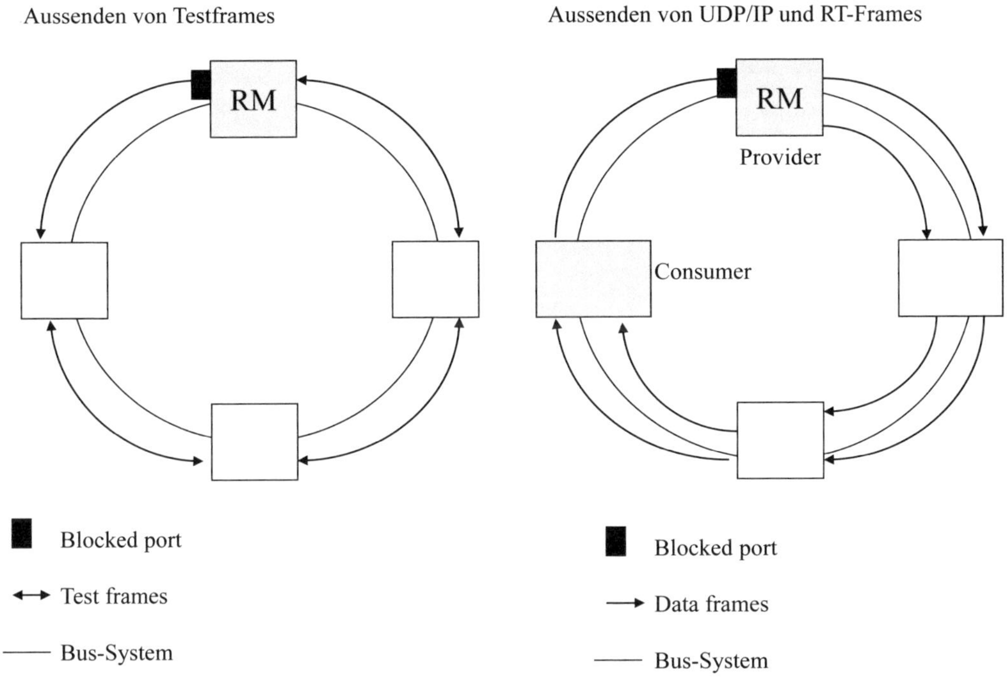

Bild 7.2: Die Medien-Redundanz mit UDP/IP erhöht die Anlagen-Verfügbarkeit.

Aus Sicht des MRM gibt es einen aktiven Port, über den der Datenaustausch erfolgt. Der „passive" Port wird als *blocked port* bezeichnet. Über ihn werden nur die Testframes, LLDP- und PTCP-Frames empfangen. Erkennt der MRM einen fehlerhaften Busstrang, schließt er den Bus logisch zwischen seinen beiden Switch-Ports. Durch das Öffnen des Busstrangs gibt es keinen „blocked port" mehr und aus aus dem Ring wird wieder eine Linie: Jeder Busteilnehmer ist wieder erreichbar. Beim Erkennen eines Busfehlers (Bus ist unterbrochen) schickt der MRM ein *MRP_Link_Change-Frame* an alle Teilnehmer. Daraufhin erlernen alle Switches die neuen Kommunikationswege.

7.1.2 Das Media Redundancy Protocol für IRT-Frames (MRPD)

Das MRPD-Protokoll (**M**edia **R**edundancy with **P**lanned **D**elay) beschreibt die stoßfreie Kommunikation der I/O-Daten im synchronisierten Datenaustausch. Diese Kommunikation ist in der IEC 61158 beschrieben. Die I/O-Kommunikation wird bei der MRPD-Kommunikation immer in beiden Richtungen (redundant) vom Provider zum Consumer übertragen. Der IO-Controller lädt hierzu die Weiterleit-Informationen („Fahrplan") für beide Kommunikationswege in den jeweiligen Switch-Port. Somit ist es unerheblich, welcher Teilnehmer ausfällt, da der „Fahrplan" für beide Wege in den Feldgeräten vorhanden ist. Die Kommunikationswege werden anhand der FrameID unterschieden. MRPD setzt immer auch die Existenz von MRP voraus, d. h. UDP/IP-Frames werden einkanalig übertragen. MRPD unterstützt auch den Aufbau von Doppelringen, da die Kommunikationswege im Vorfeld eindeutig geplant sind.

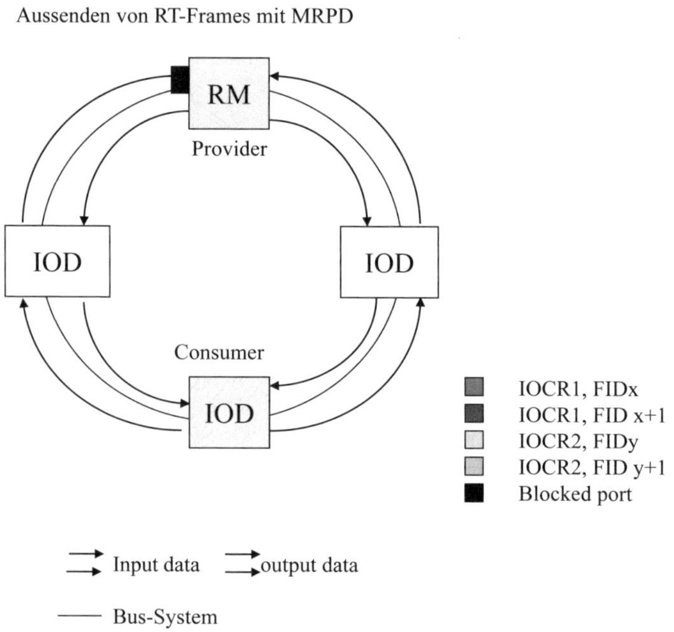

Bild 7.3: PROFINET unterstützt die stoßfreie Umschaltung des Kommunikationskanals für IRT-Frames.

Sowohl die Eingangsdaten vom Prozess (input data) als auch die Ausgangsdaten zum Prozess (output data) werden bei MRPD über beide Kommunikationswege übertragen. Dies erfolgt über die beiden, im System-Hochlauf aufgebauten *Communication Relations* (CR). Die Daten-Frames enthalten dabei unterschiedliche FrameIDs (FID) für den jeweiligen Kommunikationsweg. Im vorherigen Bild sind die Kommunikationswege beispielhaft mit FIDx und FIDy dargestellt. In Ausgaberichtung wurden für die Ausgabedaten die FIDx für den einen Kommunikationsweg und FID x+1 für den zweiten Kommunikationsweg gewählt. In Eingaberichtung sind dies die FIDy und FID y+1.

7.1.3 Die Medien-Redundanz und die GSD-Datei

Im folgenden Beispiel sind die wesentlichen Definitionen für Medien-Redundanz dargestellt:

Beispiel

```
<MediaRedundancy RT_MediaRedundancySupported="true"
   SupportedRole="Manager"
   DefaultRole="Manager"/>
   </InterfaceSubmoduleItem>
      <PortSubmoduleItem SubslotNumber="32769"
      TextId="ID_NAME_X1"
      MAUType="100BASEFXFD"
      MaxPortTxDelay="10"
```

```
MaxPortRxDelay="10"
SubmoduleIdentNumber="0x0002"
IsDefaultRingPort="true"
LinkStateDiagnosisCapability="Up+Down"
MAUTypes="100BASEFXFD 100BASEFXDD"
PortDeactivationSupported="true"
SupportsRingportConfig="true">
```

7.2 Die System-Redundanz

Eine redundante Kommunikations-Struktur liegt vor, wenn mindestens 2 ARs mit einem einfachen bzw. redundanten Network Access Point (NAP) etabliert sind. Hierbei kann das Netzwerk redundant oder auch nicht redundant ausgeführt sein.

Das System-Redundanz-Protokoll (SRP) ist vor allem in der Prozessindustrie sehr stark gefragt und definiert daher folgende Anforderungen an ein System-Redundanz-Konzept:

- Sie muss in allen Ebenen der Kommunikation verfügbar sein (IO-Controller, Kommunikation und IO-Device).
- Recovery time
  Die Zeit der Fehlererkennung und des Umschaltens muss schnell genug sein, um den Prozess aufrecht erhalten zu können. Die Zeit zum Wiederherstellen der Kommunikation wird als stoßfrei angesehen, wenn die Messwerte nicht länger als 500 ms eingefroren werden müssen.
- Diagnose
  Für alle redundant ausgelegten Teile ist es möglich, jeden einzelnen Fehler zu erkennen.
- Transparenz
  Applikationen wie bspw. PROFIsafe werden von der System-Redundanz nicht beeinflusst.

Weitere Anforderungen des **D**istributed **C**ontrol **S**ystems (DCS) sind:

- Das DCS-System kann ein Umschalten des Kommunikationspfads zum redundant ausgeführten IO-Device anfordern.
- Rückwirkungsfreier Ersatz eines fehlerhaften Elements.
- Die Netzwerklast darf nicht höher sein, als bei einem nicht redundant ausgeführtem Netzwerk.
- Jede Art der Ausführung von redundanten Hosts.
- Redundante NAPs mit einem redundant ausgeführtem Netzwerk garantieren, dass das Netzwerk auf IP-Ebene separiert sind.
- Die RT-Kommunikation von einem redundanten IOC muss nicht synchronisiert sein.

Das SRP-Konzept beschreibt lediglich die Zugriffsrechte zu einem redundant ausgeführten PROFINET-Device und die Statuskontrolle des jeweiligen IO-Devices. Die Verarbeitung der eigentlichen Prozessdaten ist Anwendersache.

Der aktive Kommunikationskanal wird als Primary-Kanal bezeichnet und der inaktive Kommunikationskanal ist der Back-up-Kanal. Zu einem Zeitpunkt kann immer nur ein Kommunikationskanal aktiv sein. Ein IO-C zeigt an, ob sein Kommunikationskanal aktiv ist. Das IO-Device wählt die aktive Verbindung aus. Aktiver und passiver Kanal können sich im Fehlerfall ändern.

Im Folgenden sehen Sie die prinzipiellen Möglichkeiten des System-Redundanz-Konzepts. Es werden 3 Typen der Device Verbindung unterschieden:

- einfacher NAP zu beiden IO-C (Bild 7.4, links),
- redundanter NAP zu beiden IO-C (Bild 7.4, rechts),
- redundanter NAP zu 4 IO-C (Bild 7.5).

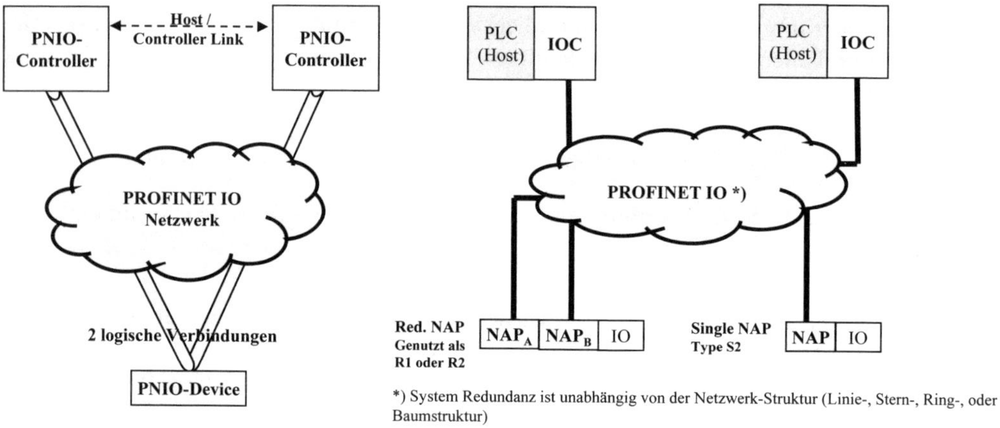

Bild 7.4: Die System-Redundanz ist bei PROFINET IO unabhängig von der Netzwerkstruktur.

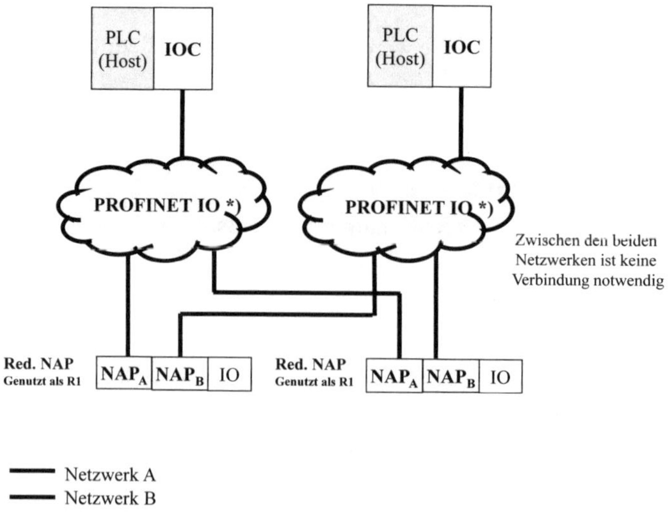

Bild 7.5: System-Redundanz bezieht die IO-Controller-Ebene, das Netztwerk und die IO-Devices-Ebene mit ein.

Bild 7.4 links zeigt das Grundprinzip der System-Redundanz. Ein IO-Device ist über eine redundant ausgeführte AR mit zwei unterschiedlichen IO-Controllern verbunden (Host-Redundanz). Die Controller-Controller-Kommunikation ist nicht im System-Redundanz-Konzept enthalten (sie ist als Profil definiert und über die PNO beziehbar). Im Bild rechts (linkes IO-Device) ist darüber hinaus der NAP auch redundant ausgeführt. Im rechten Teil des Bildes ist eine „Single NAP“ dargestellt.

Begriffserklärungen zur System-Redundanz:

Die Back-up AR ist die inaktive AR in der Kommunikation zwischen IO-C und IO-D. Sie ist allerdings bereit, aktiviert und zur Primary-AR zu werden.

Companion AR ist eine AR aus einem Satz von Ars, die zusammengehören. Über diese AR werden dieselben Module und Submodule adressiert.

NAP mit Back-up AR: Der Back-up NAP ist bereit ein Primary-NAP zu werden, wenn eine seiner ARs die Primary AR wird.

NAP mit Primary AR: Der NAP mit der Primary AR ist immer der NAP, der die Primary AR bedient. Er folgt dementsprechend auch der Primary AR nach dem Umschalten.

Network Access Point (NAP): Innerhalb der IEC 61158-x-10 bedeutet ein NAP ein „Modul mit Interface und Port-Submodulen“.

Primary AR ist die AR, die den aktiven Teil in der Kommunikation zwischen IO-C und IO-D einnimmt, um die IOs zu steuern.

Redundanter NAP ist ein Network-Access-Point-Paar, das dieselben IO-Module mit 2 oder 4 ARs ansteuern kann, bei dem eine AR die Primary AR ist und die anderen sind Back-up-ARs. Im Falle eines „Shared Device“ sind bei einem redundant ausgeführten NAP weitere ARs zu anderen IO-Controllern etabliert. Beide NAPs können eine Primary AR haben.

Redundant NAP Type R1 ist ein Network-Access-Point-Paar, das dieselben IO-Module über 2 unterschiedliche ARs (eine AR pro NAP) ansteueren kann. Im Falle eines „Shared Device“ sind bei einem redundant ausgeführten NAP weitere ARs zu anderen IO-Controllern etabliert.

Redundant NAP Type R2 ist ein Network-Access-Point-Paar, das dieselben IO-Module über 4 unterschiedliche ARs (zwei AR pro NAP) ansteueren kann. Im Falle eines „Shared Device“ sind bei einem redundant ausgeführten NAP weitere ARs zu anderen IO-Controllern etabliert.

Shared Device ist ein IO-Device, das getrennte ARs nutzt, um unterschiedliche Subsets von IO in einem IO-D zu steuern. Die ARs können von unterschiedlichen Hosts aufgebaut sein.

Shared redundant NAP ist ein Network-Access-Point-Paar, das dieselben IO-Module mit 2 oder 4 ARs ansteuern kann, also ein oder 2 ARs pro NAP zu einem IO-C. Beide NAPs benutzen getrennte SRP-ARs, um unterschiedliche Subsets von IO-Daten in einem Device zu steuern.

Shared single NAP: Ein NAP, der getrennte SRP-ARs nutzt, um Untermengen von IOs in einem IO-Device zu steuern. Die SRP-ARs können mit unterschiedlichen Hosts aufgebaut sein. Dieser NAP kann vom Type S1 oder S2 sein.

Single NAP: Ein einzelner NAP, der vom Typ S1 oder S2 sein kann.

Single NAP Type S1: Ein einzelner NAP inklusive seiner IO-Module, der nur eine AR zu einem redundant aufgebauten IO-Controller hat. Im Falle eines „Shared Device“ hat der einzelne NAP eine weitere AR zu einem anderen IO-C.

Single NAP Type S2: Ein NAP mit zwei ARs inklusive seiner I/O-Module, bei dem eine AR als Primary AR und die andere als Back-up AR arbeitet. Im Falle eines „Shared Device“ benötigt der einzelne NAP eine weitere AR zu einem anderen IO-C.

Switchover

Der Host/IO-C tauscht den „primary status einer AR“ mit der anderen AR innerhalb der zusammengehörigen Companion AR. Das IO-Device überträgt dann alle Daten über die neue Primary AR.

SRP-AR: Eine SRP-AR ist eine AR aus einem kompletten Set, die zur System-Redundanz benötigt wird.

System-Redundanz und Shared Device

Ein Shared Device kann von mehreren IO-Controllern gesteuert werden. Dazu benötigt es getrennte ARs zu den einzelnen IO-Controllern, um eine bestimmte Untermenge an IO-Daten in einem IO-Device ansteuern zu können. Generell sind System-Redundanz und „Shared Device“ unabhängig voneinander.

Bild 7.6 zeigt ein Beispiel der Kombination Shared Device und System-Redundanz. Die I/Os in einem Shared Device werden von 2 unterschiedlichen, redundanten Hosts gesteuert. Dies sind die redundanten SRP-AR--ARx1 und SRP-AR--ARx2. Man beachte, dass die ARa1 und ARb2 zur gleichen Zeit Primary sein können. Der redundante NAP muss das bewerkstelligen können.

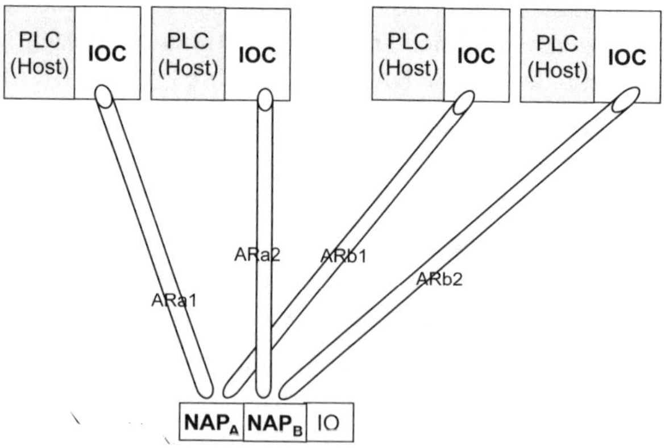

Bild 7.6: System-Redundanz ist auch für Shared Devices ausgelegt.

Wenn ein redundanter NAP nicht in der Lage ist, zur gleichen Zeit mehrere Primary_ARs in Verbindung mit einem Shared Device und einem redundanten Host-Paar zu unterstützen, dann ist das in der GSD-Datei für das redundante NAP einzutragen.

Ausführung eines redundant ausgeführten NAPs

Ein redundanter NAP (NAP A und NAP B) hat die PROFINET-Funktionalität auch redundant implementiert. Diese beiden Softwareteile synchronisieren sich, damit das Umschalten lückenlos

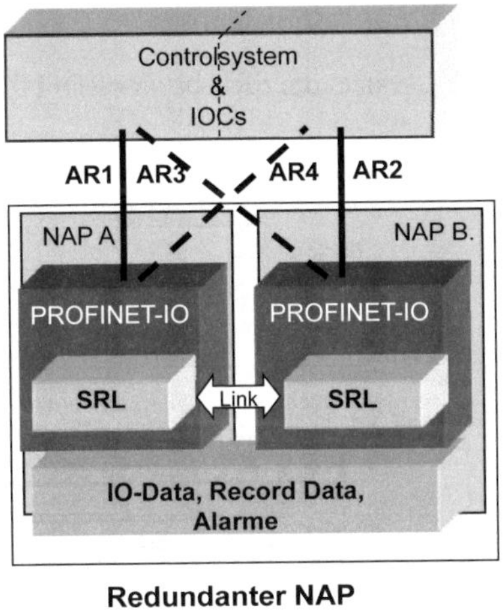

Bild 7.7: Bei einem redundanten NAP ist der System Redundancy Layer redundant ausgeführt.

funktioniert. Beim zyklischen Datenaustausch zeigt der Data_Status an, welche AR momentan aktiv ist (Primary oder Back-up), d. h. von welcher AR die Daten kommen.

Umschalten des Kommunikationskanals (Switchover)

Eine Umschaltung des Kommunikationspfades (switchover) kann nur vom IO-C angestoßen werden,

a) wenn die Primary AR ausfällt (dies wird beispielsweise im „DataStatus.Redundancy" im Trailer des Frames angezeigt),
b) aufgrund lokaler Bedeutung im IO-C/Host (wenn bspw. der Host das Switchover verlangt).

Aus Sicht des NAP im IO-D ist eine Switchover-Anforderung immer als Back-up nach Primary-Übergang angezeigt.

Für den SR-Layer (SRL) ist immer der Zustand der Output-CR maßgebend. Diese gibt an, welche AR Primary oder Back-up ist (DataStatus.State = 1). Das IO-D bestätigt das Erkennen der neuen Primary AR ebenfalls durch Setzen des DataStatus.State = 1 in allen Input CRs.

Das IO-D muss den DataStatus.State der Input-CRs von 1→0 nur ändern (primary nach backup) wenn irgendeine Output CR der vorherigen Primary AR den DataStatus.State nach 0 (backup) geändert hat. Gewissermaßen bestätigt das IO-D, dass es die Back-up-Anforderung vom IO-C erkannt hat.

> **Hinweis:**
> Das IO-D ändert den DataStatus.State der Input CR von primary nach backup nicht, wenn ein anderer IO-C seine AR nach Primary ändert. Wenn das Feldgerät so parametriert wurde, sendet das IO-D einen *Redundancy Alarm* auf der vorherigen *primary AR* (nun die *backup AR*), um den IO-C mitzuteilen, dass diese AR nicht mehr die *primary AR* ist.

Ablauf einer Umschaltung des Kommunikationskanals

Wenn die Primary AR ungültig wird, wartet der SRL, bis der RDHT (Redundancy DataHoldTimer) abgelaufen ist.

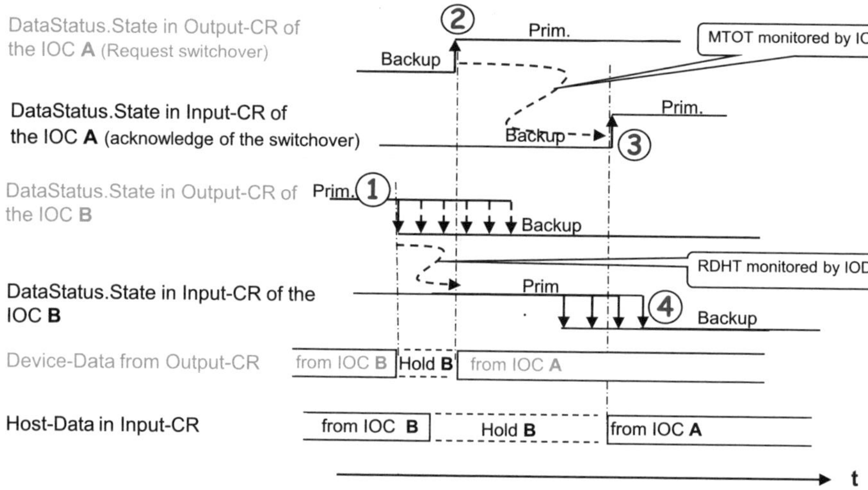

Bild 7.8: Die Umschaltung des Kommunikationskanals erfolgt immer durch den IO-Controller.

Die Umschaltung von Primary nach Back-up kann entweder vor oder nach Punkt (2) erfolgen.

- Erfolgt die Umschaltung der AR vor Punkt (2), wird der RDHT gestartet. Dieser überwacht die Zeit für das Switchover. Der MTOT (Maximum TimeOutTimer) und der RDHT Timeout sind typischerweise länger als die zu erwartende Umschaltzeit.
- In unserem Beispiel initiiert der IOC-A den Switchover. Der IOC ändert daraufhin alle Output-CRs von Back-up AR nach Primary. Der SRL führt eine interne Umschaltung auf die neue Primary AR durch. Die Outputs werden durch die neue Primary AR (IOC A) gesteuert und an die I/Os kopiert. Der SRL stoppt den RDHT.
  Solange die Primary AR aktiv ist, wird der Timer getriggert. Die RDHT-Zeit wird nicht mehr nachgetriggert, wenn die Primary-AR nicht mehr funktioniert oder zur Back-up AR wird. Daraufhin läuft die RDHT-Zeit ab und die Ausgänge werden vom IO-D in den sicheren Zustand versetzt. Alle betroffenen SR-ARs werden abgebaut.
- Quittierung des Switchover.
- Das IO-D überträgt die neuesten Eingangsdaten über die neue AR (IO-C A).
- Der SRL quittiert die neue Primary AR über alle Inputs CR = primary an den IO-C. Wenn die MTOT abläuft, werden ebenfalls alle relevanten ARs abgebaut.
- Die Input-CRs der alten Primary AR (IO-C B) werden zur Back-up. Das IO-D bestätigt die neue Back-up AR dem IO-C (hier IO-C B). Der Übergang zur Back-up AR kann vor Punkt (3) auftreten.
- Der SRL sendet alle laufenden Alarme über die neue Primary AR mit denselben Inhalten und speziell derselben *sequence number*. Neue Alarme werden nach dem Senden der laufenden Alarme übertragen.

- Der IO-C überwacht, dass das Umschalten der Kommunikationskanäle innerhalb der MTOT-Zeit abgeschlossen ist. Das Umschalten beginnt, wenn vom IO-C die Notwendigkeit des Umschaltens erkannt wurde (2). Die Umschaltzeit endet, wenn das IO-D das Umschalten quittiert hat (3).

7.3 Configuration in Run (CiR)

Eine weitere Forderung der Prozess-Industrie besteht darin, im laufenden Betrieb Daten (Ausbaugrad, Umschaltung von Messbereichen, ...) ändern zu können, ohne dass die Kommunikation und dadurch der laufende Prozess gestört werden. Die Antwort seitens der PROFINET-Kommunikation führte zur Realisierung der nachfolgenden Forderungen.

Allgemeine Forderung: stoßfreie Übernahme einer geänderten Konfiguration im PROFINET IO-System.

- **Zufügen und Entfernen von Devices:** Das Zufügen und Entfernen von IO-Devices in einem PROFINET IO-Netzwerk, ohne dass die Kommunikation mit anderen Devices gestört wird. Das funktioniert bereits mit der Standard IO-Kommunikation.
- **Der Austausch von Devices:** Der Austausch von Devices mit demselben Gerätetyp. Das funktioniert bereits mit der Standard IO-Kommunikation.
- **Zufügen und Entfernen von Modules/Submodules:** Das Zufügen und Entfernen von Modules/Submodules in einem IO-D in einem PROFINET IO-Netzwerk ohne die Kommunikation mit anderen IO-Ds oder die Kommunikation mit anderen Moduls/Submodules im selben IO-D zu stören.
- **Austausch von Submodules:** Der Ersatz von Submodule mit demselben Typ.
- **Parameter ändern:** Das störungsfreie Ändern von IO-D-Parameter, Modul- oder Kanalparameter, ohne dass andere IO-D davon beeinflusst werden, funktioniert auch mit der Standard IO-Kommunikation.

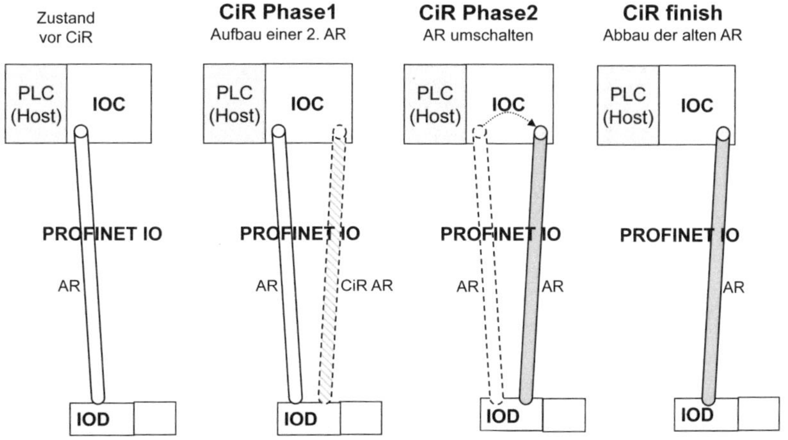

Bild 7.9: PROFINET unterstützt mit CiR das stoßfreie Ändern von Parameter, Module und Submodule.

Erklärung zum Bild:

Ein IO-D wickelt den gesamten Datenverkehr über eine AR ab, die im Systemhochlauf vom IO-C etabliert wurde. Während des laufenden Betriebs ist es bspw. notwendig, das IO-D um ein weiteres Modul zu erweitern. Ohne die Nutzung von CiR müsste das IO-D einen Reset durchführen, sodass die Kommunikation unterbrochen wird. In vielen Bereichen der Prozess-Industrie soll die Kommunikation aber lückenlos weiterlaufen. Deshalb baut der IO-C eine sogenannte CiR-AR auf (CiR Phase 1). Das IO-D prüft die Inhalte der CiR-AR und meldet dem IO-C die Funktionsfähigkeit zurück. Daraufhin schaltet der IO-C die neue AR aktiv, und das IO-D adaptiert sich lückenlos (CiR-Phase 2). Abschließend baut der IO-C die „alte" AR wieder ab.

8 Die PROFINET IO-Gerätebeschreibung

8.1 Einleitung

Die Funktionalität eines PROFINET IO-Devices ist immer in einer GSD-Datei beschrieben. In dieser Datei sind alle relevanten Daten enthalten, die sowohl für das Engineering als auch für den Datenaustausch mit dem IO-Device von Bedeutung sind.

PROFINET IO-Devices sind mit der XML-basierten GSD beschreibbar. Den internationalen Standards folgend, ist die Beschreibungssprache der GSD-Datei die GSDML (**G**eneral **S**tation **D**escription **M**arkup **L**anguage) entstanden. Wie der Name schon sagt, handelt es sich dabei um eine XML-Datei (e**X**tensible **M**arkup **L**anguage), die sprachenunabhängig ist. Am Markt sind heute viele XML-Parser vorhanden, mit denen XML-Dateien interpretiert werden können.

Jeder Hersteller eines PROFINET IO-Devices muss eine dazugehörige GSD-Datei gemäß GSDML-Spezifikation liefern, deren Prüfung auch Bestandteil eines Zertifizierungstests ist.

Zur Beschreibung von PROFINET IO-Devices stellt PI jedem Hersteller ein XML-Schema zur Verfügung. Dadurch ist ein leichtes Erstellen und Prüfen einer GSD-Datei möglich. Viele nachträgliche Eingabeprüfungen entfallen deshalb von Haus aus.

Mit XML steht eine Beschreibungssprache zur Verfügung, die über mehrere Ebenen die Eigenschaften einer Gerätefamilie beschreiben kann.

8.2 Nutzung von Schemadateien zur Validierung

Der Aufbau eines XML-Dokuments kann mithilfe einer Schemadatei überprüft werden. Man spricht in diesem Zuge von der Validierung eines Dokuments. Bei diesem Vorgang wird unter anderem geprüft, ob die Element-Struktur und die im XML-Dokument verwendeten Attribute mit der Schemadefinition übereinstimmen. In der Schemadatei ist beispielsweise hinterlegt, ob ein Attribut vorhanden sein muss oder ob dieses Attribut optionalen Charakter hat.

Die Validierung selbst erfolgt durch einen XML-Parser. Eine weitere Möglichkeit, den korrekten Aufbau einer GSD-Datei zu überprüfen, ist durch das Tool „PROFINET XML Viewer" gegeben, das über die Webseiten der PNO zum Download angeboten wird. Sollten Sie dieses Tool nutzen, benötigen Sie kein Know-how über die Funktion und Anwendung von Schemadateien, da diese vom PROFINET XML-Viewer automatisch installiert und zur Validierung herangezogen werden. Sie können in diesem Fall dieses Kapitel überspringen.

8.3 Anwendung der Schemadateien im GSDML-Kontext

Die GSDML-Schemadateien werden vom PNO-Arbeitskreis erstellt, gepflegt und über den PNO-Webserver zum Download bereitgestellt.

Mithilfe eines validierenden XML-Parsers ist ein Autor einer GSD-Datei nun in der Lage, eine vorliegende GSD-Datei gegen das Schema zu prüfen und gegebenenfalls zu korrigieren.

Beim Import einer GSD-Datei in ein Tool kann dieses als ersten Schritt ebenfalls automatisch gegen die Schemadateien prüfen und im Fehlerfall den Import einer GSD-Datei abweisen.

8.4 Schemadateien der GSDML

Zur Validierung einer GSD-Datei sind vier Schemadateien erforderlich. Diese bauen wie folgt aufeinander auf:

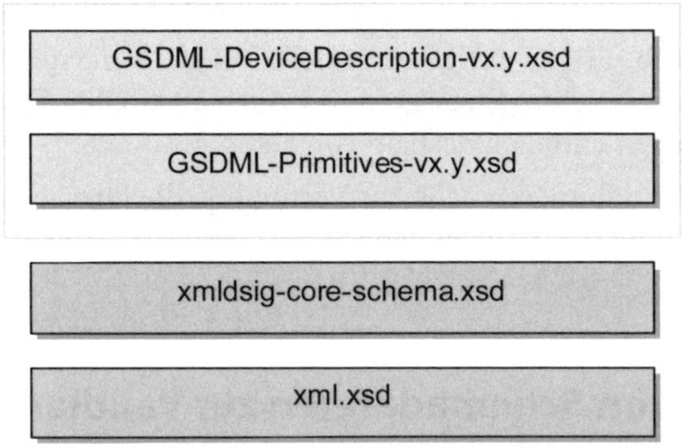

Bild 8.1: Der GSDML-Schema-Layer

Die Schemafiles werden von unterschiedlichen Gruppen gepflegt und weiterentwickelt. Die GSDML-Schemata basieren auf den Grundlagen der *XML@PROFIBUS* Guideline, die ebenfalls über den PNO-Webserver geladen werden kann. Hierzu dient die URL zur Namespace-Identifikation gleichzeitig zum Download der Schemadateien.

8.5 Die Validierung einer GSD-Datei

XML-Dateien haben den großen Vorteil, dass deren Inhalt durch ein separat (ebenfalls in XML) erstelltes Schema überprüft werden kann. Somit bekommt der Ersteller einer GSD-Datei eine Hilfestellung, welche Daten er in welchem Format eingeben muss. Die Vorgabe ist in der Schemadatei definiert und wird von PI zur Verfügung gestellt. Die Validierung selbst erfolgt durch einen XML-Parser. Die Schemadatei ist durch die Endung.xsd gekennzeichnet.

Die Spezifikation zur Erstellung eines XML-Schemas ist unter *http://www.w3.org/XML/Schema* zu finden.

8.6 Namensgebung bei GSD-Dateien

Die Namensgebung bei GSD-Dateien ist standardisiert. Im Folgenden sehen Sie den Aufbau eines gültigen GSD-Dateinamens.

GSD-[GSD Schemaversion]-[Herstellername]-[Name der Gerätefamilie]-[Datum].xml

Die in den eckigen Klammern beschriebenen Schlüsselwörter haben folgende Bedeutung:

GSD Schemaversion beinhaltet die Versionkennung des verwendeten Schemas. Diese Versionskennung muss der Versionskennung im Dateinamen der GSD-DeviceDescription-[GSD-Schemaversion].xsd entsprechen.

Der **Herstellername** entspricht dem Namen des Geräte-Herstellers. Bindestriche und Leerzeichen im Namen sind zulässig.

Der **Name der Gerätefamilie** definiert, welche Gerätefamilie in der GSD beschrieben wird. Bindestriche und Leerzeichen im Namen sind zulässig.

Das **Datum** der Freigabe der GSD-Datei ist im Format *yyyymmdd* anzugeben. Der Hersteller muss garantieren, dass nicht unterschiedliche GSD-Dateien mit gleicher Datumskennung für die gleiche Gerätefamilie verfügbar sind.

Beispiel für einen gültigen Dateinamen:

GSD-V1.5-FirmaX-IOdevice-20070801.xml

8.7 Die Geräte-Identifikation

Jedes PROFINET IO-Feldgerät ist durch eine Geräte-Identifikation gekennzeichnet, die eine eindeutige Referenz zwischen Feldgerät und GSD-Datei darstellt. Im Hochlauf überprüft das IO-Device die vom IO-Controller übermittelte Geräte-Identifikation mit der hinterlegten Kennung. Der Aufbau einer Geräte-Identifikation ist folgendermaßen definiert:

VendorID (Word)		DeviceID	
xx	xx	Byte	Byte

VendorID: eine 16-Bit-Kennung, die eine eindeutige Referenz zur Herstellerfirma darstellt. Diese wird von der PNO für jeden Hersteller vergeben. Eine Herstellerfirma braucht diese ID nur einmal bei der PNO anzufordern.

DeviceID: Die DeviceID dient der detaillierteren Unterscheidung der IO-Feldgeräte. Sie kann herstellerspezifisch festgelegt werden (z. B. Geräteklasse und Gerätefamilie).

Hinweis:

Eine GSD-Datei für PROFINET IO-Feldgeräte ermöglicht es, mehrere Geräte (genauer gesagt DAPs) in einer Datei zu definieren, die über dieselbe Device Identification referenziert sind. Deshalb sollte der Hersteller einer Gerätefamilie, bestehend aus unterschiedlichen DAPs, sich im Vorfeld überlegen, wie übersichtlich er seine GSD-Datei gestalten kann. Es ergibt normalerweise wenig Sinn, DAPs mit unterschiedlicher Funktionalität (die untereinander nicht austauschbar sind) in einer GSD-Datei zu definieren. Weiterhin ist zu überlegen, wie sich künftig funktionelle Änderungen bei DAPs in der GSD-Datei auswirken. Es sollte immer darauf geachtet werden, dass nur eine (alktuelle) GSD-Datei für den Anlagenbetreiber zur Verfügung steht und dass die Rückwärtskompatibilität immer gewährleistet ist.

8.8 Die Struktur einer GSD-Datei bei PROFINET IO

Die GSD basiert auf dem Standard ISO 15745 und besteht aus dem **ProfileHeader** und dem **ProfileBody**.

Der ProfileHeader

Ein Ausdruck des ProfileHeaders in Textdarstellung sieht folgendermaßen aus:

```
<ProfileHeader>
   <ProfileIdentification>PROFINET Device Profile</ProfileIdentification>
   <ProfileRevision>1.00</ProfileRevision>
   <ProfileName>Device Profile for PROFINET Devices</ProfileName>
   <ProfileSource>PROFIBUS Nutzerorganisation e. V. (PNO)</ProfileSource>
   <ProfileClassID>Device</ProfileClassID>
   <ISO15745Reference>
      <ISO15745Part>4</ISO15745Part>
      <ISO15745Edition>1</ISO15745Edition>
      <ProfileTechnology>GSDML</ProfileTechnology>
   </ISO15745Reference>
</ProfileHeader>
```

Der Profile Body

Die eigentliche Beschreibung eines PROFINET IO-Feldgeräts erfolgt hier. Er ist (gemäß ISO 15745) weiter untergliedert in einen

- DeviceIdentity-Block (VendorID, DeviceID, InfoText, VendorName),
- DeviceFunction-Block (Family, MainFamily und ProductFamily) und einen
- ApplicationProcess-Block.

Die wichtigsten Abschnitte des ApplicationProcess-Blocks sind:

Die **DeviceAccessPointList** enthält die Beschreibung des Ausbaugrades und der einzelnen Interfacemodule. Wie bereits erwähnt, kann eine GSD-Datei die Beschreibung für beliebig viele Interfacemodule enthalten. Die Summe aller Interfacemodule bildet dann eine Gerätefamilie.

Die **ModuleList** enthält die Beschreibung der einzelnen Module eines Geräts. Diese können steckbar (modulare Geräte) oder fest in ein Gerät integriert sein (kompakte Geräte). Als Untermenge einer ModuleList kann eine *VirtualSubmoduleList* angegeben werden. In diesem Bereich sind alle Submodule definiert, die in einem Modul zur Verfügung stehen. *Virtual* bezeichnet hier, dass sie nicht hardwaremäßig vorhanden sind, sondern nur logisch innerhalb eines real existierenden Moduls adressiert werden können, um die Prozessdaten den entsprechenden Modulen zuordnen zu können. Die Aufteilung der *VirtualSubmodules* ist Anwendersache.

☞ **Hinweis:**

Module und Submodule repräsentieren die Definitionen von I/O-Baugruppen innerhalb einer GSD-Datei. Diese Module/Submodule können in den definierten Baugruppensystemen in den jeweiligen physikalischen Slots/Subslots eingesetzt werden. Während des Anlagen-Engineerings weist der Projekteur die selektierten Module den realen Steckplätzen (Slots) in einem Baugruppensystem zu.

Die **ValueList** enthält für einzelne Parameter eines Geräts neben dem Parameternamen die Verbindung zwischen einem konkreten Wert und einem zugehörigen Text.

Die **ChannelDiagList** enthält die Zuordnung zwischen einem Kanalfehler eines Geräts und den entsprechenden Texten (Diagnosetexte).

Die **GraphicsList** enthält Referenzen zur grafischen Darstellung eines Geräts.

Die **CategoryList** dient zur Gliederung und besseren Auffindbarkeit innerhalb des Modulkatalogs eines Engineering-Systems.

Die **ExternalTextList** enthält sämtliche Texte, die von den anderen Abschnitten referenziert werden können.

Beschreibung von RecordDataItems

In einer GSD-Datei werden die Parameter der einzelnen Submodule in der *VirtualSubmoduleList* beschrieben. Parameter eines Submoduls, die in den *ParameterRecordDataItem* definiert sind, werden automatisch im Anlauf vom IO-Controller an das Submodul übertragen.

Über das Attribut *Transfersequence* kann festgelegt werden, in welcher zeitlichen Reihenfolge die einzelnen *ParameterRecordDataObjects* übermittelt werden.

☞ **Hinweis:**

Oftmals ist es notwendig, bei der Inbetriebnahme dynamische Parameter zu ermitteln und in das Feldgerät zu laden. Diese können natürlich nicht in der GSD-Datei beschrieben werden, da sie zum Definitionszeitpunkt noch nicht feststehen. Das Tool Calling Interface (siehe Abschn. Das Tool Calling Interface) bietet hier eine herstellerübergreifende, standardisierte Schnittstelle, die von jedem Feldgerätehersteller auf einfache Weise implementiert werden kann.

8.9 Die Erstellung von GSD-Dateien

Eine GSD-Datei lässt sich mit nahezu jedem Texteditor erstellen. Ein Nachteil ist allerdings, dass bei der Eingabe keine Unterstützung angeboten wird. Es gibt zwei unterschiedliche Gruppen von XML-Tools:

Validierende XML-Parser überprüfen, ob ein vorliegendes XML-Dokument dem vorgegebenen Schema entspricht.

XML-Editoren bieten eine Unterstützung beim Editieren eines XML-Dokuments und haben in der Regel einen integrierten XML-Parser oder eine Schnittstelle zu einem externen XML-Parser.

Die einzubindenden Schemata sind beim Download der „GSDML-Specification" von der PI-Webseite (*www.profinet.com*) enthalten.

8.10 XML-Editoren

Ein Beispiel eines XML-Editors ist der „XML-Spy". Er hat einen „build-in" XML-Parser, mit dem eine GSD-Datei überprüft werden kann. Zu beziehen ist XML-Spy unter *www.altova.com*.

Andere XML-Editoren können natürlich auch verwendet werden. Eine ausführliche Beschreibung der GSD-Datei inklusive der benötigten Schemata steht unter www.profinet.com zum Download bereit.

8.11 Der GSDML-Viewer

Zum komfortablen Anschauen einer GSD-Datei für PROFINET bietet PI einen GSDML-Viewer unter *www.profinet.com* an. Mit ihm können GSD-Dateien ohne große Vorkenntnisse angesehen und überprüft werden.

8.12 Die Eindeutigkeit einer GSD-Datei

In einer GSD-Datei sind sowohl die Device Identification, die Busanschaltung und die zugehörigen Module/Submodule definiert, um eine eindeutige Referenz zwischen Gerätebeschreibung und den Ein-/Ausgabebaugruppen herzustellen. Diese Definitionen müssen für den Anlagenbetreiber eindeutig sein, was auch beim Zertifizierungstest überprüft wird. Im folgenden Kapitel ist deshalb ein Leitfaden angegeben, wie die Eindeutigkeit einer GSD-Datei gewährleistet werden kann. Dazu gibt es einerseits Anforderungen aus der PROFINET-Norm und andererseits die Beschreibung in der GSD-Datei.

Anforderungen aus der PROFINET-Norm

Mithilfe dieser Kennungen muss es möglich sein, eine Hardware eindeutig zu identifizieren, d. h.:

- die *DeviceID* muss eine Hardware eines bestimmten Herstellers eindeutig kennzeichnen;
- die *ModuleIdentNumbers* müssen alle Module, die innerhalb eines bestimmten Devices vorkommen können, eindeutig kennzeichnen (der Wert 0 ist reserviert);
- die *SubmoduleIdentNumbers* müssen alle Submodule, die innerhalb eines bestimmten Moduls vorkommen können, eindeutig kennzeichnen.

Dabei ist Folgendes zu beachten:

- Kann ein Submodul in verschiedene Module gesteckt werden, muss die *SubmoduleIdentNumber* über all diese Module hinweg eindeutig (identisch) vergeben werden.
- Kann ein Modul in verschiedene Devices gesteckt werden, muss die *ModuleIdentNumber* über all diese Devices hinweg eindeutig (identisch) vergeben werden.

Für die *SubmoduleIdentNumber* gilt zusätzlich, dass sie nicht nur die Submodul-Hardware identifiziert, sondern darüber hinaus auch die Repräsentation der zyklischen Daten (d. h. Länge und Struktur) beinhaltet. Kann man bei einem Submodul die Repräsentation der zyklischen Daten durch Parametrierung umschalten, muss es für jede unterschiedliche Darstellung eine eigene, eindeutige *SubmoduleIdentNumber* geben.

Während die *VendorID*, *DeviceID* und *ModuleIdentNumber* „ein-eindeutig" sein müssen (d. h. für dieselbe Hardware kann es keine zwei verschiedene Nummern geben), kann es für ein Submodul mehrere eindeutige *SubmoduleIdentNumber* geben.

Bei modular aufgebauter Hardware ist es unter Umständen sinnvoll, nicht nur die *DeviceID*, sondern auch die *ModuleIdentNumber* und *SubmoduleIdentNumber* herstellerweit eindeutig zentral zu vergeben.

All diese Identifikationsnummern sind im Feldgerät hinterlegt und können ausgelesen werden, z. B.

- aus der RPC-Object-UUID (Vendor- und DeviceID),
- durch die I&M-Funktionen (Vendor- und DeviceID)
- sowie durch *RealIdentificationData* (*ModuleIdentNumber* und *SubmoduleIdentNumber*).

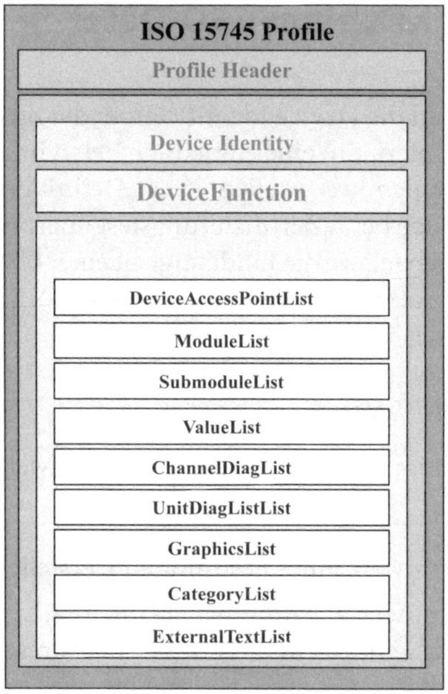

Bild 8.2: PROFINET-GSD-Dateien stellen eine eindeutige Referenz zum Feldgerät dar.

Die Situation in der GSD

In der GSD-Datei müssen genau die Nummern angegeben werden, die auch aus dem Feldgerät auslesbar sind.

Die Vendor- und DeviceID kennzeichnen unverwechselbar ein Device. Diese Kombination kann von Engineering Tools zum Auffinden einer zu einem Device gehörigen GSD-Datei verwendet werden. Daher darf es für eine solche Kombination gleichzeitig nur eine GSD-Datei geben.

Die in der GSD geschaffene Lösung hierfür erlaubt es, eine Familie von Anschaltbaugruppen zu bilden, die dieselbe VendorID und DeviceID verwenden. Alle DAPs und alle einsteckbaren (Sub)Module werden in einer einzigen GSD-Datei beschrieben.

Die Anschaltbaugruppen werden als spezielle Module modelliert, die *DeviceAccessPoints* (DAPs). Die DAPs tragen die PROFINET-Anschaltung und definieren die Slots, in denen Peripheriemodule betrieben werden können.

Bezüglich ihrer *ModuleIdentNumber* unterscheiden sich die DAPs nicht von Peripheriebaugruppen, d. h. in einer GSD-Datei muss die *ModuleIdentNumber* über alle DAPs und alle steckbaren Module hinweg eindeutig sein.

Die *SubmoduleIdentNumber* befindet sich in der GSD-Datei an mehreren Stellen, da Submodule in der GSD an verschiedenen Stellen definiert werden können:

- Interface- und PortSubmodule am DAP in der *SystemDefinedSubmoduleList*,
- PortSubmodule an „normalen" Modulen in der *SystemDefinedSubmoduleList*,
- „normale", fest eingebaute Submodule am DAP/Modulen in der *VirtualSubmoduleList*,
- „normale" Submodule in der (globalen) *SubmoduleList*.

Nur die Submodule aus der *SubmoduleList* werden global beschrieben und den DAPs/Modulen per Referenz zugeordnet. Es gibt sie daher nur einmal pro Gerätetyp (Klasse). Alle anderen Submodule werden am jeweiligen DAP/Modul definiert und müssen daher für jeden DAP/Modul und jedes Vorkommen separat beschrieben werden.

☞ **Hinweis:**

Innerhalb einer GSD-Datei müssen unterschiedliche Submodule auch unterschiedliche *SubmoduleIdentNumbers* haben, unabhängig vom jeweiligen DAP oder Modul, für das sie definiert sind. Für die weitere Betrachtung ist es unerheblich, ob es sich um *VirtualSubmodules* (nur logisch vorhanden) oder *Submodules* (hardwaremäßig definiert) handelt.

Kann man bei einem Submodul *die Repräsentation der zyklischen I/O-Daten durch Parametrierung umschalten*, dann gibt es für jede unterschiedliche Repräsentation eine eigene Submodul-Beschreibung in der GSD-Datei. Diese enthält innerhalb des Keywords *SubmoduleItem* die passende *SubmoduleIdentNumber* und im *ParameterRecordDataItem* die Einstellung der Repräsentation (Länge, Struktur der Daten). Die Bezeichnung der Baugruppe wird dann in jedem Eintrag um eine Bezeichnung der Einstellung der Repräsentation für zyklische Daten ergänzt. Im Engineering-Tool erscheint das Submodul mehrfach im Baugruppenkatalog. Die Auswahl geschieht durch Auswahl des passenden Submoduls aus dem Katalog.

Beispiel

3 Bytes Input können beispielsweise nicht aus einer Kombination von einem 2 Bytes Input Module und einem 1 Byte Input Module dargestellt werden. Es muss ein separates Input Module mit 3 Bytes definiert werden. Das folgende Beispiel soll dies noch einmal eindeutig veranschaulichen.

Es soll ein Submodul mit 4 Bytes Input und 3 Bytes Output dargestellt werden. Diese Konstellation wird durch die *SubmoduleIdentNumber = „***0x00000007***" beschrieben.* Hierfür ist beispielsweise folgender GSD-Eintrag notwendig:

```
...
<VirtualSubmoduleItem ID="IO_7" SubmoduleIdentNumber="0x00000007" API="0"
                      FixedInSubslots="1">
   <Input Consistency="All items consistency">
      <DataItem DataType="Unsigned16" TextId="2 inputs"/>
      <DataItem DataType="Unsigned16" TextId="2 inputs"/>
   </Input>
   <Output Consistency="All items consistency">
      <DataItem DataType="Unsigned16" TextId= „2 outputs"/>
      <DataItem DataType="Unsigned8" TextId="1 output"/>
   </Output>
...
```

Eine automatisierte Prüfung der Eindeutigkeit der *SubmoduleIdentNumber* ist wegen der heterogenen Beschreibungsmöglichkeiten eines Submoduls sowie der Untermengenbildung durch die Steckplatzregeln sehr schwierig.

> **Hinweis:**
> Die Hardware/Firmware sollte so ausgelegt werden, dass der Aufbau der *Parameter-Records* fest ist.

Abgesehen von *ModuleIdentNumber* und *SubmoduleIdentNumber* gilt noch für die GSD-Datei:

- Die jeweilige ID dient zur Referenzierung innerhalb der GSD-Datei und ist immer eindeutig zu halten; dies wird auch per XML-Schema kontrolliert.
- Der in ModuleInfo/Name angegebene Name dient zur Anzeige im Katalog des Engineering-Tools. Er ist deshalb eindeutig zu halten, damit der Anwender die richtige Hardware auswählen kann.

Die detaillierte Beschreibung von Geräteeigenschaften entnehmen Sie bitte dem jeweils aktuellen Dokument im Downloadbereich unter *www.profinet.com.*

9 Das Tool Calling Interface (TCI)

Gerätedaten für die Projektierung von intelligenten Feldgeräten sind bei PROFINET in einer Gerätebeschreibungsdatei (GSD-Datei) abgelegt. Während des Engineerings definiert ein Projekteur, welche Parameter beim Systemhochlauf oder im laufenden Betrieb in das entsprechende Feldgerät geschrieben werden sollen, um den Betrieb mit vorbelegten, statischen Parametern zu gewährleisten. In einigen Fällen stoßen die Möglichkeiten von GSD-Dateien mit dem damit verbundenen Bedienkomfort an ihre Grenzen. Eine weitere Einschränkung muss der Projekteur in Kauf nehmen, wenn er umfangreiche Parameter in ein Feldgerät schreiben möchte, das nicht vom selben Hersteller ist wie das Engineering-Tool des Automatisierungssystems. Diese Übertragung ist meist nur über eine proprietäre Lösung möglich, die nicht unmittelbar vom Engineering-Tool des Automatisierungssystems aus bewerkstelligt werden kann. Die Forderungen der Anlagenbetreiber sind deshalb, Parametrierungen und Diagnostizierungen herstellerübergreifend vom Engineering-Tool des Automatisierungssystems mit allen Feldgeräten durchführen zu können, ohne die Bedienoberfläche während des Engineerings wechseln zu müssen. Deshalb ist es sehr hilfreich, ein separates Parametriertool des Feldgeräteherstellers (**D**evice **T**ool = DT) zu haben, das diese Aufgabe komplett abwickelt und auf einfache Weise in das Engineering-Tool integriert werden kann. Diese Lösung wurde mit dem Tool Calling Interface (TCI) seitens PI erreicht. Der Vorteil dieses Lösungskonzepts ist auch die einheitliche Datenhaltung innerhalb eines Automatisierungsprojekts.

Das TCI beschreibt eine einfach zu handhabende hersteller- und feldbusunabhängige Schnittstelle, die es ermöglicht, sowohl Parameter in ein Feldgerät zu laden, als auch eine komfortable Diagnose mit einem Feldgerät auszutauschen, ohne das Engineering-Tool des Automatisierungssystems (ES) verlassen zu müssen. Durch das TCI ist es möglich, unterschiedliche Programme („exe files“) vom ES aufzurufen, die gewünschte Funktion ausführen zu lassen und die Steuerung wieder ans ES zurückzugeben. Durch die frei zugängliche TCI-Spezifikation ist es jedem Hersteller möglich, ein autonom arbeitendes DT herzustellen und es in ein x-beliebiges ES zu integrieren. Dieser Ansatz wurde bereits mit der FDT-Schnittstelle (**F**ield **D**evice **T**ool) geschaffen. Seitens PI ging man den Schritt zu einer weiteren Vereinfachung der Schnittstelle mit reduziertem Funktionsumfang. Gerade bei Feldgeräten im unteren Preissegment bietet sich der Einsatz von TCI an, da man ohne großen Aufwand schnell zum gewünschten Ergebnis gelangt.

TCI ist für PROFIBUS- und PROFINET-Applikationen spezifiziert und unterstützt somit auch die darin enthaltenen Kommunikationswege. Darüber hinaus können proprietäre Lösungen firmenspezifisch integriert werden.

9.1 Kurzübersicht über die Arbeitsweise von TCI

Im Bild 9.1 sehen Sie beispielhaft die Struktur und das Zusammenspiel zwischen einem ES und einer TCI-Applikation. Um eine TCI-Applikation in ein TCI-fähiges ES zu integrieren, hat der Hersteller eine GSD-Datei, eine PID-Datei, ein Device-Tool und ein Installationsprogramm zu liefern.

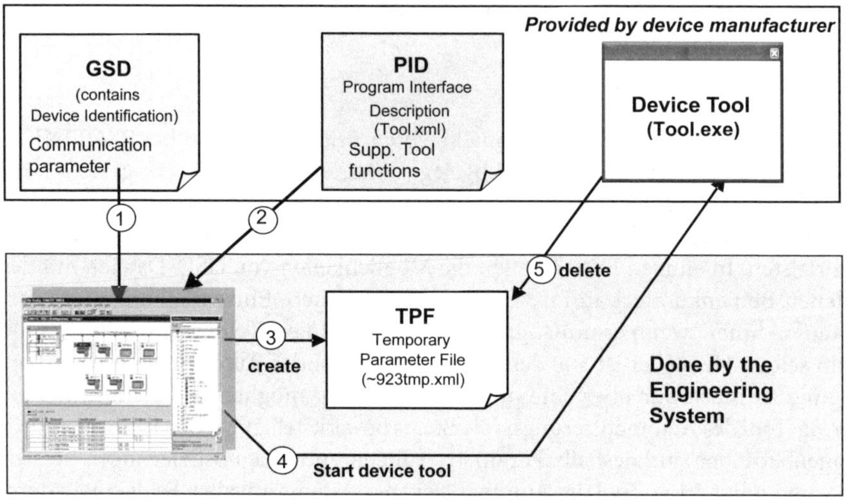

Bild 9.1: Die Struktur des TC-Interface ist sehr einfach gehalten.

In der GSD-Datei steht die Device-Identifikation für das oder die betroffenen Feldgeräte inklusive der relevanten Peripherie-Module. Die PID (Program Interface Description) definiert die Funktionalität, für die das DT eingesetzt werden kann. Das DT enthält das eigentliche Anwenderprogramm, mit dem Parametrierungen und das Diagnosehandling bedient werden können.

Voraussetzung zur Nutzung eines DTs ist, dass sowohl das Engineering-System als auch das DT ein TC-Interface unterstützen. Das TC-Interface beschreibt im Wesentlichen die Aufrufschnittstelle (Invocation Interface) zwischen dem ES und dem DT und die Kommunikations-Schnittstelle (Communication Interface) zwischen dem DT und dem Communication-Server, der die Kommunikation zwischen Feldgerät und dem DT übernimmt.

Beim Aufruf eines DTs laufen folgende Schritte der Reihe nach ab:

- Aufgrund der Geräteidentifikation (1) in der GSD-Datei kann das ES gemäß den Eintragungen in der Registry eines Windows-basierten Engineering-Tools das PID-File (**P**rogram **I**nterface **D**escription) für das entsprechende DT finden (2). Das PID-File (XML-File) beschreibt die Möglichkeiten, die das dazugehörende DT unterstützt.
- Das Engineering-Tool erstellt daraufhin ein TPF-File (**T**emporary **P**arameter **F**ile) in dem alle Übergabeparameter an das DT enthalten sind (3). Damit erspart man sich die Übergabe einer großen Anzahl von Parametern an das DT beim Aufruf. Anschließend ruft es das DT auf (4) und übergibt den Pfad, in dem das TPF-File zu finden ist und die Datenablage zu erfolgen hat. Die Organisation der Daten ist ausschließlich Sache des DTs. Die Datenablage erfolgt innerhalb des vom ES angelegten Automatisierungsobjekts.
- Das DT interpretiert den Inhalt des TPF-Files und baut gegebenenfalls die Kommunikation anhand des selektierten Feldgerätes zum Communication Server (falls unterstützt) oder direkt zum Device (proprietäre Lösung) auf.
- Das DT führt die gewünschte Funktion mit dem Device durch (Parametrierung oder Diagnose etc.).

- Nach Beendigung der ausgeführten Funktion löscht das DT das TPF-File wieder (5).
- Das DT speichert Daten, die für das Projekt relevant sind, in einer Datei auf dem Projektlaufwerk.

Durch dieses Vorgehen ist eine separate Datenhaltung gesichert, ohne dass das Engineering-Tool diese verwalten muss.

Die gesamte Spezifikation des Tool Calling Interfaces finden Sie unter *www.profinet.com*.

10 Integration von Feldbus-Systemen in PROFINET IO

PROFIBUS mit seiner Funktionsvielfalt kann heute auf eine installierte Basis von ca. 30 Millionen Feldgeräten zurückblicken. Mit den im Feld installierten Interbus-Feldgeräten kommen noch ca. 12 Millionen Feldgeräte hinzu. Viele Installationen werden noch folgen. Es liegt nun an den Herstellern, ihre Feldgeräte möglichst bald mit der geforderten Funktionalität der Endanwender auszurüsten und zu einem vergleichbaren Preis anzubieten. Ethernet-Controller gibt es bereits seit vielen Jahren, allerdings muss sich eine Ethernet-Anschaltung im Preis und Datendurchsatz mit den PROFIBUS-Feldgeräten messen können. Mit dem Erscheinen der PROFINET-ASICs ETEC400/200 und NetX ist auch hier eine entscheidende Hürde genommen worden. Nun liegt es verstärkt an den Endanwendern, die Vorteile von PROFINET in konkrete Anlagen umzusetzen.

Bei der Definition des PROFINET-Konzepts galt es von Anfang an, diese installierte Basis zu schützen und einen nahtlosen Übergang der bestehenden Installationen in PROFINET überzuführen. Das Lösungskonzept sieht die Integration von Feldbussen in Form eines Proxies vor. Ein Proxy ist deshalb der Stellvertreter für das unterlagerte Bussystem (siehe Bild 10.1).

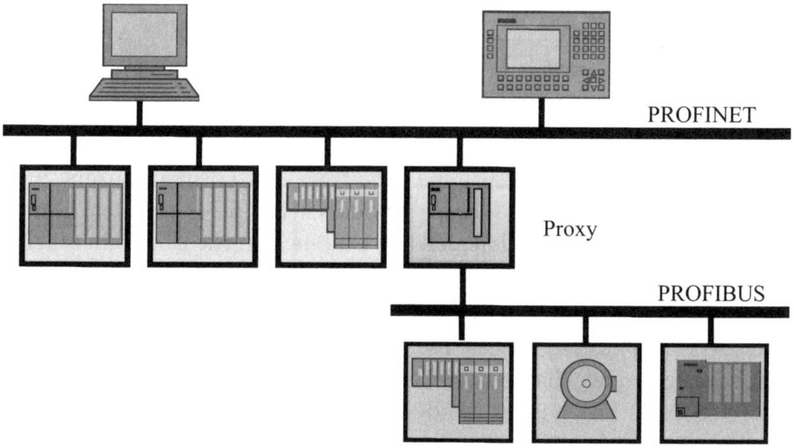

Bild 10.1: Die Integration eines Feldbusses ist bei PROFINET nahtlos durch einen Proxy möglich.

Bei der Integration von PROFIBUS-Systemen hat ein Proxy zwei Funktionen zu erfüllen. Einerseits ist er PROFIBUS-Master, und andererseits hat er die Aufgabe eines PROFINET-Devices zu übernehmen.

Bei der Integration eines unterlagerten Feldbus-Systems besteht die Forderung (nach Bild 10.2), mit den installierten Feldgeräten ohne Änderung kommunizieren zu können. Dabei darf es keine Rolle spielen, ob die Feldgeräte direkt über eine Feldbus-Anschaltung in der SPS (**S**peicher **Pro**grammierbare **S**teuerung) am Feldbus angeschlossen sind oder ob die Kommunikation zuerst über PROFINET an den unterlagerten Feldbus transferiert wird.

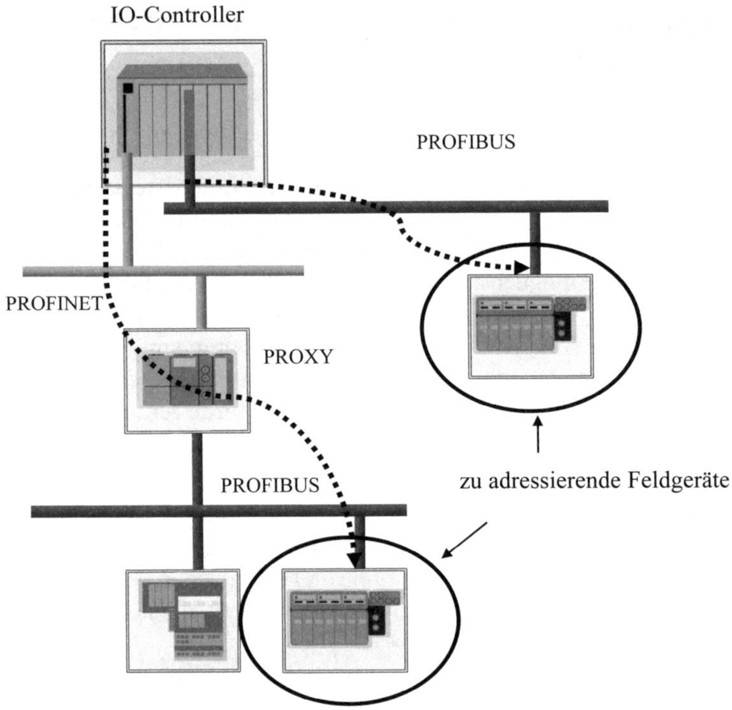

Bild 10.2: Die Adressierung von Feldgeräten in bestehenden Anlagen kann direkt über die Busanschaltung oder über PROFINET erfolgen.

Seitens der PNO wurde eine Arbeitsgruppe beauftragt, ein Lösungskonzept zu entwickeln, das die nahtlose Integration von Feldbussen beinhaltet. Für die gängigsten Feldbusse gibt es bereits Festlegungen, wie die Integration realisiert ist. Eine aktuelle Übersicht erhalten Sie unter www.profinet.com.

Inhalt des feldbusunabhängigen Lösungsvorschlags ist es, die jeweilige Feldbus-Kommunikation als sogenanntes API (**A**pplication **P**rocess **I**dentifier) in einem Proxy abzubilden. Eine Feldbus-Integration ist deshalb vergleichbar mit der Integration eines Anwenderprofils von PROFINET IO. Die Interpretation der Daten ist Anwendersache.

Diese Definition unterstützt den Austausch von

- zyklischen Daten,
- azyklischen Daten,
- Diagnosen und Alarmen und
- Systemhochlauf (Context Management).

Wie im Bild 10.3 dargestellt basiert das Konzept im Wesentlichen darauf, einen einheitlichen Speicher zu definieren, der einerseits von dem PROFINET IO-Teil und andererseits von dem unterlagerten Feldbus bearbeitet wird. Damit sind sowohl Proxy-Lösungen als auch Gateway-Lösungen möglich.

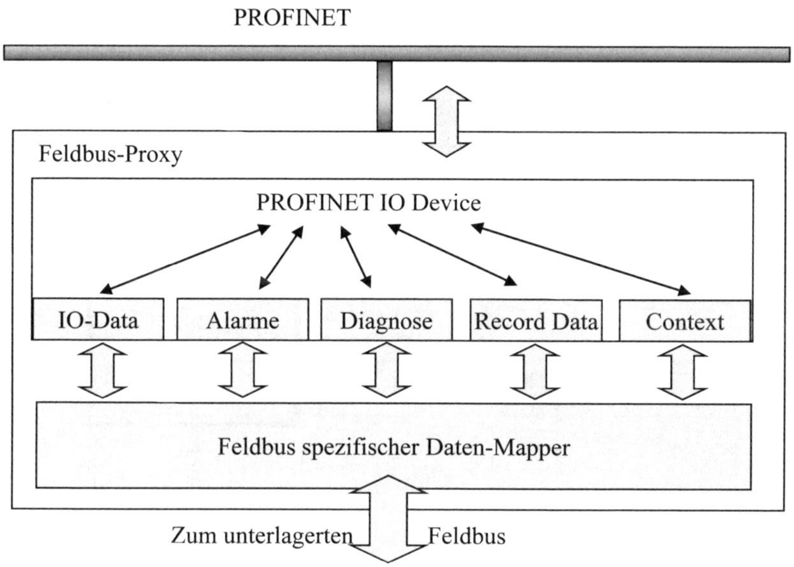

Bild 10.3: Die interne Struktur eines PROFINET IO-Proxies gleicht einem Daten-Mapper.

☞ **Hinweis:**

Bei einer Proxy-Lösung dient der Proxy als Repräsentant für einen unterlagerten Feldbus, in dem kein Anwenderprogramm integriert ist. Der Proxy ersetzt somit den Master des unterlagerten Feldbusses in Form eines Daten-Mappers.

Bei einer Gateway-Lösung hingegen ersetzt das Gateway nicht die Steuerung des unterlagerten Feldbusses. Es ist nur für die Umsetzung der Daten zwischen PROFINET und unterlagertem Feldbus zuständig.

Die Übergabeschnittstelle zwischen dem PROFINET-Teil und dem feldbusspezifischen Teil im Proxy ist ein Datenbereich mit einer definierten Struktur. Der Feldbus-Master enthält einen Daten-Mapper, der die vom Feldbus eingelesenen Eingangsdaten strukturiert in den Übergabebereich ablegt. Der PROFINET-Teil setzt diese Daten um, verpackt sie in ein PROFINET-konformes Frame und sendet sie an den IO-Controller.

Die vom IO-Controller übergebenen Ausgangsdaten (IO-Data, Alarme, Record Data, ...) legt die PROFINET-Anwendung in dem Übergabe-Datenbereich für den Feldbus ab. Wie die Daten auf der Feldbus-Seite zu behandeln sind, ist nicht Aufgabe des Integrationspapiers. Dies ist feldbusspezifisch zu erledigen.

Die PROFINET IO-Adressierungsmechanismen sind folgendermaßen aufgeteilt:

- Slot 0 adressiert den Proxy (DAP),
- Slot 1 adressiert den Masterteil,
- Slot 2 ... n adressiert die unterlagerten Feldgeräte.

Bei den meisten existierenden Feldbussen werden die technischen Daten eines Feldgerätes durch eine standardisierte Geräte-Beschreibungsdatei beschrieben. Bei Interbus ist dies FDCML (**F**ieldbus **D**escription **C**onfiguration **M**arkup **L**anguage), bei PROFIBUS ist es eine GSD-Datei. Um ein Feldbus-System in PROFINET einbinden zu können, ist es wichtig, dass eine einheitliche Eingangsvoraussetzung geschaffen wird. Diese Voraussetzung ist mit der GSD-Datei geschaffen.

Bild 10.4 zeigt die einzelnen Schritte, die durchzuführen sind, um eine einheitliche Basis zu erreichen.

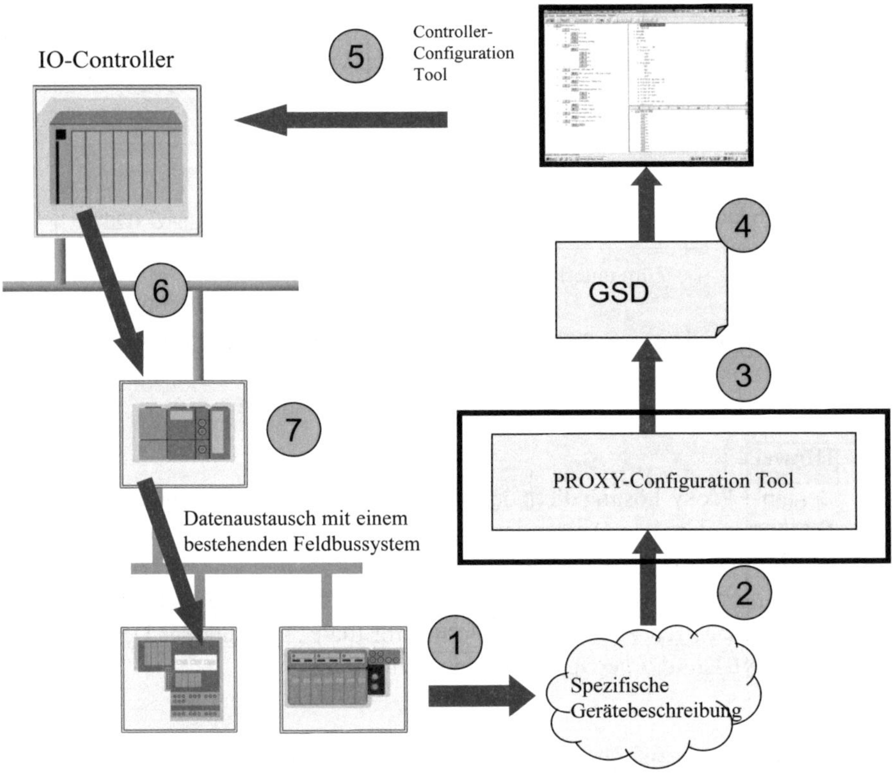

Bild 10.4: Die sieben Schritte zur Feldbus-Integration

1/2 Überführen und Einlesen der feldbusspezifischen Gerätebeschreibung in ein vom Hersteller zu schaffendes Proxy-Configuration-Tool.

3 Das Ergebnis ist eine PROFINET IO-konforme GSD-Datei.

4 Einlesen der GSD-Datei in das Controller-Configuration-Tool und Projektieren der Automatisierungsanlage.

5 Laden der Anlagen-Projektierung in den IO-Controller.

6 Im Hochlauf werden über den *Connect-Aufruf* und den anschließenden *Write-Services* die gewünschten Parameter der einzelnen Feldgeräte in den Proxy geschrieben.

7 Innerhalb des Proxies setzt der Feldbus-Master die vom IO-Controller in den Proxy geladenen Daten um und nimmt seinen Busbetrieb auf.

11 PROFINET IO-Feldgeräteentwicklung

Für die PROFINET IO-Feldgeräteentwicklung werden heutzutage vorgetestete Software-Stacks und ASICs angeboten, die die Funktionalität eines IO-Devices ganz oder teilweise enthalten. Mit diesen Komponenten ist man als Feldgerätehersteller in der Lage, ein zertifizierbares Produkt zu entwickeln. Nachfolgendes Bild zeigt beispielhaft die wesentlichen Softwareteile, die in den am Markt angebotenen Software-Stacks enthalten sind.

Die Software-Struktur des PROFINET IO-Software-Stacks in Bild 11.1 basiert beispielhaft auf den von der Fa. Siemens angebotenen Stack für einen ARM-Controller. Einige andere Firmen bieten eigene Software-Stacks wie auch fertige Piggy-back-Lösungen an. Eine aktuelle Übersicht erhalten Sie über den aktuellen Produktkatalog bei der PROFIBUS Nutzerorganisation e. V.

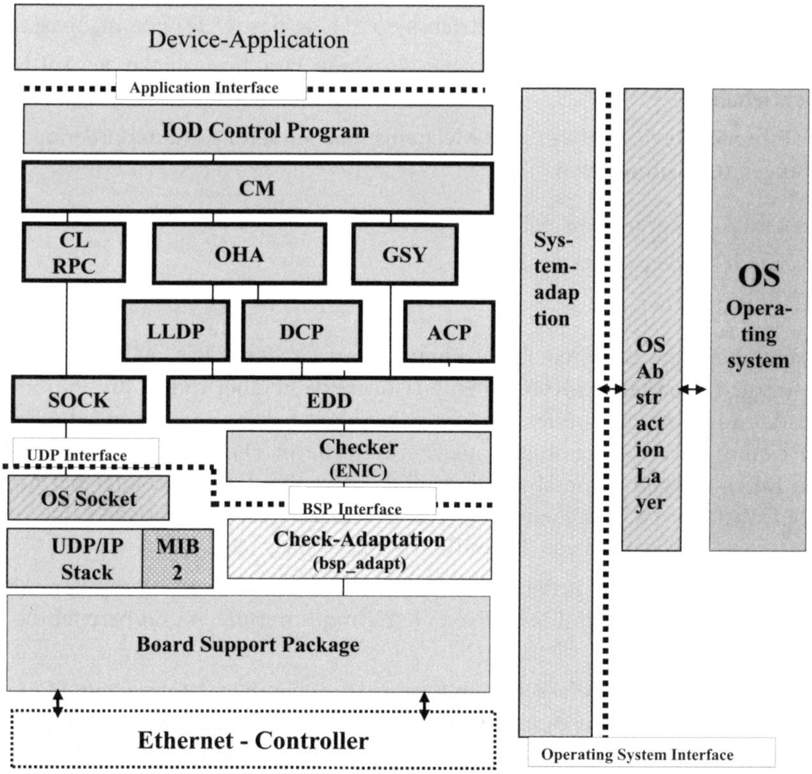

Bild 11.1: Die verfügbaren Software-Stacks sind sehr ähnlich aufgebaut.

11.1 Aufbau der Software

Die PROFINET IO-Device-Software besteht aus folgenden Komponenten:

- PROFINET IO-Protokollsoftware,
- Systemanpassung,
- Echtzeit-Betriebssystem,
- Board Support Package,
- TCP/IP-Stack und
- Device-Applikation.

Die im Bild 11.1 innerhalb der punktierten Linie dargestellten Komponenten des PROFINET IO-Software-Stacks werden normalerweise vom Lieferanten bereitgestellt. Alle anderen Blöcke sind in der Regel Bestandteil des Betriebssystem- oder des IO-Device-Herstellers. Weiterhin sind einige Module vom Anwender an das Betriebssystem bzw. das IO-Device anzupassen.

In den folgenden Ausführungen werden die einzelnen Funktionsblöcke des Software-Stacks näher beschrieben.

Der **EDD** (**E**thernet **D**evice **D**river) stellt Mechanismen bereit für das autarke Senden (Provider) und Empfangen (Consumer) von

- zyklischen RT-Telegrammen (RT),
- azyklischen RT-Telegrammen (aRT) und
- TCP/IP-Telegrammen.

Er hat eine einheitliche Schnittstelle zu überlagerten Clients (DCP, ACP) und eine Makro-Schnittstelle zur unterlagerten Komponente (Checker). Er übernimmt die Pufferverwaltung für die Sende- und Empfangspuffer. Im Systemhochlauf fordert er aufgrund des Ausbaugrads alle für die Kommunikation benötigten Speicherbereiche an. Die vom Controller angeforderten zyklischen Daten werden automatisch vom EDD gesendet. Der Anwender hat nur dafür zu sorgen, die Daten bei Änderung entsprechend bereitzustellen. Der Basistakt für Aufrufe vom Betriebssystem ist in Schritten von 2^n konfigurierbar (1 ms ... 512 ms).

Der **ACP** (**A**larm **C**onsumer **P**rovider) sorgt für die schnelle Bearbeitung von Alarmen. Er bearbeitet das gesamte Protokoll inklusive der Alarmquittierungen und bereitet die Daten für den Anwender auf.

CM (Context **M**anagement**):** Wie schon in Kapitel 5 beschrieben, ist das Context Management das Herzstück eines IO-Feldgerätes. Es sorgt für den Aufbau und die Verwaltung von Applikations- und Kommunikationsbeziehungen zwischen IO-Device und IO-Controller aufgrund des vom IO-Controller erhaltenen *Connect.req*-Frames. Requests für den Aufbau von Kommunikationsbeziehungen werden vom *Remote IO-Controller* mittels *Connectionless Remote Procedure Calls* über UDP und CLRPC in den *Context Manager* übertragen. Er übernimmt die Verwaltung der Ist-Konfiguration (gesteckte Module und Submodule) und sorgt für den schnellen Transfer von *Buffer_Lock* und *Buffer_Unlock Services* zwischen ACP und Applikation zum Austausch von zyklischen IO-Daten mit der Applikation. Er parametriert den EDD für die auszutauschenden Daten (Pufferverwaltung).

Der **CLRPC** (**C**onnection**l**ess **R**emote **P**rocedure **C**alls) stellt die Implementierung des Connectionless RPC-Protokolls sicher und dient als unterlagerte Schicht des CM. Über den *CLRPC* werden alle UDP/IP-Frames abgewickelt.

Das **DCP** (**D**iscovery and **C**ontrol **P**rogramm) ist ein Dienst bei PROFINET IO, den jedes PROFINET-Feldgerät unterstützen muss. Es ist zuständig für die Vergabe von IP-Adressen und Gerätenamen über Ethernet.

Das **LLDP**-Paket (**L**ink **L**ayer **D**iscovery **P**rotokoll gemäß IEEE 802.1AB) sorgt für das zyklische Senden und Empfangen sowie das Überwachen der Nachbarschaftsinformationen (Stationsname und Port_ID etc.).

Die **MIB2** enthält alle Daten, die für das LLDP-Protokoll und SNMP notwendig sind.

Der **OHA** (**O**bject-**Ha**ndler) übernimmt die zentrale Verwaltung der globalen Daten im PNIO-Stack. Darunter fallen u. a. die Auskunftsfunktionen für die übergeordnete Schicht sowie die Speicherung der Nachbarschaftsinformationen mit LLDP.

Der **GSY**-Block (**G**eneric **Sy**nc) ist für die Clock-Synchronisation zuständig. Diese Komponente funktioniert allerdings nur in Verbindung mit einem ERTEC-ASIC.

Die Komponente **SOCK** stellt das Bindeglied zum unterlagerten OS-Socket Interface dar.

OS-Socket sorgt für die

- Implementierung der Lower-Layer-Schnittstelle des SOCK-Pakets (nicht-blockierende Aufrufe, Callback-Schnittstelle),
- Abbildung der UDP-Socket-Aufrufe auf einen speziellen UDP/IP-Stack und
- Serialisierung empfangener UDP-Telegramme von unterschiedlichen Ports.

Die **Systemanpassung** beinhaltet eine standardisierte Schnittstelle zum Abarbeiten aller vom PNIO-Stack benötigten Betriebssystemdienste wie Speichermanagement, Task-/Timerhandling und Interprozess-Kommunikation an den *OS-Abstraction Layer*. Sie sorgt für die Implementierung der Tasks und die Kommunikation der Tasks untereinander.

OS-Abstraction Layer: Alle Komponenten von PNIO greifen nie direkt auf einen Betriebssystemaufruf zu, sondern nur über das *OS-Abstraction-Layer*. Dieses Layer bildet alle Anforderungen der Systemanpassung auf einfache Betriebssystemdienste ab, die bei den meisten Echtzeit-Betriebssystemen nahezu 1 : 1 in einen Serviceaufruf umsetzbar sind. Dadurch ist eine einfache Anpassbarkeit an ein anderes Echtzeit-Betriebssystem gegeben.

Das **IOD-Control-Programm** bietet eine einfach zu handhabende Schnittstelle zur Applikation. Es führt die Verwaltung von IO-spezifischen Datenstrukturen und das Handling von Requestblöcken und asynchronen Confirmations aus.

Der **Checker** ist für die Weiterleitung von zu sendenden Ethernet-Frames (vom EDD) an das Betriebssystem abhängige Board Support Package zuständig. Vom UDP/IP-Stack zu sendende Frames werden nicht über den Checker geleitetet. Davon bekommt weder der EDD noch der Checker etwas mit. Alle empfangenen Ethernet-Frames werden an den Checker geliefert. Aufgrund des empfangenen Ethertypes kanalisiert er die Frames in den entsprechenden Kommunikationspfad. RT-Frames werden dabei direkt an den übergeordneten EDD gesendet. Falls ein empfangenes Telegramm vom Checker an den EDD weitergeleitet werden soll, führt dies der Checker aus und fordert anschließend das BSP auf, das Telegramm zu verwerfen und nicht an den UDP/IP-Stack weiterzuleiten. Ist ein empfangenes UDP/IP-Frame vom Checker nicht an den EDD, sondern an den UDP/IP-Stack weiterzuleiten, gibt der Checker das Telegramm an das BSP (Board Support Package) zurück und fordert es auf, das Telegramm an den UDP/IP-Stack weiterzuleiten.

Die **Device-Anwendung** beinhaltet die eigentliche technologiebezogene Funktionalität. Diese ist vom Anwender zu erstellen. Das PNIO-Developer-Kit (siehe Abschnitt 9.3.1) enthält dazu ein Anwenderbeispiel. Es ist zu empfehlen, bei der Erstellung einer eigenen Applikation von diesem Anwenderbeispiel auszugehen.

Speicherbereiche: In einem PROFINET IO-Device werden prinzipiell drei Speicherbereiche unterschieden:

- der Anwenderspeicher für die Verarbeitung der Anwendung inklusive Alarmhandling in einem IO-Device,
- der Kommunikationsspeicher, den der EDD verwaltet, und
- der Speicherbereich für die ankommenden Daten, die vom Ethernet-Controller entsorgt werden.

> **Hinweis:**
> Bitte erkundigen Sie sich im Vorfeld, welcher Funktionsumfang in dem angebotenen Software-Stack unterstützt wird.

11.2 Hardware für PROFINET IO

Für die Unterstützung bei der IO-Device-Entwicklung bieten mehrere Firmen ASICs an, mit denen auf Basis eines weitgehend angepassten Software-Stacks reale Feldgeräte entwickelt werden können. Eine weitere Möglichkeit besteht in der Verwendung von „Piggy back“-Lösungen, die im Regelfall eine Dual-Ported-Memory-Schnittstelle für den Datenaustausch mit der Applikation anbieten. Eine Auflistung der Angebote erhalten Sie unter *www.profinet.com*. Entwicklungsbegleitend bieten einige Firmen auch Entwicklungspakete an, die ein ablauffähiges PROFINET IO-System darstellen und das eigene Entwicklungsvorhaben unterstützen.

12 Der schnelle Weg zu PROFINET IO

12.1 Der Weg aus der Sicht eines Anlagenbetreibers

Das folgende Kapitel liefert eine Zusammenfassung, wie man als Anlagenbetreiber von der Auswahl der verfügbaren Produkte zu einer lauffähigen Anlage kommt. Bild 12.1 zeigt dabei die logisch aufeinander abgestimmten Schritte.

1. Bei PROFINET-Feldgeräten besteht die Pflicht zur PROFINET-Zertifizierung, die allerdings nicht vom Gesetzgeber vorgeschrieben ist, sondern von der PROFIBUS Nutzerorganisation verlangt wird, damit ein Feldgerät den Namen PROFINET tragen darf. Nur zertifizierte PROFINET-Feldgeräte haben den Nachweis der Normkonformität erbracht und dürfen den Namen PROFINET tragen. Mit zertifizierten Feldgeräten ist „plug and play" möglich. Die PROFINET-Zertifizierung ist nicht mit dem CE-Zertifikat zu verwechseln, das vom europäischen Gesetzgeber vorgeschrieben ist. Eine Auswahl von zertifizierten PROFINET-Feldgeräten ist unter *www.profinet.com* einsehbar. Bei der Auswahl eines PROFINET-Feldgerätes sollte man als Anlagenbetreiber immer auf das PROFINET-Zertifikat bestehen, da sowohl die Inbetriebnahme als auch der Anlagenbetrieb reibungslos verlaufen wird.
2. Zu jedem PROFINET IO-Device gehört eine GSD-Datei, die die technischen Möglichkeiten des Feldgerätes beschreibt. Die darin enthaltene Geräteidentifikation kennzeichnet den Hersteller des Feldgerätes. Die GSD-Datei wird entweder vom Feldgeräte-Hersteller mitgeliefert, oder sie ist unter *www.profinet.com* ladbar. Sie ist in das Engineering-Tool einzulesen, damit

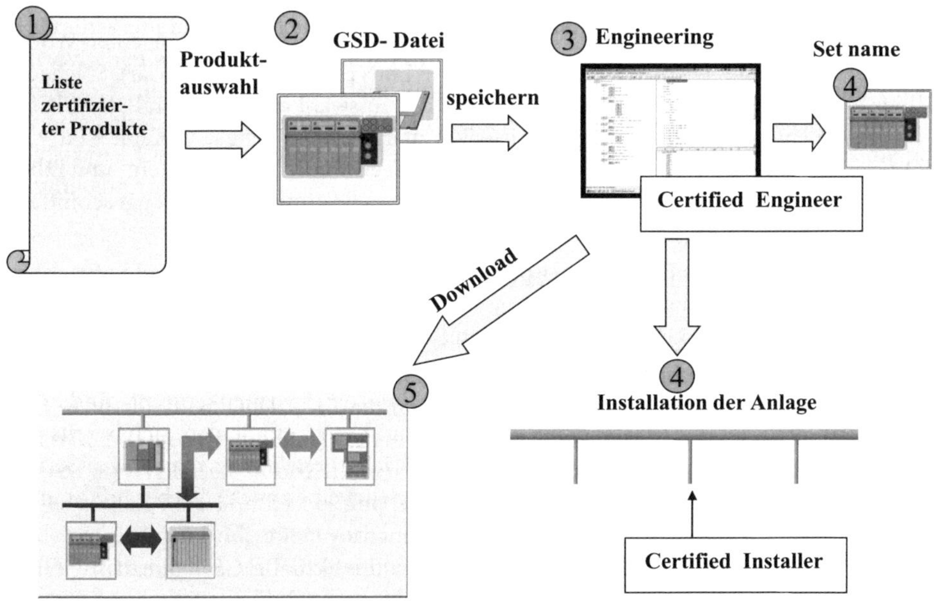

Bild 12.1: Der schnelle Weg zu PROFINET IO aus Sicht des Anlagenbetreibers.

die Anlagenprojektierung durchgeführt werden kann. Mit dem von der PNO zur Verfügung gestellten GSD-Viewer können Sie die technischen Möglichkeiten eines IO-Devices auf einfache Weise anschauen.

3. Das Anlagen-Engineering ist vom *look and feel* genauso realisiert wie bei PROFIBUS. Beim Projektieren wird normalerweise auch der Name des Feldgerätes in das Feldgerät geladen (*Set Name*). Um das Projektieren und die Inbetriebnahme einer PROFINET-Anlage im Detail zu verstehen, wird empfohlen, einen Trainingskurs (Certified PROFINET Engineer) zu besuchen. Wer diesen Kurs zu welchem Termin anbietet, kann man unter *www.profinet.com* erfahren.
4. Da die meisten Fehler beim Installieren einer Anlage verursacht werden, ist es dringend zu empfehlen, einen Trainingskurs (Certified PROFINET Installer) zu besuchen. In diesem Kurs werden die fachgerechte Installation eines PROFINET-Bussystems sowie die Anschlüsse der Netzkomponenten geschult. Kurse und Termine finden sich unter *www.profinet.com.*
5. Nachdem der Anlagen-Projekteur die PROFINET-Anlage projektiert hat, lädt er die Projektierungsinformationen in die einzelnen Feldgeräte. Wurden nur zertifizierte Feldgeräte verwendet und auch das Bussystem durch ein qualifiziertes Personal installiert, dürfte einer schnellen Inbetriebnahme nichts mehr im Wege stehen.

12.2 Der Weg aus der Sicht eines Feldgeräteentwicklers

Im folgenden Kapitel wird zusammenfassend dargestellt, wie man als Feldgeräteentwickler von der Hardware-/Softwareentwicklung zu einem PROFINET-Zertifikat kommt. Bild 12.2 zeigt dabei die logisch aufeinander abgestimmten Schritte.

1. Zu Beginn der Entwicklung eines PROFINET IO-Devices bietet es sich an, einen Workshop zu besuchen, der alle Themen rund um PROFINET aus Entwicklersicht erklärt. Solche Workshops werden teils kostenlos angeboten. Nach der Auswahl eines PROFINET-ASICs ist es ratsam, ein entsprechendes Entwicklungspaket zu erwerben (siehe u. a. Kapitel *PROFINET IO-Feldgeräteentwicklung*). Ein Entwicklungspaket ist entweder betriebssystem- und Ethernet-Controller-unabhängig ausgelegt, oder es ist auf einen bestimmten ASIC zugeschnitten und enthält die dazugehörige Software inklusive Beispiel-Applikation.
2. Nach der Auswahl eines Entwicklungspakets können Sie das Hardware- und Softwaredesign durchführen. Beispielschaltungen und Applikationen sind in der Regel im Entwicklungspaket enthalten. Für Testzwecke bietet die PNO den Busmonitor Ethereal an, der für die Aufzeichnungen von übertragenen Frames sicher gute Dienste leistet und die Frames interpretiert. Bereits zu diesem Zeitpunkt sollten Sie an die Erteilung einer Firmenkennung für die Geräteidentifikation in der GSD-Datei denken. Weiterhin ist es zu empfehlen, sich bereits jetzt zu einem Zertifizierungstest anzumelden. Dadurch ist sichergestellt, dass man bis zur Serienreife keine Zeit verliert. Das entsprechende Prüflabor begleitet einen auch gern bei aufkommenden Fragen während der Entwicklung.
3. Bei der Erstellung der GSD-Datei ist es ratsam, die aktuelle GSD-Spezifikation unter *www.profinet.com* inklusive der verfügbaren Schemata zu laden. Zur Erstellung einer GSD-Datei kann jeder XML-Editor verwendet werden. Ein von der PNO zur Verfügung gestellter

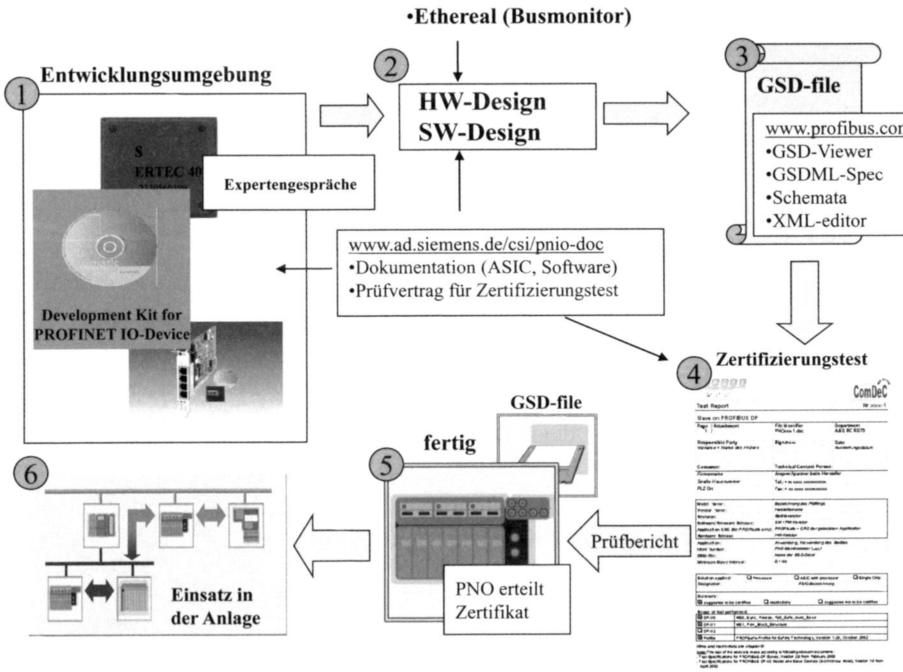

Bild 12.2: Der schnelle Weg zu PROFINET IO aus Sicht des Feldgeräteentwicklers.

GSD-Viewer überprüft die GSD-Datei auf Richtigkeit und ermöglicht die einfache Interpretation dieser Datei.

4. Wenn die Entwicklung eines PROFINET IO-Devices abgeschlossen ist, kann der Zertifizierungstest beginnen. Dazu muss man im Vorfeld einen Prüfvertrag an das jeweilige Testlabor schicken. Die weiteren Schritte erfährt man vom Prüflabor (Prüflabore sind unter *www.profinet.com* gelistet).
5. Mit einem Prüfbericht, der das normkonforme Verhalten des IO-Feldgerätes bescheinigt, kann man bei der PNO ein PROFINET-Zertifikat beantragen. Dieses Zertifikat ist kostenpflichtig.
6. Mit dem PROFINET-Zertifikat steht dem Einsatz dieses IO-Feldgerätes in einer PROFINET-Anlage nichts mehr im Wege.

Hinweis:
Die Erfahrungen aus PROFIBUS-Entwicklungen haben gezeigt, dass zertifizierte Feldgeräte in einer Automatisierungsanlage kein Fehlverhalten mehr aufweisen. Ziel ist es, diesen Qualitätsstandard so schnell wie möglich mit PROFINET-Feldgeräten zu erreichen. Das geht natürlich nicht von heute auf morgen. Deshalb sollte man sich bei Ungereimtheiten an das Prüflabor wenden, das den Test durchgeführt hat, damit diese Erfahrungen in künftige Tests einfließen können.

13 PROFINET CBA-Einführung

Neben PROFINET IO ist eine weitere Sichtweise auf PROFINET im Komponentenmodell mit PROFINET CBA standardisiert. Zur Abrundung des gesamten PROFINET-Konzepts ist es sinnvoll, auch die Sichtweise auf PROFINET CBA verstanden zu haben, um für künftige Entwicklungstrends entsprechend gerüstet zu sein. Deshalb enthält das folgende Kapitel eine Einführung in PROFINET CBA.

Veränderte Marktanforderungen und Individualisierung des Produktangebotes erfordern Flexibilität in der Industrie. Ein Lösungsansatz zum Beherrschen dieser Forderungen sind modular aufgebaute Anlagen, die leichter anpassbar oder erweiterbar sind und somit einen großen Wiederverwendungscharakter in sich tragen.

Neben dem Datenaustausch innerhalb der Automatisierungswelt bekommt die Verbindung zum Officebereich einen immer größeren Stellenwert. Produktionsdaten, Anlagenzustände etc. werden heute nicht nur an der Maschine selbst, sondern auch von der Managementebene überwacht.

Auch Themen wie die Produkthaftung fordern immer mehr Daten aus der Automatisierungsanwendung. Dieser Durchgriff von der Managementebene zur Feldebene ist durch die vertikale Integration gegeben.

Es wäre ideal, wenn es eine offene Schnittstelle zwischen der Automatisierungs- und der Officewelt gäbe. Natürlich sind solche Verbindungen bis heute schon realisiert worden. Doch mit welchem Aufwand?

Dazu werden Treiber geschrieben, Gateways realisiert und vieles mehr. Letztlich sind diese Lösungen nur Work-Arounds um das eigentliche Problem.

Am besten wäre es, wenn man die Officewelt und die Automatisierungswelt direkt miteinander verbinden könnte, so wie man in einem Word-Dokument ein Excel-Sheet von einem anderen Rechner einpassen kann.

Aus Sicht des Anlagenbetreibers sind die wesentlichen Forderungen:

- nahtlose Anbindung an die Unternehmensleitebene, um Auftrags- und Produktionsdaten auszutauschen,
- sowie an das Internet, um Aufträge einzuleiten und Service- und Wartungs-Maßnahmen an der Anlage im Hintergrund durchführen zu können.

Diese Forderungen lassen sich am wirtschaftlichsten realisieren, wenn eine einheitliche, weltweit anerkannte Kommunikationstechnologie zugrunde liegt.

Gleichzeitig wird von den Produktionsanlagen mehr Flexibilität gefordert, sodass die Umstellung auf neue Produkte schneller und effizienter erfolgen kann. Diese Forderung hat wesentlichen Einfluss auf die Architektur und das Engineering von Automatisierungssystemen.

Die PROFIBUS Nutzerorganisation reagierte auf diese Trends in zweierlei Hinsicht. Zum einen wurde in zahlreichen Arbeitskreisen die bewährte PROFIBUS-Technologie weiterentwickelt und als PROFINET IO standardisiert. Zum anderen ist die Erschließung neuer Anwendungsfelder durch die Definition neuer Profile und die Verbesserung des Engineerings durch Festlegung herstellerübergreifender Konzepte notwendig. Damit ist der Investitionsschutz auch in Zukunft gewährleistet. Dem PROFINET-Konzept liegen die genannten Anwenderforderungen nach

Durchgängigkeit zur Unternehmensleitebene und zum Internet sowie nach einer offenen Lösung für das Engineeringproblem in verteilten Automatisierungssystemen zugrunde.

Entwicklungstrends

Ausgehend von den zentral strukturierten Automatisierungssystemen, in denen eine Prozess-Steuerung mit den Sensoren und Aktuatoren direkt verkoppelt war, hat die Automatisierungstechnik im letzten Jahrzehnt mehrere Entwicklungstrends durchlaufen. In der ersten Phase hat die Standardisierung der Feldbustechnologie Einzug gehalten, was zur dezentralen Automatisierungsstruktur mit zunächst einfachen Feldgeräten geführt hat. Die zweite Phase konzentrierte sich auf die Entwicklung in der Applikationsebene. Applikations-Funktionen (Anwenderprofile) wurden gemäß den Anforderungen der jeweiligen Branchen standardisiert. Die Feldgeräte wurden in diesem Zuge zunehmend intelligenter, was eine Verlagerung von Automatisierungsfunktionen in die Feldgeräte selbst zur Folge hatte. Die dezentralen Automatisierungssysteme wurden zu verteilten Systemen mit lokaler Intelligenz.

PROFINET CBA-Konzept

Mit PROFINET CBA ist ein zukunftsweisendes Konzept für die industrielle Automatisierung entstanden, das die Anforderungen der Anlagenbauer und -betreiber nach einem anlagenweiten und firmenübergreifenden **Engineering** erfüllt. Neben der lückenlosen Integration von PROFIBUS und Ethernet ist ein Weg zur leichten Integration aller Feldbuslösungen in ein PROFINET-System geschaffen worden, was ein wichtiger Aspekt für die geforderte Durchgängigkeit von der Enterprise-Ebene bis hin zur Feldebene ist. Die einfache Integration von PROFIBUS und anderen Feldbussystemen erfolgt dabei über sogenannte Proxies (Stellvertreter).

Ein **Proxy** ist das Gerät, welches beispielsweise ein PROFIBUS-Segment mit dem Ethernet-Segment verbindet. Somit kann die gesamte Funktion oder eine Teilfunktionalität des unterlagerten PROFIBUS-Stranges am Ethernet zur Verfügung gestellt werden. Der Anlagenbetreiber sieht in seiner Automatisierungsanlage allerdings nur ein Kommunikationssystem, basierend auf Ethernet. Alle bisherigen und künftigen PROFIBUS-Feldgeräte können so ohne Änderung in das Gesamtkonzept integriert werden.

Abgerundet wird das PROFINET CBA-Konzept durch die Definition eines leistungsfähigen **Runtime-Modells**. In ihm finden sich die jahrelangen Erfahrungen der PROFIBUS-Praxis in der Automatisierungstechnik wieder. Die PROFINET-Runtime-Software unterstützt weitgehend selbstständig die gesamte PROFINET-Kommunikation und kann leicht in die PROFINET-fähigen Feldgeräte integriert werden.

Komponentenmodell

Eine Komponente wird in PROFINET als technologisches Modul bezeichnet und besteht demnach aus einem Mechanik-, Elektronik- und Softwareteil. Letzteres kann leicht an unterschiedliche Anlagen angepasst werden. Die bisher gewohnte zentrale Ablaufsteuerung wandert zunehmend in die anlagenweit verteilten Feldgeräte (Komponenten).

Viele Automatisierungsanlagen können normalerweise leicht in mehrere autark arbeitende Teileinheiten zerlegt werden. Diese technologischen Module arbeiten autark und koordinieren sich untereinander durch eine überschaubare Anzahl von Handshake-Signalen. PROFINET CBA legt eine objektorientierte Modellierung von technologischen Modulen zugrunde.

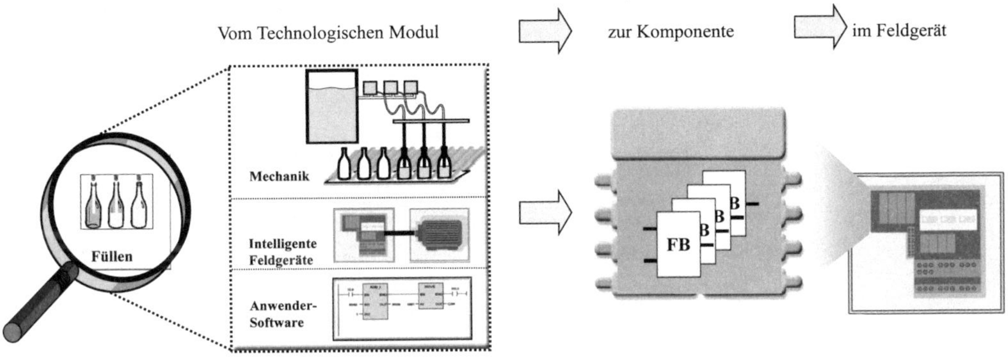

Bild 13.1: PROFINET-Komponenten repräsentieren einen Teil einer Automatisierungsanlage.

Auf der Basis des Objektmodells werden in PROFINET Maschinen und Anlagen als technologische Module betrachtet. Die Funktionalität der technologischen Module wird in Form von einheitlichen COM-Objekten, den PROFINET-Komponenten, gekapselt. Von außen sind die PROFINET-Komponenten über einheitlich definierte Interfaces zugänglich. Sie können somit beliebig verschaltet werden. Ein so konzipiertes verteiltes Automatisierungssystem ermöglicht die Modularisierung von Anlagen und Maschinen und damit die Wiederverwendung von Anlagen- und Maschinenteilen. Dadurch werden Engineeringkosten erheblich gesenkt.

Bild 13.1 zeigt den Übergang von einem technologischen Modul zur PROFINET-Komponente, die sich in Form von Software im Feldgerät befindet.

PROFINET CBA-Engineering

Für eine anwenderfreundliche Projektierung eines PROFINET-Systems wurde ein herstellerübergreifendes Engineeringkonzept definiert. Es baut auf einem Engineering-Objektmodell auf, mit dem sich nicht nur Projektierungswerkzeuge entwickeln lassen, welche die Komponenten unterschiedlicher Hersteller verwenden können, sondern auch hersteller- bzw. anwenderspezifische Funktionserweiterungen mittels sogenannter Facetten festgelegt werden können. So lassen sich bei PROFINET durch die klare Trennung der herstellerspezifischen Gerätekonfiguration, -parametrierung und -programmierung von dem herstellerunabhängigen und anlagenweiten Engineering mit dem sogenannten Verschaltungseditor Produkte unterschiedlicher Hersteller auf einfache Weise in eine Anlage integrieren und diagnostizieren. Die Einrichtung der Kommunikationsbeziehungen wird durch Ziehen von Linien zwischen den zu verschaltenden Komponenten hergestellt. Dabei überprüft der Verschaltungseditor die gewünschten Verschaltungen gleich auf Plausibilität. Der Austausch der Daten zwischen PROFINET-Teilnehmern wird durch die projektierten Verschaltungen sichergestellt.

Das Engineeringmodell unterscheidet zwischen der Programmierung der Steuerungslogik der einzelnen technologischen Module und der technologischen Projektierung der Gesamtanlage. Eine anlagenweite Applikation wird in drei Stufen gebildet:

- Erstellen von Komponenten,
- Einrichten der Verschaltungen,
- Download der Verschaltungsinformation in die PROFINET-Geräte.

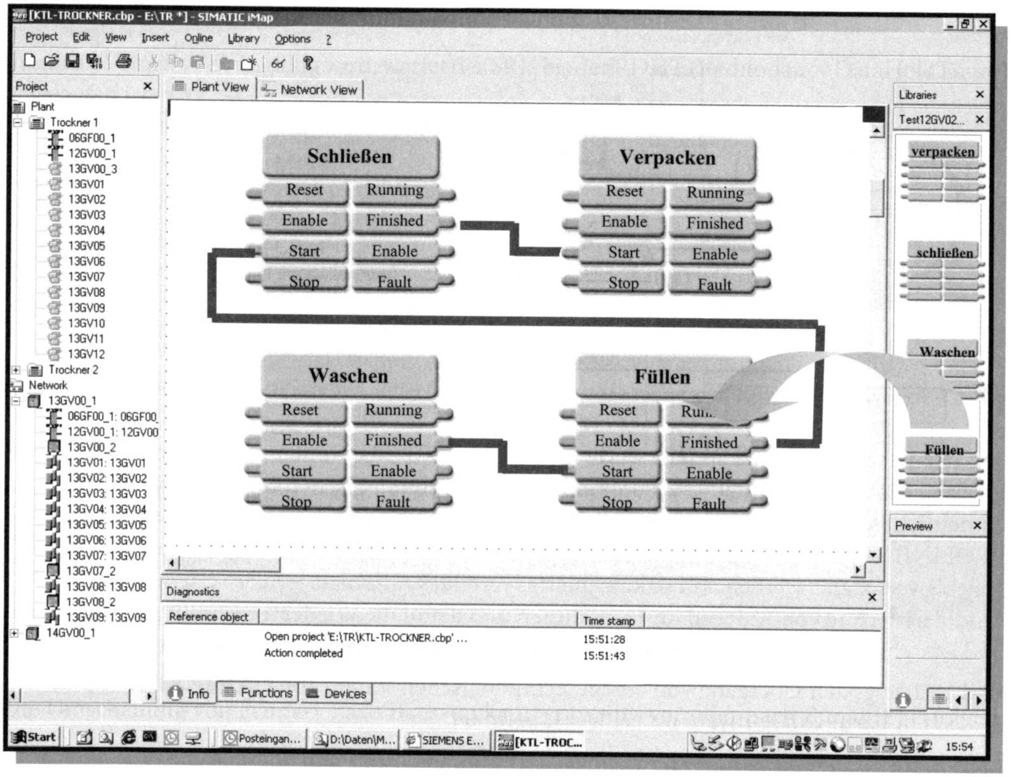

Bild 13.2: Bei PROFINET CBA wird die Kommunikation projektiert anstatt programmiert.

Runtime-Kommunikation

PROFINET CBA spezifiziert ein offenes, objektorientiertes Kommunikationskonzept, das die im Ethernet-Sektor gängigen Mechanismen wie UDP/IP zugrunde legt. Über diesem Basismechanismus wurde das DCOM-Wire-Protokoll implementiert, das für die Kommunikation von Anwendungen auf Objektbasis benötigt wird. Der Anwender kann wählen, ob er das DCOM als festen Bestandteil der PROFINET Runtime Software (also in jedem PROFINET-Gerät identisch) einsetzen will oder ob er das Original-Microsoft-DCOM verwenden will. Mit dem Original-Microsoft-DCOM steht dem Anwender die uneingeschränkte Nutzung von Microsoft-Anwendungen zur Verfügung. Andere Kommunikationsmodelle können bei Bedarf in PROFINET CBA integriert werden. Die PROFINET-Komponenten werden dabei in Form von Objekten abgebildet, deren Kommunikation durch die Mechanismen des Objektprotokolls gewährleistet ist. Alternativ wird für Anwendungsbereiche mit harter Echtzeit ein optimierter Kommunikationsmechanismus zur Verfügung gestellt. Die Kommunikationsbeziehungen und der Austausch der Daten zwischen PROFINET-Teilnehmern werden grafisch durch Verschaltungen eingerichtet. Die Verwendung etablierter, auf Ethernet basierender Technologien bilden günstige Voraussetzungen für die Verbindung der Automatisierungsebene mit der Unternehmensleitebene. Nachdem die projektierten Verschaltungsinformationen vom Engineeringsystem in das PROFINET-Gerät geladen wurden, wird die Kommunikation zwischen den einzelnen Teilnehmern selbstständig aufgebaut und überwacht.

Komponentenerzeugung

Das Erzeugen der Komponenten (als Abbild der technologischen Module) erfolgt durch die Maschinen- oder Anlagenbauer. Die Programmierung und Konfigurierung der einzelnen Geräte (intelligente Feldgeräte, Automatisierungsgeräte) erfolgt wie bisher mit den jeweiligen herstellerspezifischen Tools. Anschließend wird die Anwendersoftware in Form einer PROFINET-Komponente gekapselt. Die Gerätehersteller brauchen dazu ihre Software-Tools lediglich, um die neue Komponentenschnittstelle zu erweitern. Dabei wird eine XML-Datei mit vorgegebener Struktur erzeugt, deren Inhalte in PROFINET spezifiziert sind. Auf diese Weise können vorhandene Anwenderprogramme sowie das Know-how von Programmierern und Servicepersonal weiter verwendet werden.

Komponentenverschaltung

Die so erzeugten PROFINET-Komponenten werden mit dem PROFINET-Engineering-Tool (Verschaltungseditor) per Mausklick aus einer Bibliothek heraus zu einer Applikation verschaltet. Dieses Verschalten ersetzt die bisher aufwendige Programmierung der Kommunikationsbeziehungen durch einfaches grafisches Projektieren. Das PROFINET-Engineering-Tool führt die einzelnen verteilten Anwendungen anlagenweit zusammen. Es arbeitet herstellerunabhängig und verschaltet PROFINET-Komponenten beliebiger Hersteller. Der entscheidende Vorteil ist, dass die Kommunikation nicht mehr programmiert werden muss.

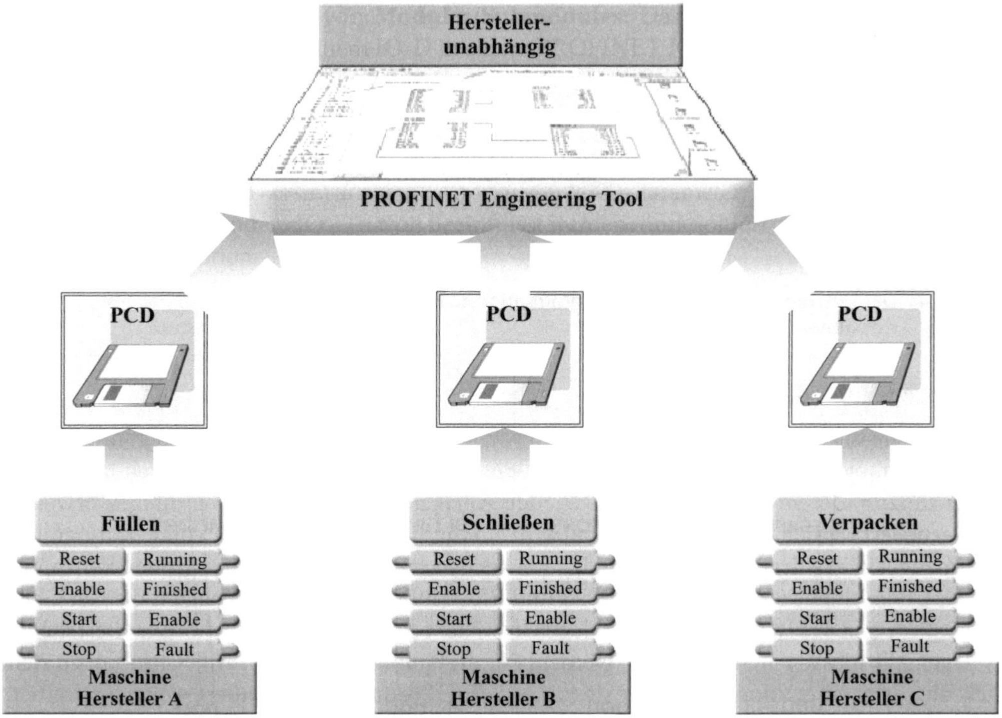

Bild 13.3: Der PROFINET-Verschaltungseditor ist herstellerunabhängig.

Download der Verschaltungsinformation

Nach der Komponentenverschaltung wird die Verschaltungsinformation in die PROFINET-Geräte per Mausklick heruntergeladen. Damit kennt jedes Gerät alle Kommunikationspartner, Kommunikationsbeziehungen und die auszutauschenden Informationen.

Die Verschaltungsinformationen werden in den jeweiligen Consumer geladen, der die Kommunikationsverbindung zu den beteiligten Partnergeräten selbstständig aufbaut. Die projektierte Anwendung kann ausgeführt werden.

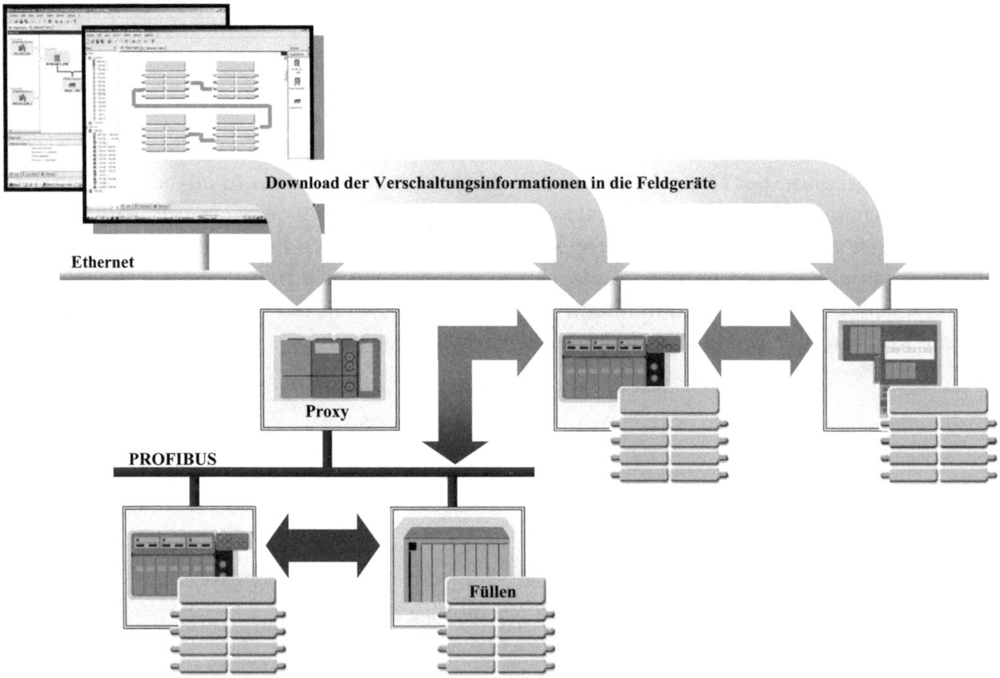

Bild 13.4: Der Download der Verschaltungsinformation zu PROFINET-Geräten erfolgt in den jeweiligen Consumer.

Feldbus-Integration

Die einfache Integration von PROFIBUS und von anderen Feldbussystemen erfolgt mithilfe der Proxy-Technologie. Die Akzeptanz eines neuen Automatisierungskonzepts durch den Markt hängt unter anderem davon ab, ob bestehende Anlagen ohne große Aufwendungen erweitert bzw. erneuert werden können. Im Idealfall wird ein für die Anlagenbetreiber völlig transparenter Übergang von existierenden Teilen zu den neuartigen stattfinden. Trotz der großen konzeptionellen Unterschiede zwischen PROFIBUS und PROFINET CBA ist es gelungen, die Netzübergangsstrategien in PROFINET so festzulegen, dass der Idealfall zum Tragen kommt. Bestehende Anlagenteile müssen nicht angepasst werden. Für die Anbieter von PROFIBUS-Produkten stellt sich die gleiche Situation dar. Auch sie können ihre Produkte unverändert weiter vertreiben, ohne befürchten zu müssen, dass sie in PROFINET-basierten Systemen nicht zum Zuge kommen. Damit gewinnen sie wertvolle Zeit bei der Konzeption neuer Produkte für PROFINET.

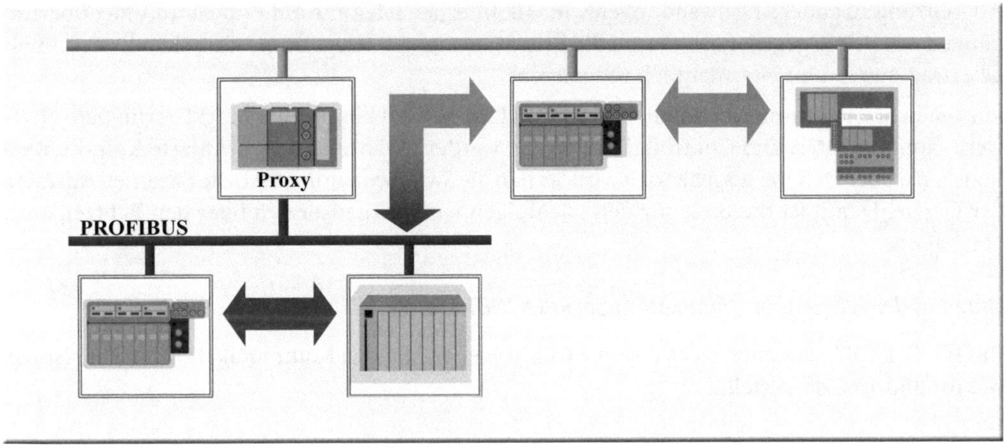

Bild 13.5: Die Feldbus-Integration in PROFINET ist mithilfe eines Proxies nahtlos möglich.

Mit PROFINET ist es der PROFIBUS Nutzerorganisation gelungen, das Prinzip Investitionsschutz optimal zu gestalten.

Architektur der Echtzeitkommunikation bei PROFINET CBA

Aus diesen Gründen wird für die optimierte Echtzeitkommunikation bei PROFINET CBA V2.0 ein Transportprotokoll, aufsetzend auf Layer 2, eingesetzt. Eine solche Lösung minimiert die Durchlaufzeiten im Kommunikationsstack erheblich und führt zu einer Performancesteigerung bezüglich der Aktualisierungsrate. Durch den Wegfall von mehreren Protokollebenen wird zum einen die Telegrammlänge reduziert, zum anderen steht der zu übertragende Wert schneller zum Senden bereit bzw. der Applikation zur Verarbeitung zur Verfügung. Gleichzeitig wird dadurch die zur Kommunikation benötigte Prozessorleistung im Gerät erheblich reduziert. Dadurch steht dem Gerät mehr Prozessorleistung für die Bearbeitung des Applikationsprogramms zur Verfügung. Eine Layer-2-Lösung bietet zudem die besten Voraussetzungen, bei weiter steigenden Anforderungen an Performance und Aktualisierungsrate zukünftig die Kommunikation durch Hardware-Unterstützung in Form eines PROFINET-Kommunikationsprozessors zu realisieren. Da die Interoperabilität nur durch gleiche Applikationsprotokolle auf Layer 7 garantiert wird, ist diese Layer-2-Implementierung bezüglich des Zusammenspiels der Ethernet-Geräte genauso gut wie eine Kommunikation auf Basis von TCP/IP oder UDP/IP.

Neben dem minimierten Kommunikationsstack in den Automatisierungsgeräten wird bei PROFINET auch die Übertragung der Daten im Netzwerk optimiert. Umfangreiche Messungen haben ergeben, dass sich in geswitchten Netzen bei einer sehr hohen Netzwerklast Übertragungszeiten zwischen zwei Teilnehmern am Ethernet von bis zu 20 ms ergeben können. Eine Netzwerklast in dieser Größenordnung kann bei der Nutzung von Standard-Netzkomponenten nicht ausgeschlossen werden, z. B. beim gleichzeitigen Upload von Qualitätsdaten aus den Geräten. PROFINET V2.0 priorisiert dazu die Pakete nach IEEE 802.1Q. Das bedeutet, dass jedes Telegramm im Kommunikationsstack mit einer Priorität versehen wird. Die Netzwerk-Komponenten steuern über diese Priorität den Datenfluss zwischen den Geräten. Als Priorität für die Echtzeitkommunikation wird Prio 7 (Network Control) eingesetzt, womit auch eine

Abgrenzung zu anderen Anwendungen wie z. B. Internet Telefonie mit Prio 5 und Videoübertragungen mit Prio 6 gegeben ist. Durch die Priorisierung der Telegramme lässt sich die maximale Übertragungszeit im Netz deutlich reduzieren.

Für die Echtzeitkommunikation bei PROFINET CBA V2.0 können am Markt verfügbare Netzwerk-Komponenten und Controller verwendet werden. Während der optimierte Kommunikationskanal über DCOM ausgehandelt wird, lernen die Switches automatisch die Ethernet-Adressen der Geräte. Damit ist die Basis für den nachfolgenden Datenaustausch über den Echtzeitkanal geschaffen.

Nutzung der Echtzeitkommunikation bei PROFINET CBA V2.0

PROFINET CBA unterstützt ab Version 2.0 die folgenden beiden Kommunikationsmechanismen, wie im Bild 13.6 dargestellt:

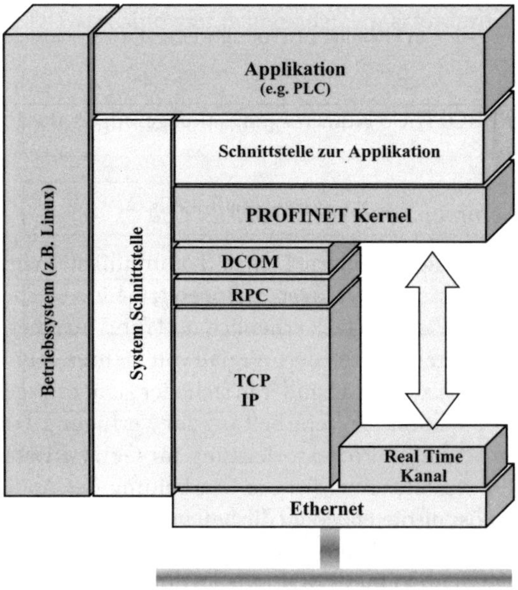

Bild 13.6: Ein optimierter Kommunikationskanal für Echtzeitdaten erweitert die PROFINET-Runtime-Software V2.0.

Zum einen den bewährten TCP/IP-DCOM-Kanal für die Standardkommunikation, die von jedem PROFINET-Gerät zu erbringen ist. Über TCP/IP und DCOM ist eine gesicherte Datenübertragung zwischen den Geräten gewährleistet.

Zum anderen den Echtzeitkanal als Software-Implementierung. Über diesen Weg werden Produktivdaten mit einem kleinen und optimierten Layer-2-Protokoll übertragen. Diese Lösung ist mit Standard-Netzkomponenten realisierbar. Ob eine Verschaltung zwischen zwei Geräten den Echtzeitkanal benutzen soll, wird durch den Anwender im Engineering-Tool eingestellt und zwischen den Geräten über den DCOM-Kanal ausgehandelt. Der Echtzeitkanal ist in PROFINET CBA V2.0 Bestandteil der Runtime-Software und ermöglicht die Übertragung von zyklischen und azyklischen Daten.

Die zyklischen Daten (z. B. Prozesswerte) werden in einem festen Raster vom Sender (Provider) zum Empfänger (Consumer) ungesichert und ohne Quittierung über eine Verschaltung übertragen. Das Ausbleiben von zyklischen Daten überwacht der Consumer durch eine projektierte Überwachungszeit. Empfängt der Consumer innerhalb der Überwachungszeit keine neuen Werte, werden projektierte Ersatzwerte an die Applikation weitergegeben. Durch die schnelle zyklische Übertragung ist sichergestellt, dass beim Consumer auch bei kurzfristigem Ausfall immer aktuelle Daten zur Verfügung stehen.

Die azyklischen Daten (z. B. Prozessdaten auf Änderung, Ereignisse und Kommandos) werden zu bestimmten Zeitpunkten ereignisgesteuert vom Provider zum Consumer übertragen. In PROFINET CBA V2.0 wird der Echtzeitkanal sowohl für die Übertragung der zyklischen Daten als auch für den Austausch der azyklischen Daten verwendet. Der Austausch der azyklischen Daten erfolgt im Gegensatz zur zyklischen Datenübertragung gesichert und quittiert.

Ob Prozesswerte zyklisch oder azyklisch auf Änderung übertragen werden, ist im PROFINET-Engineering bei der Verschaltungsprojektierung festgelegt. Über die Einstellung der Änderungsrate, dem sogenannten Quality of Service, entscheidet der Anwender, ob im laufenden Betrieb über die Verschaltung der Wert zyklisch oder auf Änderung übertragen wird. Bei hohen Änderungsraten ist eine zyklische Übertragung vorteilhafter, da die Überprüfung auf Änderung und die Quittierung letztendlich mehr Prozessorlast hervorrufen als ein zyklisches Versenden.

Ausblick

Mit der Version 2.0 ist PROFINET CBA am Ethernet echtzeitfähig. Neben dem bisher existierenden Standard-TCP/IP-Kanal und DCOM wird PROFINET einen zusätzlichen neuen Echtzeitkanal mit Aktualisierungszeiten im Bereich von 5 – 10 ms bieten. Dabei können Standard-Netzkomponenten und Standard-Ethernet-Controller (ASIC) eingesetzt werden. Die Realisierung des Echtzeit-Kanals als Layer-2-Implementierung bietet zudem die besten Voraussetzungen, zukünftige Anforderungen wie die Einbindung von Antriebsregelungen mit taktsynchroner Übertragung am Ethernet zu realisieren. Auch hier beweist PROFINET, dass es für die Automatisierungsaufgaben der Zukunft gerüstet ist und sich flexibel und dynamisch erweitern lässt. Sicherlich wird die Kommunikationswelt in Zukunft vorwiegend auf Funktionalitäten setzen, die sich nicht mehr um Bits und Bytes kümmert. Mit dem Standard nach IEC 61131 und den entsprechenden Erweiterungen sowie dem PROFINET CBA-Konzept und einer Ethernet-basierten Hardware sind die Voraussetzungen hierfür bereits geschaffen. Wann sich diese Denkweise in der industriellen Kommunikation durchsetzt, bleibt momentan noch abzuwarten.

14 PROFINET-Profile

PROFINET überträgt standardmäßig die spezifizierten Daten in der Data Unit (DU) transparent. Es obliegt dem Anwender, die gesendeten oder empfangenen Daten im Anwenderprogramm einer PC-basierten Lösung oder im Funktionsbaustein einer speicherprogrammierbaren Steuerung zu interpretieren. In einigen Sparten, wie z. B. im Bereich der Antriebstechnik, Encoder oder sicherheitsgerichteter Datenübertragung etc., sind bereits Profile von den führenden Interessengruppen definiert, die dem Anwender das Interpretieren der Daten vereinheitlichen und in Automatisierungsanlagen auf reges Interesse stoßen.

Profile legen fest, wie die Applikation im konkreten Anwendungsgebiet die Prozessdaten zu interpretieren hat. Anlagenbetreiber und Endkunden haben durch die Nutzung von Anwenderprofilen den Vorteil der Austauschbarkeit von einzelnen Feldgeräten. Die Engineering-Kosten werden durch das Nutzen von Profilen für den Anwender erheblich reduziert, da die Bedeutung der anwendungsbezogenen Parameter genau festgelegt ist.

14.1 Profil für die Antriebstechnik (PROFIdrive)

Das Profil PROFIdrive definiert das Geräteverhalten und das Zugriffsverfahren auf Antriebsdaten für elektrische Antriebe an PROFIBUS/PROFINET, vom einfachen Frequenz-Umrichter bis hin zu hochdynamischen Servo-Reglern.

Die Einbindung von Antrieben in Automatisierungslösungen ist stark von der Antriebsaufgabe abhängig. Daher definiert PROFIdrive sechs Anwendungsklassen, denen sich die meisten Anwendungen zuordnen lassen.

Bei einem **Standardantrieb (Klasse 1)** wird der Antrieb über einen Haupt-Sollwert (z. B. die Drehzahl) gesteuert, die Drehzahlregelung erfolgt im Antriebsregler.

Bei einem **Standardantrieb mit Technologiefunktion (Klasse 2)** wird der Automatisierungsprozess in mehrere Teilprozesse zerlegt, und die Automatisierungsfunktionen sind teilweise vom zentralen Automatisierungsgerät auf die Antriebsregler ausgelagert. PROFIBUS/PROFINET dient dabei als Technologie-Schnittstelle. Für diese Lösung ist der Daten-Querverkehr zwischen den einzelnen Antriebsreglern Voraussetzung.

Der Positionierantrieb (Klasse 3) schließt eine zusätzliche Positioniersteuerung im Antrieb ein und deckt damit ein sehr weites Anwendungsfeld ab, z. B. das Auf- und Abdrehen von Flaschenverschlüssen. Die Positionieraufträge werden über das Kommunikationssystem an die Antriebsregler übergeben und gestartet.

Die **Zentrale Bewegungssteuerung (Klassen 4 und 5)** ermöglicht den koordinierten Bewegungsablauf mehrerer Antriebe. Die Bewegungsführung wird überwiegend mit einer zentralen numerischen Steuerung realisiert. Das Kommunikationssystem dient zur Schließung des Lageregelkreises sowie zur Synchronisation der Takte. Diese Lösung erlaubt durch ihr Lageregelkonzept „Dynamic Servo Control" weiterhin auch sehr anspruchsvolle Anwendungen mit Linearmotoren.

Die **dezentrale Automatisierung** bei getakteten Prozessen und elektronischer Welle **(Klasse 6)** kann unter Verwendung des Daten-Querverkehrs und der isochronen Teilnehmer realisiert werden. Beispiele sind Applikationen wie „Elektrisches Getriebe", „Kurvenscheibe" oder „Winkelsynchronlauf".

PROFIdrive definiert ein Gerätemodell aus Funktionsmodulen, die geräteintern zusammenarbeiten und die Intelligenz des Antriebssystems widerspiegeln. Diesen Modulen sind Objekte zugeordnet, die im Profil beschrieben und hinsichtlich ihrer Funktionen definiert werden. Die gesamte Funktionalität eines Antriebs ist durch die Summe seiner Parameter beschrieben.

Im Gegensatz zu anderen Antriebsprofilen definiert PROFIdrive nur die Zugriffsmechanismen auf die Parameter sowie einen Subset von *Profilparametern*, wozu z. B. Störpuffer, Antriebssteuerung, Geräteidentifikation u. a. gehören.

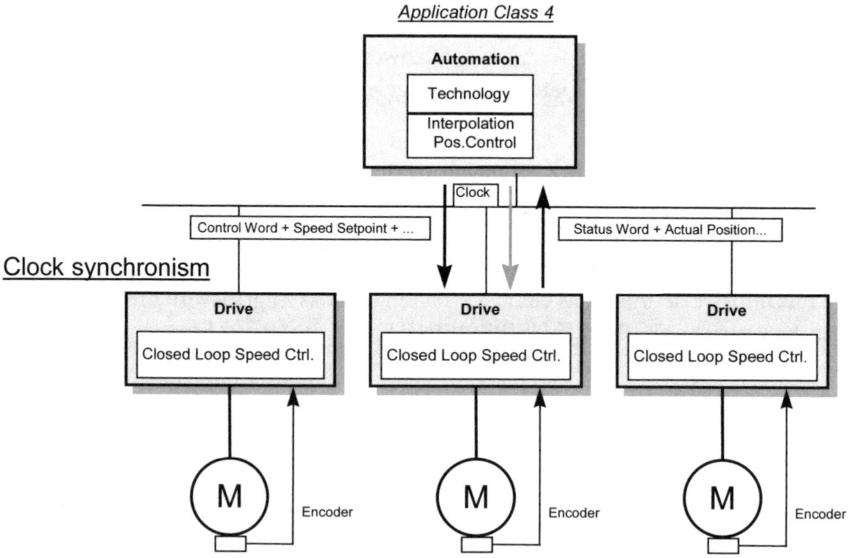

Bild 14.1: PROFIdrive, Positionieren mit zentraler Interpolation und Lageregelung

Alle anderen Parameter (bei komplexen Geräten über 1 000 möglich) sind *herstellerspezifisch*, was den Antriebsherstellern große Flexibilität bei der Realisierung der Regelfunktionen gibt. Der Zugriff auf die Elemente eines Parameters erfolgt azyklisch.

Da das neue PROFIdrive-Profil sowohl für PROFIBUS als auch für PROFINET einsetzbar ist, minimiert sich der Aufwand zur Implementierung des Profils in einem Feldgerät.

14.2 PROFIsafe

Die dezentrale Feldbustechnik für die Fertigungs- und Prozessautomatisierung musste lange Zeit mit der Einschränkung leben, dass sicherheitstechnische Aufgaben nur mit konventioneller Technik in einer zweiten Ebene oder dezentral über Spezialbusse gelöst werden konnten. PROFIBUS hat sich vor einigen Jahren daher zum Ziel gesetzt, für sicherheitsrelevante Anwendungen eine ganzheitliche, offene Lösung zu schaffen, die den bekannten Anwenderszenarien gerecht wird. Diese Lösung heißt PROFIsafe und ist seit Jahren erfolgreich im Einsatz. Unter Ausnutzung der jahrelangen Erfahrungen mit PROFIsafe steht mit der Version 2.x das PROFIsafe-Profil sowohl für PROFIBUS als auch für PROFINET zur Verfügung.

PROFIsafe definiert, wie sicherheitsgerichtete Geräte (Not-Aus-Taster, Lichtgitter, Überfüllsicherungen, ...) über PROFINET mit Sicherheits-Steuerungen so sicher kommunizieren, dass sie in sicherheitsgerichteten Automatisierungsaufgaben bis KAT4 nach EN954, AK6 oder **SIL3** (**S**afety **I**ntegrity **L**evel) eingesetzt werden können.

PROFIsafe realisiert die sichere Kommunikation über ein Profil, d. h. über ein besonderes Format der Prozessdaten und ein spezielles PROFIsafe-Protokoll. Die Spezifikation wurde von Herstellern, Anwender, Normungsgremien und Prüfinstituten (TÜV, IFA) gemeinsam erarbeitet.

Die Spezifikation setzt auf einschlägige Standards, allen voran der IEC 61508, die besonders auf die Belange von Softwareentwicklungen eingehen.

PROFIsafe berücksichtigt eine Vielzahl von Fehlermöglichkeiten, die bei einer seriellen Buskommunikation auftreten können wie Verzögerung, Verlust oder Wiederholung von Daten, falsche Reihenfolge, Fehladressierung oder Datenverfälschungen.

Hierfür gibt es eine Reihe von Abhilfemaßnahmen, aus denen für PROFIsafe folgende ausgewählt wurden:

- fortlaufende Nummerierung der Sicherheitstelegramme,
- Zeiterwartung für ankommende Telegramme und deren Quittierung,
- Kennung zwischen Sender und Empfänger (*Passwort*),
- zusätzliche Datensicherung (**C**yclic **R**edundancy **C**heck, **CRC**).

Typische Eigenschaften

Es ist angedacht, PROFIsafe als generischer Software-Treiber für verschiedene Entwicklungs- und Ablaufumgebungen zur Verfügung zu stellen, der in den Geräten als zusätzliche Schicht „oberhalb" der Schicht 7 implementiert wird. Die Standard-PROFINET-Komponenten wie Leitungen, ASICs oder Protokolle bleiben unverändert. Dadurch ist Redundanzbetrieb und Nachrüstbarkeit gegeben.

Geräte mit dem PROFIsafe-Profil können ohne Einschränkung zusammen mit Standardgeräten am selben Bus (Kabel) in Koexistenz betrieben werden.

PROFIsafe nutzt die azyklische Kommunikation. Damit sind sowohl kurze Reaktionszeiten (wichtig für die Fertigungsindustrie) als auch eigensicherer Betrieb (wichtig für die Prozessautomatisierung) gewährleistet.

In der Prozesstechnik braucht nur *ein* Standardgerätetyp für sicherheitsgerichteten oder normalen Betrieb vorgesehen und bevorratet werden, da die Sicherheitsfunktionalität erst im Einsatzfall konfiguriert werden kann (SIL2 bei Betriebsbewährung).

Als zugehöriges Dokument bietet die PNO die Profilbeschreibung *PROFIsafe, Profile for Safety Technology* an.

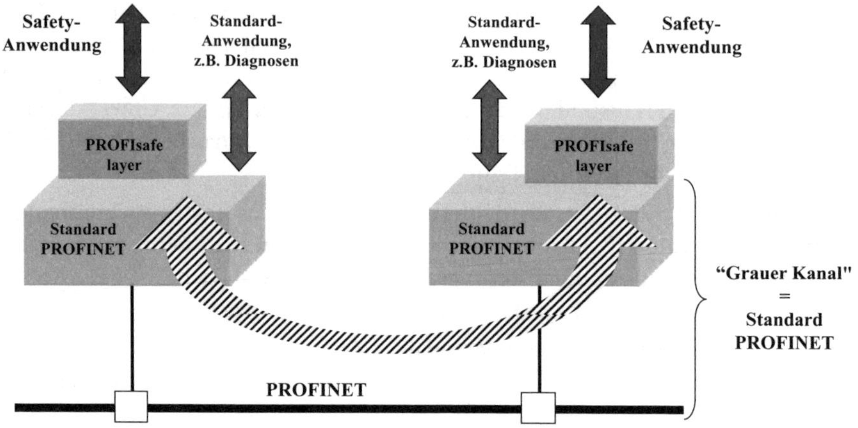

Bild 14.2: Der sicherheitsgerichtete Betrieb mit PROFIsafe schafft mehr Sicherheit für Mensch und Maschine.

14.2.1 PROFIsafe-Definitionen in der GSD-Datei

I/O-Module, die PROFIsafe-Funktionalität unterstützen, müssen in der GSD-Datei innerhalb der *VirtualSubmoduleList* entsprechend definiert werden. Nachfolgend sehen Sie ein einfaches Beispiel, wie eine solche Definition aussehen kann.

```
<VirtualSubmoduleList>                   /* Beispiel eines PROFIsafe Submoduls */
  <VirtualSubmoduleItem ID="IDS_3" SubmoduleIdentNumber="0x00000010"
                        API="0" FixedInSubslots="2"
                        PROFIsafeSupported="true">
                  /* kennzeichnet die Unterstützung gemäß PROFIsafe-Profil */
    <IOData IOCS_Length="1" IOPS_Length="1"      /* Länge der übertragenen
                                                    Statusinformationen */
          F_IO_StructureDescCRC="6643">          /* Wert des 2 byte CRCs über
                                                    die IO-Daten */
      <Input>
        <DataItem DataType="Unsigned16"
                  TextId="IDT_DATAITEM_AnalogInput"/>
        <DataItem DataType="Unsigned16"
                  TextId="IDT_DATAITEM_AnalogInput"/>
      </Input>
    </IOData>
    <RecordDataList>                       /* Beschreibung der Daten die azyklisch
                                              übertragen werden */
      <F_ParameterRecordDataItem Index="1" F_ParamDescCRC="1234">
                          /* Wert des 2 byte CRCs über die F-Parameter */
        <F_Check_iPar Changeable="true"      /* die individuellen Parameter
                                              werden in den CRC1 mit übernommen */
```

```
                    Visible="true"        /* Visible → im Engineering-Tool
                                             sichtbar */
                    DefaultValue="Check"/>
        <F_SIL DefaultValue="SIL2" AllowedValues="SIL1 SIL2"
                   /* Angabe der unterstützten Safety Integrated Level */
               Changeable="true" Visible="true"/>
        <F_CRC_Length DefaultValue="3-Byte-CRC"    /* Definition der Länge
                                                      des CRC2-Werts */
                    AllowedValues="2-Byte-CRC 3-Byte-CRC 4-Byte-CRC"/>
        <F_Block_ID DefaultValue="3"/>             /* Angabe des Typs der
                             Blockstruktur gemäß PROFIsafe-Profil */
        <F_Source_Add AllowedValues="0.1000"/>     /* Adressbereich der
                                                      Inputdaten */
        <F_Dest_Add AllowedValues="0.65000"/>      /* Adressbereich der
                                                      Outputdaten */
        <F_WD_Time DefaultValue="100" AllowedValues="1.2000"/>
                              /* Überwachungszeit für die F-Daten */
        <F_Par_CRC DefaultValue="2871"/>    /* CRC1-Wert der F-Parameter */
      </F_ParameterRecordDataItem>
    </RecordDataList>
  </VirtualSubmoduleItem>
```

14.3 Das PROFIenergy-Profil

Die Sicherung der internationalen Wettbewebsfähigkeit forderte schon immer Maßnahmen, die Herstellung von Produkten so kostengünstig wie nur möglich zu gestalten. Schaut man heutzutage Produktionsanlagen an, wird man feststellen, dass auch in produktionsfreier Zeit wie beispielsweise am Wochenende oder in Mittagspausen der Energieverbrauch einer Automatisierungsanlage immer noch vergleichsweise hoch ist. Messungen im Rohbau bei der Automobilherstellung haben ergeben, dass auch in der produktionsfreien Zeit noch ca. 60 % der Energie im Vergleich zum Produktionsbetrieb benötigt werden. Ein Energiemanagement in bisherigen Lösungen benötigte Zusatzhardware, individuelle Logikprogramme und ein aufwendiges Engineering-System. Solche separaten Steuerungen benötigten Platz und Wartungsaufwände, was natürlich auch mit zusätzlichen Kosten verbunden war und den eigentlichen Nutzen schmälerte. Oftmals wurden die Einsparpotenziale in den Pausen gar nicht genutzt.

Genau hier setzt PROFIenergy an. Ziel war es von Anfang an, keine zusätzliche Hardware einzusetzen und die Integration in das bestehende PROFINET-Konzept zu sichern. Dadurch ergeben sich für den Anlagenbetreiber eine hohe Auswahl an Feldgeräten, Investitionsschutz und mehr Flexibilität, was sich letztendlich in deutlich geringeren Kosten und einer höheren Anlagenverfügbarkeit niederschlägt.

PROFIenergy ist eine auf PROFINET basierende Datenschnittstelle, die es erlaubt, hersteller- und geräteunabhängig verbraucherkoordiniert und zentral gesteuert in Pausenzeiten abzuschalten.

Schon aus der Schreibweise kann man erkennen, dass es sich bei PROFIenergy um ein klassisches Anwenderprofil handelt, das auf einfache Weise in Feldgeräten mit Energiesparfunktionen oder

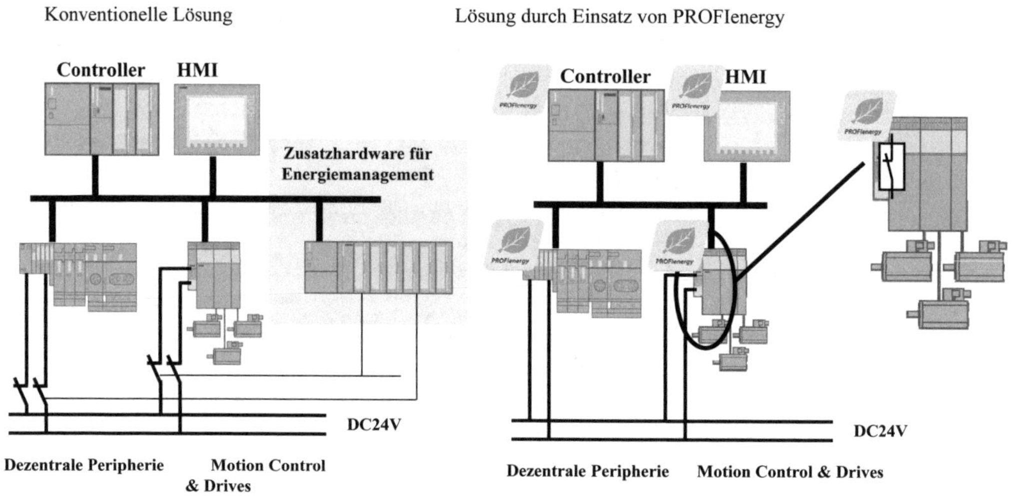

Bild 14.3: PROFIenergy benötigt keine Zusatzhardware bei hoher Anlagenverfügbarkeit.

Messgeräteeigenschaften integrierbar ist. Dabei geht es nicht darum, Energiesparklassen wie bei Haushaltsgeräten festzulegen. PROFIenergy beschränkt sich lediglich darauf, einen Funktionsumfang zu definieren, der es ermöglicht, in den Prozess einzugreifen und Energiespar- und Messfunktionen anzustoßen. Das Feldgerät selbst muss nicht zwingend Energie sparen, es ist u. U. nur „Mittler" zum Prozess.

Die Anwendungsfälle von PROFIenergy ergeben sich demnach beim:

- Abschalten in kurzen Pausenzeiten,
- Abschalten in langen Pausenzeiten,
- Abschalten in ungeplanten Pausenzeiten,
- Auslesen von Messdaten.

Darüber hinaus legt PROFIenergy legt fest, wie

- die Protokollabwicklung,
- die Transportmechanismen,
- die Steuerschnittstelle und
- die Statusfunktionen

funktionieren.

In der Verantwortung des Anwenders/Anlagenbetreibers liegt es, wie

- die Koordination der Aus- und Einschaltreihenfolge und
- die Freigabesignale für den Prozess

anzuwenden sind.

Das PROFIenergy-Protokoll besteht nur aus azyklischen Read-Write-Services mit reservierten Indizes, was eine einfache Implementierung in Feldgeräte garantiert. Die korrekte Implementierung des PROFIenergy-Profils wird durch einen Zertifizierungstest nachgewiesen. Dabei geht es nicht darum, die Abschaltfunktion nachzuweisen, sondern nur die richtige Implementierung des PROFIenergy-Protokolls.

Folgende Dienste sind bei PROFIenergy definiert:

Die Steuerschnittstelle:

- Start_Pause: Starten der Pause durch Übergabe der Pausenzeit,
- End_Pause: Beenden der Pause durch Übergabe der Einschaltzeit.

Die Statusfunktionen:

- Device_Identify: Auslesen der unterstützten Kommandos,
- Query_Modes: Auslesen der Energiezustände wie Zeiten und Leistungsdaten,
- PEM_Status: Auslesen des aktuellen Zustandes,
- Query_Measurement: Auslesen von Messdaten.

Die Wirkungsweise von PROFIenergy ist an folgendem Beispiel verdeutlicht:

Beispiel zu nachfolgendem Bild:

Eine Anlage besteht aus einem IO-Controller, einem Förderer und einem Roboter. Aufgrund der Anlagenkonstellation und der Geräteeigenschaften muss der Förderer 2 Minuten nach dem Roboter ausgeschaltet werden und 2 Minuten vor dem Roboter eingeschaltet werden. Der Beginn der Pause ist 12:00 Uhr und das Ende der Pause ist 12:45 Uhr.

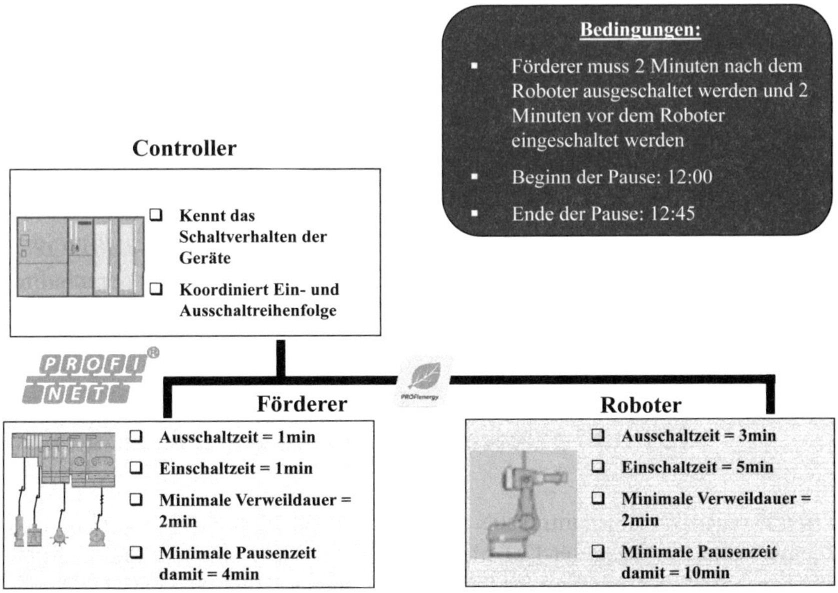

Bild 14.4: Mit PROFIenergy lassen sich Verbraucher gezielt abschalten.

Im Zeit-Diagramm sieht der Ablauf der Ein-/Ausschaltvorgänge folgendermaßen aus:

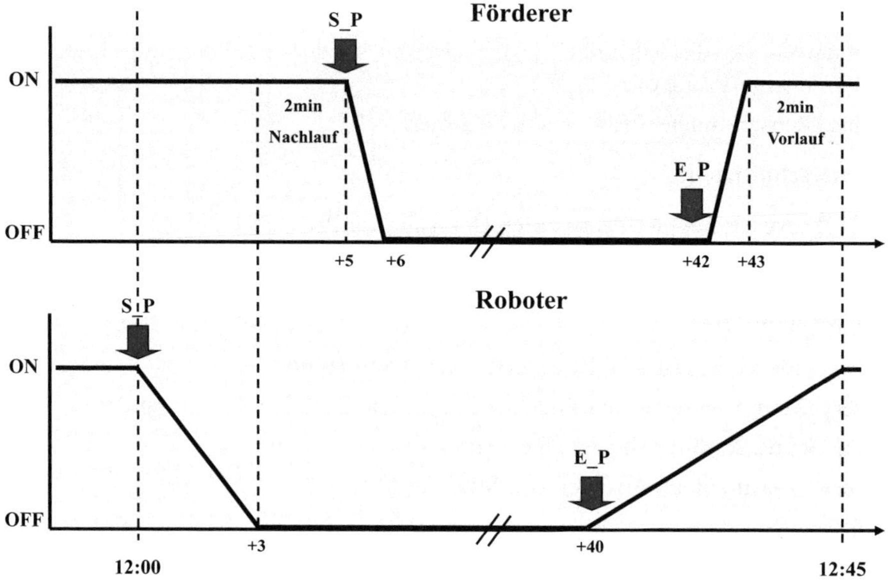

Bild 14.5: Die zeitliche Reihenfolge der Ein-/Ausschaltvorgänge wird durch den Anlagenbetreiber vorgegeben.

14.4 Übersicht über die aktuellen Profile

Welche Profile derzeit in Zusammenarbeit von verschiedenen Firmen erstellt wurden, kann man unter *www.profibus.com* einsehen. Es ist zu empfehlen, bestehende Profile einzusetzen, damit man die Einsatzbedingungen eines Gerätes nicht einschränkt und mit den Vorgaben der Industrie in Einklang bringt.

15 Security

Eine Ethernet-basierte Datenübertragung ist eng mit der Kommunikation im Internet verbunden. Dies bietet einerseits große Vorteile, da Zugriffe auf Daten weltweit sehr bequem möglich sind. Andererseits können damit aber auch Gefahren einhergehen, die für eine sichere und ungestörte Datenkommunikation nicht erwünscht sind. Davor gilt es, sich und Automatisierungsanlagen zu schützen. Weiterhin haben Funknetzwerke bzw. Wireless LAN (**L**ocal **A**rea **N**etwork) in vielen Bereichen wie in der Produktion ihren Anwendungsbereich gefunden. Heutzutage ist WLAN standardmäßig in jedem Notebook integriert. Dadurch steigt naturgemäß auch das Gefahrenpotenzial bewusst oder unbewusst an. Wenn ein Ethernet-basiertes, industrietaugliches Kommunikationssystem einen hohen Verbreitungsgrad erreichen will, muss auch das Thema Security beherrscht werden. Im Officebereich lebt man schon seit Jahren mit diesen bewussten und unbewussten Bedrohungen, die ein öffentlicher Zugang zum PC mit sich bringt, und reagiert mittlerweile recht erfolgreich auf solche Bedrohungen. Nun könnte man leicht dazu geneigt sein, den Officebereich mit der Automatisierungstechnik auf die gleiche Stufe zu stellen. Man wird aber bald feststellen, dass es zwischen den beiden Bereichen wesentliche Unterschiede gibt, die in das Security-Konzept einfließen müssen. Die wesentlichen Unterschiede sind in nachfolgender Gegenüberstellung dargestellt.

Bürobereich	Automatisierungstechnik
Hohes Datenaufkommen mit relativ hohen Verzögerungen.	Hohe Real-Time-Fähigkeit mit geringer Abweichung und geringen Verzögerungen.
Zeitkritische Reaktionen sind normalerweise nicht erforderlich.	Oftmals sehr kurze Reaktionszeiten bei Interaktionen erforderlich (Not-Aus).
Das Security-Konzept konzentriert sich primär auf die zentrale Datenarchivierung.	Steuerungs- und Leitsysteme, die unmittelbar in den Prozess eingreifen, stellen den Hauptfokus dar.
Spannungsausfälle verursachen teilweise „nur" einen Datenverlust, der durch rebooten meistens wieder bereinigt ist.	Die hohe und sichere Verfügbarkeit einer Produktionsanlage bestimmt oftmals den Prozess.
Eine Datenmanipulation stellt im Regelfall keine Gefährdung von Menschen dar. Datenintegrität und hoher Durchsatz sind hier die Hauptthemen.	Die Verantwortung gegenüber Menschenleben und Anlagenverfügbarkeit spielen hier die wesentliche Rolle.

Da Security-Konzepte aus dem Office-Bereich nur bedingt auf die Automatisierungstechnik übertragbar sind, ist es erforderlich, ein Security-Konzept zu definieren, das den besonderen industriellen Anforderungen genügt. Die Bedrohungen, die man aus dem Officebereich kennt, sind die gleichen, nur wirken sich diese Bedrohungen im Produktionsbereich wesentlich deutlicher aus. Die Spannbreite der Auswirkungen geht vom Produktions-Stillstand bis hin zur Gefährdung des Menschenlebens.

Innere und äußere Bedrohungen

Die Bedrohungen, die von einem nicht regulären Datenverkehr ausgehen, können sowohl von außen durch Hackerangriffe und Datenmanipulationen als auch von innen, beispielsweise durch eine Software im Feldgerät, kommen. Security in der Automatisierungstechnik dient deshalb dazu, die Verfügbarkeit, den störungsfreien Betrieb und den Schutz der industriellen Anlagen und des Produktionsprozesses zu gewährleisten. Dafür reicht es häufig nicht aus, sich nur gegen Gefahren von außen, die von jenseits der schützenden Firewall kommen, zu schützen. Ein beträchtliches Gefahrenpotenzial geht nämlich auch von intern aus. Bereits eine temporäre hohe Kommunikationslast (z. B. ausgelöst durch Broadcasts) kann dazu führen, dass der Produktionsprozess empfindlich gestört wird oder gar zum Erliegen kommt. Hier ist die Beschränkung von unnötiger Kommunikationslast erforderlich.

Was sind die gängigen Maßnahmen?

Firewalls

Firewalls sind in der Lage, unerwünschte Kommunikation zu blockieren, indem IP-Pakete nach vorher vom Anwender festgelegten Regeln gefiltert werden. Dadurch werden verschiedene Aktionen gemäß den Spielregeln „wer darf was mit wem" erlaubt oder verweigert. Sowohl eingehende als auch ausgehende Kommunikation kann damit geblockt werden. Die Filterkriterien können IP-Adressen (Quell- und Zieladressen), Port-Nummern oder bestimmte Protokolle sein, die entweder unterbunden oder freigegeben werden können. Firewalls haben demnach folgende Aufgaben:

- Zugriffskontrolle von oder auf ein bestimmtes, geschütztes Netzwerk,
- Zugriffskontrolle auf Feldgeräte in einem geschützten Netzwerk,
- Verhinderung des Durchschleusens nicht gewünschter Datenpakete in ein Netzwerk,
- Kontrolle des nach außen gehenden Datenverkehrs in nicht geschützte Netzwerke.

Authentifikation und Autorisation

Authentifikation beschreibt den Prozess, um Netzwerkteilnehmer zu identifizieren, die eine Kombination von Identifikatoren nutzen kann. Als Identifikatoren können beispielsweise eine Pin-Nummer, Passwort, Schlüssel, Fingerabdruck oder ein Dongle dienen.

Autorisation bestimmt, wer darf was mit wem austauschen. Damit ist der Personenkreis definiert, der mit dem System arbeiten darf. Basierend auf der Identifikation bestimmt die Autorisation, welche Dienste ein Teilnehmer im Netzwerk durchführen darf.

Virtual Private Networks (VPN)

Die VPN-Technologie hat sich zu einer der wichtigsten Technologien innerhalb von Netzwerken entwickelt. Dabei reicht der Einsatzbereich von der Standort-Kopplung über Remote Access bis zur sicheren Notebook-Kommunikation und zur Absicherung von Wireless LANs. Mit dieser Vielfalt ist die Wertigkeit dieser Technologie deutlich definiert. VPN ist eine Netzwerktechnik, die aufgrund ihrer hohen Flexibilität und durch die Verwendung bewährter Sicherheitstechnik immer mehr Verbreitung findet. VPNs arbeiten auf der Basis verschlüsselter Kommunikationstunnel, die das Abhören oder Modifizieren der Datenübertragung verhindern und zudem dafür sorgen, dass nur eindeutig authentifizierte und autorisierte Netzteilnehmer miteinander Daten austauschen können.

Deshalb wird auch im PROFINET-Umfeld ein Security-Konzept benötigt, das einerseits gegen innere Bedrohungen zuverlässig schützen kann, aber andererseits auch die speziellen Erfordernisse der Automatisierungstechnik berücksichtigt.

15.1 Das PROFINET Security-Konzept

Der PNO-Arbeitskreis *PROFINET Security* hat ein Industrial-Security-Konzept erarbeitet, um den zunehmenden Bedarf an Netzwerksicherheit hier Rechnung zu tragen. Dieses Konzept deckt folgende Security-Anforderungen ab:

- Zugriffskontrolle für alle Automatisierungsgeräte,
- Möglichkeit der Datenverschlüsselung zum Schutz der Datenübertragung vor Spionage und Manipulation,
- Möglichkeit der sicheren Identifikation der Kommunikationspartner (Authentifikation),
- Logging von sicherheitsrelevanten Ereignissen (als Beweismittel und Basis für Gegenmaßnahmen).

Der Kern des Security-Konzepts besteht darin, das Automatisierungsnetzwerk sicherheitstechnisch zu segmentieren und geschützte Automatisierungszellen zu bilden. Die Netzknoten innerhalb einer Zelle werden von speziellen PROFINET-Security-Netzkomponenten (z. B. Switches) geschützt, die den Datenverkehr von und zur Zelle kontrollieren und die Zugriffsberechtigung überprüfen. Nur autorisierter Datenverkehr wird durchgelassen. Für den Zugriff mit Client-PCs auf geschützte Automatisierungsgeräte kann eine spezielle Security-Client-Software verwendet werden. Die Endgeräte benötigen keine eigene Security-Funktionalität.

Der Datenverkehr zwischen den geschützten Zellen bzw. zwischen Client und den Zellenknoten kann darüber hinaus verschlüsselt werden und so zuverlässig vor Datenspionage oder Datenmanipulation schützen. Dies ist vor allem bei der Kommunikation über unsichere Netzwerke interessant, wie es bei Remote Access über Internet bei Service-Einsätzen der Fall ist.

Das PROFINET-Security-Konzept bietet im Wesentlichen folgende Vorteile:

Schutz von Geräten ohne eigene Security-Funktionalität

In vielen Fällen wäre eine Nachrüstung der Automatisierungsgeräte mit eigener Security-Funktionalität entweder technisch nicht sinnvoll, da speziell kleinere Automatisierungsgeräte nicht die notwendigen technischen Hardwarevoraussetzungen mitbringen, oder nicht wirtschaftlich. Bestehende Netzwerke bzw. Automatisierungsgeräte können rückwirkungsfrei und damit problemlos abgesichert werden.

Schutz mehrerer Geräte gleichzeitig

Mit dem Zellenkonzept werden mehrere Geräte gleichzeitig abgesichert, d. h. geringere Kosten für den Anwender und auch deutlich weniger Konfigurationsaufwand, da nicht alle Endgeräte einzeln sicherheitstechnisch konfiguriert werden müssen.

Echtzeit und Security

Echtzeitfähigkeit und Security sind im Prinzip gegensätzliche Anforderungen. Jeder Security-Mechanismus muss anhand von Regeln oder Konfigurationen überprüfen, ob gewisse Verbindungen oder Zugriffe erlaubt sind oder nicht. Das kostet Zeit und damit Performance. Mit dem Zellenkonzept ist es aber möglich, beides gleichzeitig zu erreichen.

Innerhalb der Zelle kann Echtzeitdatenverkehr völlig unbeeinflusst von irgendwelchen Security-Mechanismen ablaufen. Der Zugriff auf Geräte innerhalb der Zelle wird nur am Zelleneingang überprüft.

Schutz von PROFIBUS mit PROFINET-Security

Bei der Diskussion um die zunehmende Security-Problematik in der Automatisierungstechnik stellt sich auch die Frage, wie es denn mit der Sicherheit der Feldbusse wie etwa von PROFIBUS aussieht. Bislang sind Security-Probleme hier nicht bekannt. Dies könnte sich aber ändern, da PROFIBUS zunehmend an Ethernet angekoppelt wird und somit die Gefahr von unerlaubten Zugriffen naturgemäß ansteigt.

Der PROFIBUS wird allerdings im PROFINET-Konzept über einen Proxy angebunden und entspricht daher aus der Sicht von Ethernet einer Automatisierungskomponente. Und hierfür ist es vollkommen ausreichend, den Ethernet-Datenverkehr abzusichern, sodass das PROFINET-Security-Konzept damit auch in der Lage ist, einen an Ethernet angebundenen PROFIBUS abzusichern.

Industriegerechte Auslegung

Im industriellen Umfeld herrschen andere Umgebungsbedingungen als in Bürobereichen. Deshalb werden die PROFINET-Security-Komponenten natürlich den harten Anforderungen der Industrie zu entsprechen haben.

15.2 Die Schutzfunktionen der Security-Komponenten

Die Schutzfunktion kann durch die Kontrolle des gesamten Datenverkehrs (IP- und Layer-2-basierend) von und zur Zelle (inkl. Sperren und Freigeben von IP- und Layer-2-Diensten) und mittels geeigneter Verfahren zur sicheren Identifikation (Authentifikation) der Netzteilnehmer bzw. zur Verschlüsselung der Daten realisiert werden.

PROFINET-Security-Komponenten werden hierfür offene und bewährte IT-Security Mechanismen verwenden, auch um die Integration in den Netzverbund der Office-Umgebung gewährleisten zu können. Hierfür bieten sich Firewall-Mechanismen zur Kontrolle des Datenverkehrs und die zertifikatsbasierenden VPN oder SSL zur sicheren Identifikation und Verschlüsselung der Daten an. VPN- oder SSL-Zertifikate haben den Vorteil, dass sie nicht wie IP- oder MAC-Adressen gefälscht werden können und somit auch für höhere Sicherheitsanforderungen geeignet sind.

Ausblick

Die PNO stellt mit PROFINET-Security ein Konzept vor, das sowohl den Bedrohungen als auch den besonderen Anforderungen der Automatisierungswelt Rechnung trägt. Durch die Verwendung bewährter und offener Security-Mechanismen ist es damit auch möglich, nicht nur PROFINET-basierende Kommunikation bzw. PROFINET-Geräte, sondern die gesamte Automatisierungswelt zu schützen.

16 Die drahtlose Datenübertragung

Einleitung

In der industriellen Automatisierung gibt es Anwendungen, die mit drahtgebundener Datenübertragung nicht oder nur sehr schwer zu realisieren sind. Deshalb kam seitens der Endanwender schon vor vielen Jahren die Forderung auf, die Datenkommunikation drahtlos durchzuführen. Lösungen werden aber nur akzeptiert, wenn bei gleicher Datensicherheit auch ein Kostenvorteil damit verbunden ist. Die Standardisierungsgremien der IEEE (**I**nstitute of **E**lectrical and **E**lectronics **E**ngineers) reagierten darauf und schafften den Standard für WLAN (**W**ireless **L**ocal **A**rea **N**etwork nach IEEE 802.11). In der Bürowelt hat sich die WLAN-Technik sehr rasch verbreitet. Weiterhin unterstützt PROFINET die Bluetooth-Übertragung nach IEEE 802.15.

Nun lag es an den einzelnen Firmen, industrietaugliche Geräte zu entwickeln, die in den Punkten Zuverlässigkeit, robuste Bauart und Datensicherheit den industriellen Anforderungen genügen. Seit geraumer Zeit kümmern sich die industriellen Automatisierer verstärkt um ein weiteres Einsparpotenzial, die nicht leitungsführende Kommunikation, auch unter dem Begriff IWLAN (**I**ndustrial **W**ireless **LAN**) bekannt. Der Einsatz der Datenkommunikation mit IWLAN ermöglicht eine deutlich höhere Flexibilität innerhalb einer Anlage, was direkt mit einer Kostenersparnis einhergeht, da Kabelkanäle entfallen und die benötigten Prozessdaten überall zur Verfügung stehen. Durch den drahtlosen Anschluss der Endgeräte durch Funkübertragung werden manche Anwendungen sogar erst möglich, da beispielsweise verschleißbehaftete Schleppketten oder Schleifringe überflüssig werden.

Wo sind die konkreten Anwendungen?

In der Automatisierungstechnik bieten sich viele Einsatzmöglichkeiten, bei der die drahtlose Kommunikation zwischen einzelnen Teilnehmern einen Nutzen für den Anwender bringt. Die Anwendungsgebiete definieren sich fast schon von selbst. Sie sind überall dort zu finden, bei denen Vorteile durch Mobilität und Flexibilität resultieren. In der Industrie findet man solche Bereiche hauptsächlich dort, wo Bewegung im Spiel ist. In solchen Bereichen können Arbeitsabläufe effizienter gestaltet werden, teilweise sogar komplett neue Lösungen angeboten werden. Der einfache Ersatz von Datenleitungen reicht hier im Normalfall noch nicht aus. Betrachtet man allerdings Neuinstallationen, kann man die Kosten für eine neue Trassenführung schon leichter mit den Aufwendungen beim Umstieg auf IWLAN vergleichen.

Typische Anwendungen mit geforderter Mobilität und Flexibilität sind:

- fahrerlose Transportsysteme,
- Einschienen-Hängebahnen,
- Verschiebetische,
- bewegte und rotierende Maschinen: Substitution von Schleppketten, Schleifkontakten und evtl. Schleifringen,
- Kräne,
- Fördertechnik,

- mobiler Service/Diagnose mit Handheld und Laptop,
- mobiles Bedienen und Beobachten,
- schnelle Vernetzung einzelner Fertigungsbereiche/Maschineninseln in der Inbetriebsetzungs-Phase,
- mobile Datenerfassung in Lager und Logistik.

Welche Anforderungen bestehen an eine industrielle Kommunikation über WLAN?

In Produktionsanlagen sind Stillstandszeiten meist sehr teuer. Deshalb müssen die eingesetzten Feldgeräte und das eingesetzte Kommunikationssystem den industriellen Anforderungen genügen. Der Datenübertragung per Funk ist hier besonderes Augenmerk zu widmen. Durch Reflexionen und Mehrwegeempfang wird die Wellenausbreitung gestört. Im Standard IEEE 802.11 ist die Überwachung der Funkstrecke nicht gefordert. Von der Qualität der Funkstrecke hängt aber in hohem Maße die Zuverlässigkeit der Datenkommunikation ab.

Die Forderungen der Endanwender beim Einsatz von Feldgeräten im industriellen Bereich beinhalten hauptsächlich die Themen:

- Zuverlässigkeit,
- industrietaugliche Ausführung,
- Echtzeit-Verhalten inkl. Deterministik und
- Datensicherheit.

Der ***Zuverlässigkeit*** ist normalerweise durch den Nachweis eines CE-Zeichens und den Einsatz eines zuverlässigen Kommunikationssystems Rechnung getragen. Darüber hinaus ist die Betriebssicherheit auch durch ein optimal geplantes und installiertes Funkfeld sicherzustellen. Für eine zuverlässige Funkverbindung muss das Funkfeld auch dynamischen Änderungen wie beispielsweise durch bewegte metallische Teile standhalten. Deshalb müssen von Beginn an Reserven eingeplant werden, damit dynamische Störungen durch Reflexionen oder Abschattung nicht zum Ausfall von Geräten führen können (z. B. Transport von Karosserien auf einem Fließband, Gabelstapler kreuzt, ...).

Die ***industrietaugliche Ausführung*** ist gekennzeichnet durch den Schutz gegen erhöhte elektromagnetische Störungen und die staub- und wasserdichte Ausführung, was den universellen Einsatz von Feldgeräten auch außerhalb eines Schaltschranks ermöglicht. Viele Feldgeräte sind aber auch für den Einsatz in Schaltschränken vorgesehen. Damit erspart man sich einerseits Kosten bei der Entwicklung und Produktion von Feldgeräten. Andererseits ist ein Schaltschrank aber auch ein Faradayscher-Käfig, der die Funkwellen abschirmt. Durch den Einsatz einer Antenne auf dem Schaltschrank kann man dieses Verhalten umgehen, muss allerdings dann die Dämpfung der Sendeleistung durch den Kabelanschluss zwischen Antenne und Feldgerät in Betracht ziehen. Deshalb ist zu empfehlen, den funktechnisch optimalen Ort auszuwählen und nur aufeinander abgestimmte Systeme von Antennen und Feldgeräten einzusetzen.

Das zufallsgesteuerte Zugriffsverfahren nach IEEE 802.11 ist sicherlich für viele Anwendungen bei Service-PCs ausreichend. In Automatisierungsanlagen sind aber viele Anwendungen auf ein zyklisches ***Echtzeit-Verhalten***, teils ***deterministisches Verhalten***, angewiesen. Auch hier sind Abhilfemaßnahmen notwendig. Es müssen Lösungen nach garantierten Übertragungszeiten (Real-Time) und dem vorhersagbaren Datenverkehr (Deterministik) angeboten werden.

Somit kann die IEEE 802.11 nur als Basis für die industrielle Kommunikation dienen. Die Industrietauglichkeit ist den einzelnen Anbietern vorbehalten.

Seit der Daten-Kommunikation übers Internet bekommt die Frage nach der ***Datensicherheit*** wesentlich höheres Gewicht. Spätestens beim Einsatz von Ethernet-basierten Kommunikationssystemen in der industriellen Automatisierung ist die Forderung nach der Datensicherheit nicht mehr wegzudiskutieren. Es muss also schon, bevor Daten übertragen werden, sichergestellt sein, dass nur die berechtigten Kommunikationspartner miteinander in Verbindung treten können. Während des Prozessdatenverkehrs sind eine ordnungsgemäße Verschlüsselung der Daten und die jeweiligen Dienste (wer darf was?) zu definieren. Deshalb ist eine Funkübertragung immer in Verbindung mit einem Security-Konzept anzuwenden. IWLAN verwendet in puncto Datensicherheit nur Mechanismen, die auch im IEEE-Standard definiert sind.

Hinweis:

Die Datensicherheit kann deutlich verbessert werden, wenn der Anwender die integrierten Mechanismen auch nutzt. In vielen Fällen übernehmen die Anwender mangels Fachkenntnis die Default-Einstellungen im Bereich Security. Achten Sie beim Kauf und bei der Inbetriebnahme eines IWLAN-Produkts darauf, dass die Security-Funktionen auch ohne großes Fachwissen einstellbar sind.

Aufgrund der Anwender-Forderungen wurde es nötig, die WLAN-Norm zu erweitern. WLAN ist als eine kompatible Untermenge von IWLAN zu sehen. In den ersten Automatisierungsanlagen wurden die *I-features* (Industrie-Features) der WLAN-Technik bereits erfolgreich in Betrieb genommen und haben sich etabliert. Besonderer Wert wurde dabei auf die Zuverlässigkeit von Funkverbindungen gelegt.

Wenn man sich als Anlagenplaner oder Anlagenbetreiber mit diesen Fragen intensiv auseinandergesetzt hat, sollte man nun in der Lage sein, die angebotenen Produkte auswählen und bewerten zu können.

Momentan gibt es schon eine Reihe von WLAN-Produkten mit industrietauglicher Ausführung, die allerdings von Firma zu Firma unterschiedliche Ausprägungen vorweisen. Deshalb wurde von der PNO ein Arbeitskreis gegründet, der sich zum Ziel gesetzt hat, eine Definition zu verabschieden, die ein einheitliches, von der Industrie akzeptiertes Verfahren und Verhalten aufweist.

17 PROFINET-Installationen

In diesem Kapitel werden nur die grundlegenden Themen der Netzwerk-Installation behandelt. Ausführliche Beschreibungen zu diesem Thema erhalten Sie unter *www.profinet.com*.

Zum Einstieg in die Thematik sind zuerst die Unterschiede zwischen der Kommunikation in der Büroumgebung und der Industrieumgebung darzustellen, um ein Verständnis für die Thematik zu erhalten. Sowohl die Netztopologien als auch die Einsatzbedingungen unterscheiden sich in beiden Bereichen deutlich. Die nachfolgende Tabelle zeigt die wesentlichen Unterschiede zwischen Büro- und Industriebereich.

Tabelle 17.1: Vergleich Büro- und Industriewelt

	Bürobereich	**Industrie**
Installation	Feste Grundinstallation	Anlagenabhängige, flexible Installation
	Baumförmige Netzstrukturen	Meist linienförmige und evtl. redundante Strukturen
Übertragungsmenge	Große Datenpakete	Kleine Datenpakete
Übertragungszeiten	Im Sekundenbereich, überwiegend azyklisch	Im Mikro-/Millisekundenbereich meist zyklisch und auch taktsynchron
Umweltanforderungen	Moderate Temperaturen	Teils extreme Temperaturen
	Geringe Staubbelastung	Teils hohe Staubbelastung
	Geringe EMV-Belastung	Hohe EMV-Belastung
	Geringe mechanische Gefährdung	Teils hohe mechanische Beanspruchung
	Kaum chemische Beschädigung	Chemische Belastung durch aggressive Stoffe

Aus der Tabelle wird ersichtlich, dass sich die Industrieverkabelung mit wesentlich höheren Anforderungen auseinandersetzen muss. PROFINET setzt auch im Bereich der Netzwerkinstallation auf internationale Standards und nimmt **keine Extradefinitionen** für sich in Anspruch. Auf die bestehenden internationalen Normen wird in diesem Kapitel nicht eingegangen. Diese sind in der „Installation Guideline PROFINET“ aufgelistet.

Die Richtlinien für die Verkabelung mit PROFINET orientieren sich an den Standards wie ISO/IEC 11801 bzw. EN 50173. Die Anforderungen im Industriebereich unterscheiden sich allerdings deutlich von der Bürowelt. Robuste industriegerechte Kabel und Steckverbinder mit besonderen Anforderungen an EMV, Temperatur, Feuchtigkeit, Staub und Vibration finden in den bisherigen Standards keine Berücksichtigung. Die Richtlinie „Installation Guideline PROFINET“ definiert deshalb auf Basis grundlegender Festlegungen der IEC 11801 eine industriegerechte Verkabelung für Fast Ethernet. PROFINET verwendet als Übertragungstechnik immer ein

- switched,
- vollduplex,
- 100 Mb/s Ethernet.

Nur in dieser Konstellation können die Leistungsdaten, wie kollisionsfreie Datenübertragung und die Real-Time-Eigenschaften, garantiert werden.

Sowohl Gerätehersteller, Hersteller von passiven PROFINET-Komponenten wie Stecker und Kabel und Installationspersonal finden in der Richtlinie detaillierte Hinweise für ihren Bereich. Die „Installation Guideline PROFINET" konzentriert sich in ihren Ausführungen im Wesentlichen auf die Themen Netzstrukturen, Netzkomponenten, Verbindungstechnik, Stecker, Installationshinweise und Störsicherheit. Diese Themen werden nachfolgend detaillierter beschrieben.

17.1 Netzstrukturen

Netztopologien orientieren sich im Allgemeinen an den Erfordernissen der zu vernetzenden Teilnehmer. Zu den häufigsten gehören Stern-, Linien-, Baum- und Ringstrukturen. In der Praxis besteht eine Anlage aus einer Mischform der unten betrachteten Strukturen. Sie lassen sich sowohl mit Kupferverkabelung als auch mit Lichtwellenleiter realisieren und für PROFINET nutzen. Durch die künftige Integration von Switches in die Feldgeräte eröffnet sich die Möglichkeit, Linienstrukturen verstärkt einzusetzen, da weniger Kabel benötigt werden. Es wird sich deshalb eine Mischform aus Linie und Stern durchsetzen. Die Linie wird ihren Vorteil entlang einer Produktionslinie finden, während man immer wieder Abzweigungen zu Schaltschränken finden wird. Mit dem Einsatz von PROFINET in Automatisierungsanlagen sind nachfolgend beschriebene Netzstrukturen möglich.

Stern

Die Sternstruktur beinhaltet einen zentralen Signalverteiler (Switch) mit Einzelverbindungen zu allen Endgeräten des Netzes. Bei hoher Gerätedichte mit verhältnismäßig geringen Längenausdehnungen findet eine Sternstruktur hauptsächlich ihre Anwendung, z. B. kleine Fertigungszellen oder eine einzelne Produktionsmaschine.

Baum

Die Baumtopologie ist eine Mischung aus mehreren Sternstrukturen, die sich häufig in funktional zusammenhängenden Anlagenteilen wieder finden. Jeder „Teilstern" ist nach außen hin wieder über einen Switch mit den anderen Teileinheiten verbunden.

Linie

Die Linienstruktur ist gerade bei Fließbandsteuerungen die am häufigsten verbreitete Struktur. Beim Einsatz von externen Switches ist sie allerdings nicht durchführbar. Deshalb wurde es notwendig, die Switch-Funktionalität in die Feldgeräte zu verlagern. Bei Linienstrukturen ist die Verkabelung somit am wirtschaftlichsten durchführbar. Feldgeräte mit integriertem Switch können sie direkt an das Buskabel anschließen. Feldgeräte ohne integrierte Switch-Funktionalität müssen über einen externen Switch an den Bus angeschlossen werden.

Ring (für Redundanzbetrieb)

Besteht die Forderung nach einer erhöhten Anlagenverfügbarkeit, dann eignet sich die Ringstruktur am besten. Eine Ringstruktur erhält man am einfachsten, indem man die Enden einer Linienstruktur miteinander verbindet.

17.2 PROFINET-Verkabelung

Bei der Verkabelung von Ethernet-Netzwerken ist höchste Sorgfalt auf die korrekte Installation zu legen. Die meisten Fehler in einer Anlage erfolgen bereits beim Installieren. Der Einsatz von passiven T-Stücken ist bei PROFINET nicht möglich.

Folgende Kabeltypen bilden die Basis für PROFINET:

- **100 BASE-TX**: Elektrische Übertragungstechnik mit zwei Adernpaaren,
- **100 BASE-FX**: Lichtwellenleiter-Übertragung (2 Fasern).

Zukünftig werden Geräte auch höhere Datenraten unterstützen, um steigenden Anforderungen gerecht zu werden.

In der Gigabit-Ethernet-Variante findet man dann folgende Kabelbezeichnungen:

- **1000 BASE-SX** über Lichtwellenleiter (2 Fasern), 850 nm,
- **1000 BASE-LX** über Lichtwellenleiter (2 Fasern), 1 300 nm,
- **1000 BASE-T**: 4 Adernpaare.

17.2.1 Twisted-Pair-Fast-Ethernet-Kupferkabel (100 BASE-TX)

Beim Einsatz von PROFINET in industrieller Umgebung sind ausschließlich geschirmte Kabel und Verbindungselemente zugelassen. Bei der Verkabelung werden Festanschlüsse und lösbare Verbindungen unterschieden. Die lösbaren Verbindungen sind als RJ45- oder M12-Steckverbinder verfügbar. Der Geräteanschluss ist generell als Buchse auszuführen. Die Verbindungskabel (Geräteanschluss-, Rangierkabel) sind entsprechend beidseitig mit Steckern versehen, die mit der spezifizierten AWG-22-Leitung konfektioniert werden können.

Industrietaugliche Kabel können extremen mechanischen Beanspruchungen ausgesetzt sein. Sie erfordern einen speziellen Aufbau. Die PROFIBUS Nutzerorganisation hat unterschiedliche Kabeltypen definiert, die in ihrem Spektrum optimal an die jeweiligen Industrie-Randbedingungen angepasst sind. Durch ausreichende Systemreserven kann ohne Einschränkung der Übertragungslänge eine industrietaugliche Installation erstellt werden.

Steckverbinder und Kabel bilden ein aufeinander abgestimmtes System. Nur solche Komponenten, die ihre Kompatibilität nachgewiesen haben, werden als PROFINET-Einheit bezeichnet.

Da die Feldgeräte sowohl mit Daten als auch mit Energie versorgt werden müssen, besteht in der Feldebene die Anforderung, sowohl nach einer reinen Datenverkabelung als auch bei Maschinennetzwerken nach einer Hybridverkabelung. Hierbei handelt es sich um eine Kombination aus Datenverkabelung und 24-V-Stromversorgung. Hybridkabel gibt es in den Ausführungen: Cu/LWL-Ausführung (2 optische Fasern für die Datenübertragung/4 Adern für die Energieübertragung) sowie Cu/Cu-Ausführung (4 Adern Datenübertragung/4 Adern für die Energieübertragung). Die Energieübertragung ist getrennt und nur vom Kabelquerschnitt und von der Kabellänge abhängig. In einem Netzwerk können stets beide Verkabelungsarten eingesetzt werden. Es ist nur darauf zu achten, dass geeignete Netzkomponenten beim Übergang von hybrider auf nicht hybride Verkabelung eingesetzt werden.

Die Übertragungsleitung basiert auf einem Twisted-Pair-Fast-Ethernet-Kabel. Twisted-Pair-Verbindungen sind immer Punkt-zu-Punkt-Verbindungen zwischen einem Sender und einem Empfänger. Die Übertragungsleitung folgt dem Fast-Ethernet-Standard 100 Base TX von IEEE 802.3 und ist auch als UTP (**U**nshielded **T**wisted **P**air) oder STP (**S**hielded **T**wisted **P**air) bekannt. Der Wellenwiderstand beträgt 100 Ohm.

Im industriellen Umfeld ist der Einsatz von geschirmten Kabeln zu empfehlen. Wichtig ist dabei eine gute Schirmanbindung, die aber auch verhindern muss, dass die Störungen auf dem Schirm in das System gelangen.

Als Kabelgüte wird eine Kategorie (Cat) angegeben. Cat 5 nach ISO/IEC 11801 sollte mindestens verwendet werden. Allerdings werden auch Kabel nach der Cat 6-Spezifikation angeboten, die vor allem beim „Übersprechen“ bessere Werte aufweisen. Dies ist bei Gigabit-Technologie bedeutend, da 3 andere Adernpaare ein „Übersprechen“ verursachen können.

Die Kabel sind in einer speziellen Nomenklatur gekennzeichnet, wobei zuerst die Schirmung und dann die Verdrillung aufgeführt sind, gefolgt von der elektrischen Eigenschaft (Cat 5, 6, 7).

Beispiel

STP 5 ist Shielded Twisted Pair der Kategorie 5. Quad Kabel (siehe Bild 17.1) werden in der Regel auch als TP bezeichnet. Dieses Bezeichnungsschema findet man auf vielen Standard-Ethernetkabeln, wobei im Büroumfeld ungeschirmte Kabel verwendet werden (Kennzeichnung UTP – Unshielded Twisted Pair). Neben den Kabeln sind in 100 Base TX auch die elektrischen Signalformen sowie die Codierung der Daten auf der Leitung festgelegt.

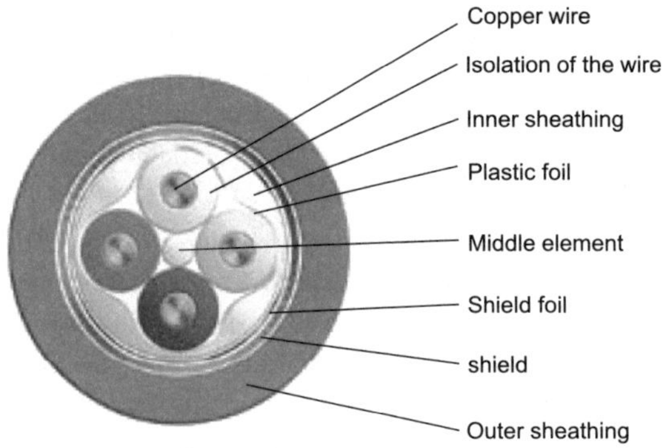

Bild 17.1: Der Aufbau eines Quad-Kabels bei PROFINET

Beim Aufbau der PROFINET-Anlage kann man die AWG22-Leitung auf die gewünschte Länge abschneiden, mit dem Fast Connect Stripping Tool abisolieren und die Industrial Ethernet Fast Connect RJ45-Stecker in Schneid-Klemm-Technik anschließen.

Fast Ethernet benötigt zwei Adernpaare. Für Gigabit Ethernet wären 4 Adernpaare erforderlich. Da in der Fertigungstechnik die Verkabelung normalerweise nicht mit vorkonfektionierten Kabeln erfolgt, sondern erst an der Maschine geschieht, ist hier die Verkabelung mit dem Sternvierer-Kabel (Quad-Kabel) am effizientesten.

Bei einem Stern-Vierer sind die Adern mit gelb, orange, weiß, blau definiert.

Die Adern sind farblich gekennzeichnet und sollten immer auf gleiche Art und Weise angeschlossen werden. Adernpaar 1 ist gelb/orange und dient zum Senden. Das Adernpaar weiß/blau wird als Empfangsleitung für ein Endgerät genutzt. Die Polarität wird in der Regel durch die Geräte selbst richtig eingestellt (Auto-Polarity). Das Vertauschen von gelber und oranger bzw. weißer und blauer Ader ist also meist problemlos. Geräte mit Switch-Funktionalität sollten generell eine automatische Kreuzung (Auto-Cross-Over) der Leitung unterstützen (also Vertausch von weiß/blau mit gelb/orange).

17.2.2 Stecker und Buchse für Kupferkabel

Die etablierte RJ45-Technik wird auch bei PROFINET eingesetzt. Das ermöglicht den Einsatz der handelsüblichen Verbindungen aus der Büro-Welt.

Es ist zu empfehlen, nur Stecker mit Schirmung zu verwenden, um eine störungsarme Anbindung zu ermöglichen.

Anstelle des vorkonfektionierten Steckers können auch die Stecker genutzt werden, die vor Ort konfektionierbar sind. Für alle bei PROFINET definierten Steckverbinder stehen auch Kupplungs-Steckverbinder zur Verfügung. Zwischen Switch und Endgerät sollten 1 : 1-Kabel verwendet werden. Die Kreuzung zwischen Sende- und Empfangsleitung sollte also im Endgerät vorgenommen werden. Dadurch wird die Kabel-Konfektionierung vor Ort vereinfacht.

Die Kontaktbezeichnungen bei den Steckern und die Farbcodierung der einzelnen Adern sind in nachfolgender Tabelle zu sehen:

Tabelle 17.2: Kontaktbelegung und Adernzuordnung

Signal	Bezeichnung	Adernfarbe	Kontaktbelegung	
			RJ45	M12
TD+	Transmission Data +	gelb	1	1
TD–	Transmission Data –	orange	2	3
RD+	Receive Data +	weiß	3	2
RD–	Receive Data –	blau	6	4

17.2.3 Optische Übertragungstechnik mit 100 BASE-FX

In der Automatisierungstechnik gibt es Bereiche, die starken elektromagnetischen Feldern ausgesetzt sind. Hier kann es häufig zu Störungen bei der Datenübertragung auf den Datenleitungen kommen. Deshalb eignet sich gerade in solchen Bereichen und bei der Verkabelung außerhalb von Gebäuden (Blitzschutz) der Einsatz von Lichtwellenleitern (LWL).

Lichtwellenleiter sind unempfindlich gegen elektromagnetische Beeinflussung und erlauben zum Teil größere Netzausdehnungen als symmetrische Kupferkabel.

Die PROFINET-LWL-Übertagung basiert auf dem Standard ISO/IEC 8802-3 (100 BASE-FX). Bei LWL-Übertragung mit dem 2-fasrigen Kabel handelt es sich grundsätzlich um Punkt-zu-Punkt-Verbindungen.

Die optischen Schnittstellen von PROFINET-Geräten müssen den Spezifikationen ISO/IEC 9314-3 (für Mehrmodenfaser) und ISO/IEC 9314-4 (für Einmodenfaser) entsprechen.

Die wichtigsten Daten der LWL im Überblick:

Parameter	Mehrmoden-Glasfaser	Einmoden-Glasfaser
Kerndurchmesser	62,5/125 µm oder 50/125 µm	8,7 ... 10/125 µm
größte Streckenlänge*)	2000 m	bis max. ca. 14 km
Stecker	SC-D BFOC/2,5	SC-D BFOC/2,5

*) diese Angabe kann herstellerspezifisch variieren.

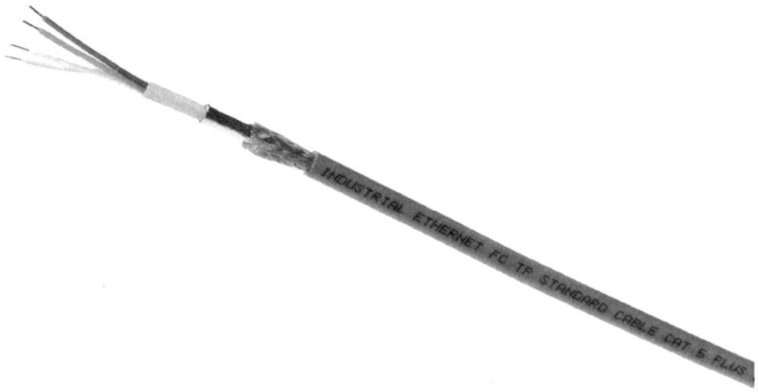

Bild 17.2: Beispiel einer LWL-Leitung

17.3 PROFINET-Steckverbinder

Der „PROFINET Installation Guide" legt fest, welche lösbaren Anschlusstechniken für PROFINET-Netzwerke eingesetzt werden dürfen. Es ist damit auch festgelegt, aus welchem Sortiment der Anwender den richtigen Steckertyp für seinen Anwendungsfall festlegen muss. PROFINET konzentriert sich dabei auf nur zwei Steckgesichter:

- RJ45,
- M12.

Den bekannten Steckertyp RJ45 gibt es dabei in zwei Schutzarten, als IP20-Lösung für den Einsatz im Schaltschrank und als IP65/67-Lösung für schaltschranklosen Anlagenaufbau. Zusätzlich dazu kann auch im IP65/67-Bereich der 4-polige M12-Steckverbinder mit D-Kodierung eingesetzt werden. An alle Steckverbinder kann die PROFINET-Installationsleitung (AWG22) angeschlossen werden.

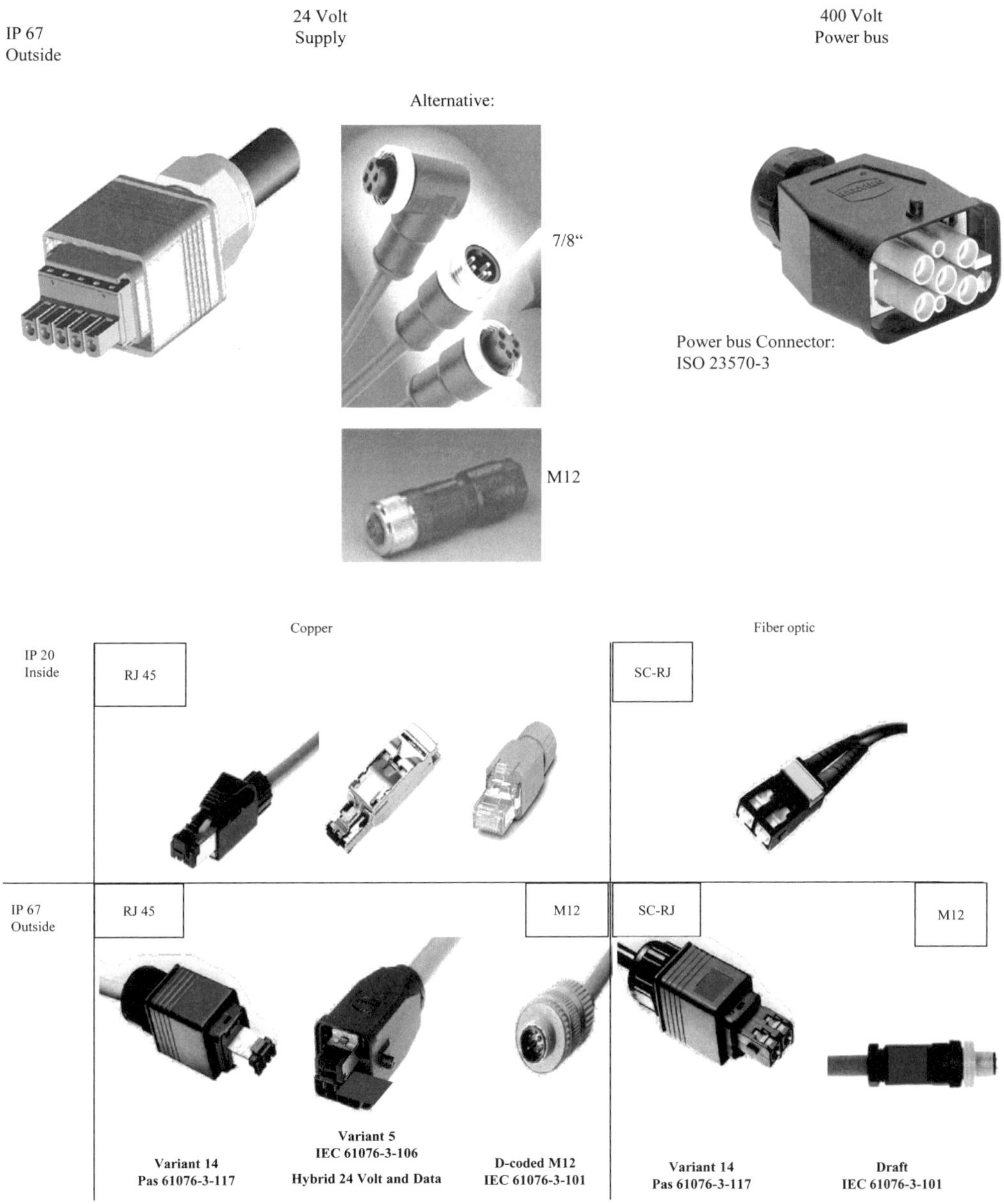

Bild 17.3: PROFINET-taugliche Busstecker für den Industrie-Einsatz

Alle für PROFINET eingesetzten Steckverbinder sind geschirmt und für den rauen Industrieeinsatz ausgelegt. Im vorstehenden Bild sehen Sie die Varianten, die von den Endanwendern gefordert sind.

Für detailliertere Informationen zu diesem Thema ist hier explizit auf die *Installation Guideline PROFINET* von PI verwiesen.

17.4 Netzkomponenten für PROFINET

Switches und Router

Alle Geräte werden über eine aktive Netzkomponente angeschlossen. Netzkomponenten bei PROFINET sind Switches und Router. Durch die Spezifikation der Netzkomponenten ist eine einfache Installation gewährleistet. Übertragungskabel sind beidseitig mit gleichen Steckverbindern und in gleicher Belegung konfektioniert. Die maximale Segmentlänge zwischen zwei Teilnehmern (Feldgeräte oder Switches) beträgt bei der Daten-Übertragung mit Kupfer-Leitungen 100 m. Mit Lichtwellen-Leitungen sind bis zu 14 km möglich.

Netzkomponenten dienen der Strukturierung von Netzwerken. Diese müssen für 100 Mb/s und Vollduplex-Betrieb geeignet sein. Dadurch entfallen Kollisionen auf der Leitung, da über einen Port in einem Switch gleichzeitig Daten gesendet und empfangen werden können. Netzkomponenten müssen folgende Qualitätsmerkmale unterstützen:

- die Auto-Cross-Over-Funktion (Anpassen der Sende- und Empfangsleitung, um auch Standard 1 : 1 Kabel verwenden zu können),
- Auto negotiation, das automatische Anpassen an die Übertragungsgeschwindigkeit.

17.5 Installationshinweise

Die nachfolgenden Installationshinweise stellen einen Überblick dar und erheben keinen Anspruch auf Vollständigkeit. In jedem Fall sind die herstellerspezifischen Angaben und die landesüblichen Sicherheitsvorschriften zu beachten. Weiterhin wird empfohlen, die „Installation Guideline PROFINET“ zu lesen und zu befolgen.

Verlegen von Kupferkabeln

In industrieller Umgebung muss berücksichtigt werden, dass die Kabel mechanischen Beanspruchungen unterliegen. Deshalb ist die Kabelinstallation mit großer Sorgfalt durchzuführen. Dies sollte bei einem Personal, das Freude an seinem Beruf hat und deshalb mit gesundem Menschenverstand vorgeht, allerdings keine große Hürde darstellen.

Die nachfolgenden Ausführungen sollen Ihnen trotzdem einige Hinweise vermitteln, die zu berücksichtigen sind.

Einen großen Vorteil bieten Quadkabel, da sie als Sternvierer mit verseilten Adern einen runden Aufbau ermöglichen und damit auch den Einsatz eines Stripping Tools zulassen. Dieses Tool ermöglicht es, den Außenmantel und Geflechtsschirm in einem Arbeitsschritt für die Montage vorzubereiten.

Das Verlegen der Datenkabel sollte, wenn möglich, in separaten Kabeltrassen erfolgen, um Induktionsschleifen zu vermeiden und die EMV zu verbessern. Ist dies nicht möglich, dann sollten die Kabel zu eigenen Bündeln zusammengefasst und **in ausreichendem Abstand zu stromführenden Kabeln** verlegt werden.

Weiterhin muss beachtet werden:

- Keine Druckbelastung oder Torsion auf das Kabel einwirken lassen.
- Die vom Hersteller angegebenen **Mindest-Biegeradien** sind bei der Verlegung von Kabeln einzuhalten.
- Sorgen Sie bei allen Kabeln, die einer Zugbeanspruchung ausgesetzt sind, in einem Abstand von ca. 1 m von der Anschlussstelle für eine **Zugentlastung**.
- Eine **Schlingenbildung** beim Abrollen eines Kabels von einer Kabeltrommel ist unbedingt zu vermeiden.
- Der vom Hersteller angegebene **Temperaturbereich** ist einzuhalten.

Bei LWL-Kabelverlegung gilt zusätzlich:

- Installationsabfälle müssen mit Vorsicht behandelt werden und fachgerecht entsorgt werden.
- Frei zugängliche Fasern dürfen nicht mit Augen und Haut in Berührung gebracht werden.
- Die strikte Einhaltung der Biegeradien ist hier noch wichtiger als bei Kupferkabeln.
- Schauen Sie nie in das offene Licht bei einem LWL.
- Schützen Sie den LWL vor Knicken und Verschmutzung.
- LWL-Kabel dürfen niemals gedrückt, gequetscht, gedehnt, gezogen oder verdreht werden.
- LWL-Stecker sind vor Staubeinwirkung zu schützen.
- Es wird immer empfohlen, eine Zugentlastung möglichst nahe am anzuschließenden Gerät fachgerecht vorzunehmen.

Beachten Sie immer die Hersteller-Vorschriften.

17.6 Das Schirmungskonzept

Beim Verlegen von PROFINET-Kabeln ist darauf zu achten, dass ein lückenloses Schirmungskonzept vorliegt. Es ergibt keinen Sinn, das Schirmungskonzept nur in Teilen einer Anlage anzuwenden. Beim Einsatz zwischen Gebäuden wird die Verlegung von LWL schon aus Blitzschutzgründen empfohlen.

Alle metallischen Anlagenteile sind (soweit möglich) in das Schirmungskonzept mit einzubeziehen. Die Kabelschirme sind aufgrund der hohen Übertragungsfrequenzen (100 MHz) bei PROFINET beidseitig zu erden. Wenn unzulässig hohe Schirmströme auftreten, ist das Verlegen einer Potenzialausgleichsleitung parallel zur Datenleitung vorzunehmen, oder LWL zu verlegen.

Die Installationsvorschriften der Hersteller sowie die entsprechenden Guidelines von PI sind zu beachten. Eine ausführliche Planungs- und Inbetriebnahmerichtlinie bietet die PNO unter *www.profinet.com* an.

18 PROFINET IO-Zertifizierungen

Die PROFIBUS Nutzerorganisation hat, wie bereits durch PROFIBUS bekannt, ein Zertifizierungsverfahren auch für PROFINET eingerichtet. Ein PROFINET-Zertifikat bescheinigt das normkonforme Verhalten innerhalb eines PROFINET-Netzwerkes. Die Norm IEC 61158 ist Basis dafür, dass Geräte in industriellen Anlagen miteinander vernetzt werden können.

Im Bereich PROFIBUS gibt es Zertifizierungen der PROFIBUS-Kommunikation seit 1994. Zertifizierte PROFIBUS-Feldgeräte weisen ein Höchstmaß an Qualität hinsichtlich des Kommunikationsverhaltens in einer Automatisierungsanlage auf. Der Einsatz von zertifizierten Feldgeräten sichert dem Anlagenbetreiber einen hohen Qualitätsstandard zu. Er kann sich somit darauf verlassen, dass sich alle zertifizierten Feldgeräte in jeder Automatisierungsanlage interoperabel verhalten, d. h. alle normkonformen Zustände beherrschen. Darüber hinaus ist auch gewährleistet, dass unvorhergesehene Störungen als auch Bedienfehler erkannt werden und ein sicherer Anlagenzustand stets gewährleistet ist. Sogenannte „schwarze Schafe" sind bislang nur bei nicht zertifizierten Feldgeräten bekannt.

Um die Feldgerätehersteller einerseits und die Anlagenbetreiber andererseits zu schützen, hat man bei PROFINET von Anfang an definiert, dass ein Feldgerät mit dem Kommunikationssystem PROFINET nur werben darf, wenn es gemäß IEC 61158/61784 zertifiziert ist. Hierzu sind weltweit derzeit 5 Prüflabore installiert, die anhand einheitlicher Testdokumente die Zertifizierungstests durchführen. Durch die verpflichtende Teilnahme an regelmäßigen Konferenzen ist seitens der PROFIBUS und PROFINET International Organisation sichergestellt, dass sich die Prüflabore synchronisieren.

18.1 Die Rolle eines Prüflabors

Ein Prüflabor ist ein Dienstleister, der gemäß den Vorgaben der PI-Zertifizierungsstelle Tests anhand einer Testspezifikation durchführt. Ein Prüflabor ist dafür verantwortlich, dass alle definierten Tests bei einem Zertifizierungstest durchgeführt werden und die Testergebnisse vertraulich behandelt werden. Die Mitarbeiter eines Prüflabors halten ihr Wissen immer auf den neuesten Stand. Dadurch sind kompetente Beratung und Testdurchführung möglich. Der ausgestellte Testbericht enthält die Testergebnisse der durchgeführten Tests. Es kann also nichts bestätigt werden, was nicht vorher getestet wurde.

18.2 Die Aufgabe der PI-Zertifizierungsstelle (PI-ZS)

Die PI-ZS ist die Dienststelle, die auf Basis eines positiven Prüfberichtes ein PROFINET-Zertifikat ausstellt und alle Prüfberichte verwaltet. Die Gültigkeitsdauer eines Zertifikats beträgt 3 Jahre. Nach Ablauf dieser Zeit kann der Feldgerätehersteller durch eine Herstellererklärung bestätigen, dass das entsprechende Feldgerät unverändert ausgeliefert wird. Dadurch verlängert die PI-ZS die

Gültigkeit des Zertifikats. Im Falle von Modifikationen am Feldgerät prüft die PI-ZS, ob ein Nachtest erforderlich ist oder ob die Gültigkeit des Zertifikats ohne Test verlängert werden kann.

18.3 Was kann zertifiziert werden?

Die Eigenschaften eines PROFINET-Feldgerätes sind in einer Gerätebeschreibungsdatei definiert. Diese XML-Datei stellt eine eindeutige Referenz zum möglichen Ausbaugrad eines bestimmten Feldgerätes dar. Die wesentlichen Daten zur eindeutigen Identifizierung eines Feldgerätes sind:

- die Device Identification (Firmenkennung und Art des Feldgerätes),
- das DAP (Device Access Point) oder Buszugangspunkt,
- die Module-/Submodul-Identnummern, die die Art und die Länge der auszutauschenden Daten beschreiben.

Ein DAP enthält die Busanschaltung und den kommunikationsspezifischen Teil der Gerätesoftware. Auf diesen Basisteil setzt die eigentliche feldgerätespezifische Anwendung auf. Eine Anwendung bestimmt, wie die über PROFINET ausgetauschten zyklischen und azyklischen Daten im Feldgerät verarbeitet werden. Deshalb kann es einen Zertifizierungstest auch nur für ein DAP in Verbindung mit der feldgerätespezifischen Anwendung geben. Dadurch können Fehler entstehen. (*Ausnahme:* Proifilbaugruppen wie PROFIsafe oder PROFIdrive. Für diese Baugruppen gibt es eigene Tests und Zertifikate).

Ein DAP gibt es prinzipiell in 2 Ausführungen:

- **Als kompaktes Feldgerät** ist dem DAP eine feste I/O-Konfigurationen zugeordnet, die beim Anlagen-Engineering nicht verändert werden kann.
- **Als modulares Feldgerät** steht einem DAP eine bestimmte Anzahl an Modulen/Submodulen zur Verfügung. Diese werden beim Anlagen-Engineering aufgrund des GSD-Eintrags an den realen Ausbaugrad in einer Automatisierungsanlage angepasst.

Kompakte Feldgeräte werden mit dem fest definierten Ausbaugrad getestet. Modulare Feldgeräte werden anhand einer Auswahl von ca. 2 … 3 Modulen getestet. Es würde den Rahmen eines Zertifizierungstests sprengen, wenn man alle Möglichkeiten testen wollte. Nach Testende händigt ein Prüflabor dem Antragsteller einen Prüfbericht aus. Anhand eines positiven Prüfberichts kann der Antragsteller bei der PNO ein Zertifikat beantragen.

18.4 Was kann *nicht* zertifiziert werden?

Ethernet-ASICs dienen als Basistechnologie, um die Busanschaltung zu realisieren. Eine Kommunikationssoftware, die mit dem ASIC zusammenarbeitet, enthält die Basisdienste von PROFINET und bietet der eigentlichen Applikation eine definierte Schnittstelle an. Da ein ASIC und eine Komunikationssoftware keine Applikationen enthalten, kann ein ASIC allein auch nicht zertifiziert werden.

Hersteller von **Basistechnologien** sind heutzutage wichtige Partner, um einen Feldgerätelieferanten bei der Erstellung eines Kommunikationsmoduls zu entlasten. In solchen bspw. Piggy-back-Modulen ist die gesamte Kommunikationssoftware enthalten. Die Schnittstelle zur Anwendung ist normalerweise über einen Dual Ported Memory realisiert. Üblicherweise lassen Hersteller von Basistechnologie-Modulen ihre Module anhand einer Beispielapplikation „vorzertifizieren". Somit ist weitgehend sichergestellt, dass bei einem späteren Zertifizierungstest mit der eigentlichen anlagenspezifischen Applikation entdeckte Fehler normalerweise in der Applikation zu suchen sind. Deshalb kann ein Basismodul alleine nicht zertifiziert werden.

PC-Baugruppen mit PROFINET-Schnittstelle arbeiten unabhängig von der Applikation in einem PC. Vom PROFINET-Verhalten sind sie wie Piggy-back-Module zu sehen. Deshalb kann eine PC-Baugruppe allein nicht zertifiziert werden.

E/A-Module werden bei modular aufgebauten Feldgeräten über ein DAP angesteuert, d. h. die Kommunikationssoftware ist im DAP und nicht im Modul enthalten. Deshalb kann ein E/A-Modul allein nicht zertifiziert werden. Ein Modul kann nur in Verbindung mit einem DAP getestet werden. Das Zertifikat gibt es für das DAP.

18.5 Wo kann der Anwender sparen?

Prinzipiell gilt die Sorgfaltspflicht. Wenn Sie ein Feldgerät zu einem Prüflabor liefern, sollte das Feldgerät inklusive aller Unterlagen rechtzeitig beim jeweiligen Prüflabor eintreffen. Ein PITL wird den Feldgerätehersteller immer rechtzeitig informieren, welche Unterlagen vor dem Prüftermin vorhanden sein sollen, um unnötige Wartezeiten zu verhindern. Wenn Sie mehrere PROFINET-Feldgeräte zertifizieren lassen wollen, teilen Sie einem PITL beim Anmelden eines Prüflings mit, welche Teile identisch zwischen den einzelnen Geräten sind (gleiche Hardware, GSD-Datei unterscheidet sich nur durch unterschiedliche Module, ...). Es besteht prinzipiell die Möglichkeit, bei einem Zertifizierungstest im PITL anwesend zu sein. Falls Sie in der PROFINET-Technologie noch kein Experte sind, werden Sie vom Know-how des jeweiligen Testers profitieren. Änderungen können auch noch vor Ort vorgenommen werden. Das reduziert den Preis.

18.6 Modultests

18.6.1 PROFIsafe-Module

PROFIsafe-Module werden grundsätzlich in Verbindung mit einem zertifizierten PROFIsafe-tauglichen DAP getestet. In der GSD-Datei des DAPs ist die Möglichkeit der Ansteuerung von PROFIsafe-Modulen definiert. Das DAP muss zusätzlich zu den Basistests auch die PROFIsafe-spezifischen Negativtests bestehen. Im Prüfbericht wird die verwendete GSD-Datei referenziert, mit der das entsprechende PROFIsafe-Modul getestet wurde.

Der erste Test eines PROFIsafe-Moduls ist verpflichtend. Nachtests können über Herstellererklärung bei der PI-ZS anerkannt werden. In der Herstellererklärung bestätigt der Antragsteller, dass der PROFIsafe-Layertester ohne Fehler durchlaufen wurde. Optional kann ein Test in einem Prüflabor durchgeführt werden, was aus Sicherheitsgründen zu empfehlen ist.

18.6.2 PROFIdrive-Module

PROFIdrive-Module werden grundsätzlich in Verbindung mit einem zertifizierten PROFIdrive-tauglichen DAP getestet. In der GSD-Datei des DAPs ist die Möglichkeit der Ansteuerung von PROFIdrive-Modulen definiert. Das DAP muss zusätzlich zu den Basistests auch die PROFIdrive-spezifischen Negativtests bestehen. Im Prüfbericht wird die verwendete GSD-Datei referenziert, mit der das entsprechende PROFIdrive-Modul getestet wurde.

18.6.3 PROFIenergy-Module

PROFIenergy Module, die eine Abschaltlogik unterstützen, werden grundsätzlich in Verbindung mit einem zertifizierten PROFIenergy-tauglichen DAP getestet. Ein Prüfbericht kann sowohl für ein DAP als auch für ein PROFIenergy-fähiges Modul ausgestellt werden.

18.7 Herstellererklärung

Herstellererklärungen sind prinzipiell für folgende Themenbereiche möglich:

1. Bestätigung über die Einhaltung der CE-Richtlinien;
2. Bestätigung über identische Teile in unterschiedlichen Produkten;
3. Bestätigung über „nahezu“ identische Feldgeräte bei Brand-labeled-Feldgeräten;
4. Bestätigung, dass ein Feldgerät unverändert ausgeliefert wird;
5. Bestätigung bei PROFIsafe-Modulen, dass ein Test auf Basis des verfügbaren Layer-Testers erfolgreich durchgeführt wurde.

Es liegt im Ermessen der PI-ZS, Herstellererklärungen anzuerkennen oder einen Testbericht eines PITL zu verlangen. Kontaktieren Sie bezüglich Herstellererklärung das jeweilige Prüflabor. Hier erhalten Sie professionelle Beratung.

18.8 Vorbereitung auf den Test

Folgende Ein-Tages-Workshops werden von der PNO und den PITLs angeboten, die Sie in folgender Reihenfolge nutzen sollten:

1. PROFINET Entwickler Workshop (Aufbau des PROFINET Basis-Kommunikationswissen).
2. PROFINET Development Kit Training (Detaillierter Know-how-Aufbau über die PNIO-Software und -Hardware, Vorbereiten auf die Zertifizierung) → Bitte informieren Sie sich im Vorfeld, wer solch ein Training anbietet. In der Regel wird es kostenlos vom Lieferanten der Basistechnologie angeboten.
3. Orientierender Vorabtest → wird normalerweise zum Sonderpreis angeboten.
4. Zertifizierungstest → gemäß Konditionen im Prüfvertrag.

Darüber hinaus wird empfohlen, die PROFINET-Testsoftware zu nutzen. Diese Software kann von der PNO erworben werden. Diese Tests ersetzen zwar keinen Zertifizierungstest, erleichtern aber die Testdurchführung im Vorfeld. In diesem Testtool sind viele Tests definiert, die automatisch ausgeführt werden können, ohne viel Kommunikations-Know-how aufbauen zu müssen.

18.9 Was sind typische Änderungen in einem Feldgerät?

Während des Product-Life-Cycles fließen häufig Änderungen bei einem Feldgerät ein. Diese können sein:

- Änderungen in der Hardware durch bspw. Bauteile-Abkündigungen,
- Einsatz eines neuen (Nachfolger-)ASICs für die Kommunikation,
- Einsatz eines neuen Basismoduls,
- Implementierung von neuen Funktionen,
- Modifikation der Anwendersoftware, um das jeweilige Produkt auf den neuesten Stand der Technik zu halten (z. B. Ändern der CC durch Implementierung von neuen Funktionen),
- Modifikationen in der GSD-Datei durch Einfügen oder Ersetzen von Modulen,
- Änderungen in den I&M-Funktionen durch bspw. kompatible FW-Updates,
- Erweiterung des Portfolios durch profilspezifische Baugruppen.

Da kommt häufig die Frage der Nachzertifizierung auf, die mit Zeitaufwand und Kosten verbunden ist. Prinzipiell sind das Änderungen, die zum Erlöschen des Zertifikats führen können. Wenn Sie sicher sein wollen, dass die Änderungen weiterhin normkonform sind, sollten Sie ein Prüflabor ihres Vertrauens kontaktieren und die Änderungen diskutieren. Ein PITL wird immer bestrebt sein, die optimale Lösung für den Feldgerätehersteller zu suchen. Im Fall eines Tests wird das Ergebnis ein neuer Prüfbericht sein. Aber denken Sie daran, ein PITL kann nur etwas bestätigen, was es auch getestet hat, da helfen leider keine Mutmaßungen über irgendwelche Auswirkungen. In den meisten Fällen wird man mit einem Kurztest von ein paar Stunden auskommen. Falls kein Test zustande kommt, ist es Sache der PI-Zertifizierungsstelle, diese Änderungen anzuerkennen oder abzulehnen.

Ein Zertifizierungstest ist eine standardisierte Testprozedur, die von Fachleuten durchgeführt wird, die ständig ihren Wissensstand auf dem Laufenden halten und die PROFINET-Norm eindeutig zu interpretieren wissen. Nur zertifizierte Geräte garantieren eine weltweite Konformität eines PROFINET-Produkts in einer Automatisierungsanlage mit Teilnehmern unterschiedlicher Hersteller.

Der Test konzentriert sich nicht auf einen Ethernet-Test, sondern auf das Einhalten der PROFINET IO-Funktionalität und der Interoperabilität.

Die definierten Testcases, die bei einem Zertifizierungstest durchlaufen werden, sind ausschließlich praxisorientiert und spiegeln sich an den industriellen Anforderungen. Es werden daher nur Testfälle abgeprüft, die täglich in jeder Anlage auftreten können, um allen Anwendern von vornherein eine optimale Sicherheit beim Einsatz ihres Gerätes in einer Automatisierungsanlage zu geben.

Als Anlagenbetreiber kann man somit sicher sein, dass die Anlage über Jahre hinweg ein stabiles Verhalten aufweist. In sehr vielen Fällen kann das dynamische Verhalten einer Anlage im Labor simuliert werden. Als Eingangsvoraussetzung für einen Zertifizierungstest muss der Hersteller eine Erklärung abgeben, dass er die gesetzlichen Bestimmungen für das Land einhält, in dem das Produkt eingesetzt werden soll.

Der Zertifizierungstest ist folgendermaßen strukturiert:

Überprüfung der Hardware

Bei der Überprüfung der Hardware wird das Verhalten des Feldgerätes am Bus überprüft. Wesentlicher Bestandteil ist das Überprüfen und die richtige Verdrahtung der Stecker. Bei PROFINET-Feldgeräten mit integriertem Switch werden ebenfalls die Funktionen

- Auto-Polarity,
- Auto-Crossover und
- Auto-Negotiation

überprüft.

Die Hardware wird nach den Standards IEEE 802.3 oder ISO/IEC 8802-3 überprüft.

Tests der Statemachines

Das in der Norm festgelegte Verhalten von IO-Devices ist in Form von Statemachines definiert. Dieses Verhalten wird für die Positiv- und Negativtests überprüft. Darüber hinaus werden noch geprüft:

- Der Sytemhochlauf unter bestimmten Bedingungen.
- Verhalten, wenn im Frame falsche Informationen enthalten sind.
- Test des Subslots 0 → keine I/O-Daten dürfen hier akzeptiert werden.
- Test der APIs: nur API 0 für den Standard I/O-Datenaustausch muss unterstützt werden. Profilspezifische APIs (1 bis 0x7FFF) können unterstützt werden.
- Test beim Betrieb mit einem IO-Supervisor und in einer Multi-Controller-Umgebung.
- Die unterstützten optionalen Funktionen.

Stimulation von Diagnosen und Alarmen

Der Prüfling sollte Möglichkeiten zur Verfügung stellen, um die implementierten Diagnosemöglichkeiten und Alarme auslösen zu können.

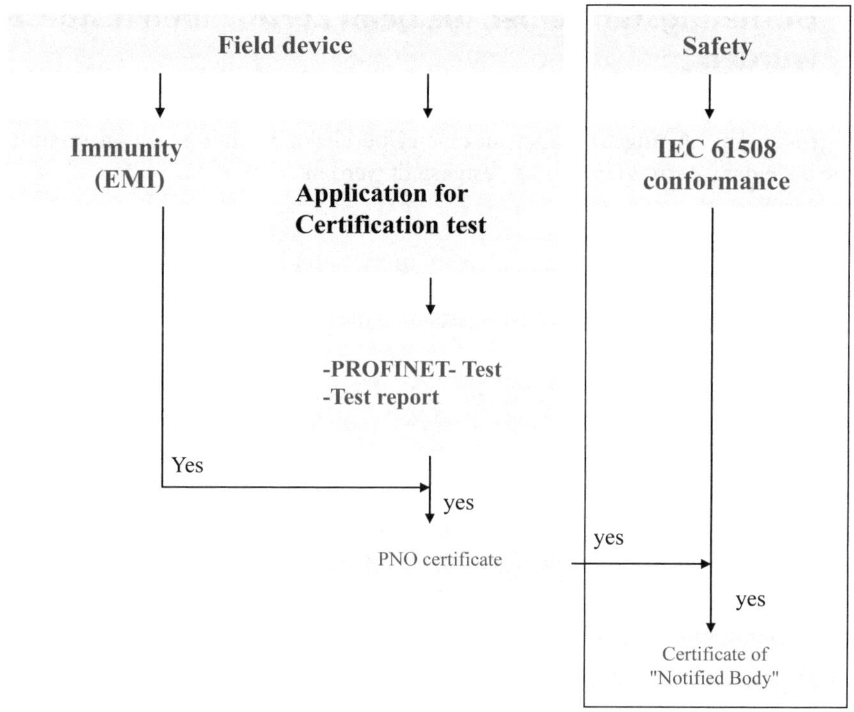

Bild 18.1: Der Ablauf einer PROFINET-Zertifizierung ist wie durch PROFIBUS bekannt.

Interoperabilitäts-Tests

Die Interoperabilität wird in einer Anlage von mindestens fünf IO-Devices und mindestens zwei IO-Controllern nachgewiesen. Weiterhin wird vom Testsystem eine zusätzliche Last anhand von Multicast-Adressen erzeugt.

Überprüfung der GSD-Datei

Die GSD-Datei wird anhand der definierten Funktionalität des IO-Feldgerätes und der aktuellen Spezifikation überprüft. Diese Überprüfung ist gleichzeitig Voraussetzung, um eine Projektierung durchführen zu können.

Automatisierter PROFINET-Statemachine-Test

Aufgrund von Testskripten für unterschiedliche Frames und Parameter, die in einen IO-Controller geladen werden, können vielfältige Aktionen und Reaktionen abgeprüft werden. Der IO-Controller fährt die kompletten Tests selbstständig ab und wertet die empfangenen Reaktionen aus.

Die Zertifizierungstest orientieren sich hinsichtlich Funktionsumfang an den definierten Conformance Classes, wie nachfolgend beschrieben.

18.10 Die häufigsten Fehler, die beim Zertifizieren festgestellt wurden

In den folgenden Ausführungen erhalten Sie einen Überblick über die am häufigsten auftretenden Fehler, die bei einem Zertifizierungstest festgestellt werden.

MAC-Adressen

Jedes PROFINET IO-Feldgerät muss eine Interface-MAC-Adresse haben. Diese dient zur Adressierung des Feldgerätes. Pro Switch-Port muss ebenfalls eine MAC-Adresse gespeichert sein.

Ende des System-Hochlaufs

Es muss sichergestellt werden, dass

1. jedes IO-Device den IOPS-Status der Eingangsdaten vor Application Ready auf „good" stellt.
   Ausnahme: Die Daten, für die ein *ModDiffBlock* gesendet wurde;
2. jeder spätere Wechsel des IOXS beim IO-Device muss mit einem Alarm (Ziehen&Stecken ReturnOfSubmodul etc. ...) begleitet werden.

Synchronisation

Zur Messung der Taktsynchronisation muss eine Messstelle zur Verfügung gestellt werden, damit das normkonforme Synchronisationsverhalten gemessen werden kann.

Die häufigsten Fehler

1. *Save data permanent* funktioniert nicht richtig. Als Defaultwert ist bei der IP-Adresse ein gültiger Wert gespeichert: z. B. 192.168.0.5, was nicht zulässig ist.

   Im Hochlauf muss als IP-Adresse der mit *Save data permanent* gespeicherte Wert erscheinen. Wurde *Save data permanent* noch nicht durchgeführt oder der Wert gelöscht, so wird der Defaultwert „0" erwartet.
2. Auf ein WRITE zwischen CONNECT und *Application Ready* reagiert das Device nicht. Dies führt dazu, dass es auch das folgende RELEASE des IO-Cntrollers ignoriert.
3. Die im Prüfantrag angeführte FW-Version entspricht nicht der tatsächlich vom Device zurückgemeldeten.
4. Die vom Gerät zurückgemeldete FW-Version entspricht nicht der genormten Nomenklatur.
5. SET_IP mit fehlerhafter SubnetMask wird mit o. k. beantwortet.
6. SET_NAME mit fehlerhaften Daten wird mit o. k. beantwortet.
7. Bei *Save data permanent* wird die IP-Adresse trotz o. k.-Quittung nicht permanent gespeichert.
8. Ein Zugriff mit Supervisor wird mit einer Fehlermeldung zum Connect.req beantwortet: Fehlerhafter IOCR-Block, Fehler in Parameter Sequence (02 0D).

9. Nach einem SET_IP wird auf ein GET_IP eine andere Routeradresse zurückgemeldet als gesetzt wurde.
10. Es fehlt eine ALARM.ack-Quittung, nur die Transport-Quittung erfolgt durch das device. Die Alarm-Maschinen müssen implementiert und versorgt sein bei PROFINET IO. Das Device muss applikativ selbst keinen Alarm auslösen können (jedoch System-Alarme und Alarmquittungen müssen korrekt ablaufen).
11. Device_Name lässt sich im Datenaustausch nicht löschen.
12. Der Dienst Set_Name wird nicht innerhalb der vorgeschriebenen Zeit von 1 s durchgeführt, wenn der Device_Name geändert werden muss. Set_IP wird nicht innerhalb der vorgeschriebenen Zeit von 1 s durchgeführt.
13. Der Device_Name kann nicht permanent gespeichert werden.
14. WD-Zeiten werden nicht eingehalten.
15. Befindet sich das Device im DX mit einem Controller, reagiert es nicht auf einen Supervisor IOS.
16. Wird nach der o. g. fehlgeschlagenen Supervisorübernahme der Controller-Stecker abgezogen, schlägt der WD nicht mehr zu.
17. Die im EndPoint-Mapper angezeigte IP-Adresse steht auf dem Wert 0.0.0.0, obwohl über die tatsächliche IP-Adresse bereits kommuniziert wird.
18. Ein Read.Req auf den Index von I&M1 wird nicht beantwortet.
19. Die Port-MAC-Adressen sind nicht unterschiedlich zur Device-MAC-Adresse.
20. Auf ein Setzen der IP mit gesetztem Permanent-Bit antwortet das Device mit o. k. Nach Netz Aus/Ein verliert das Device jedoch die IP.
21. Innerhalb des Bereiches einer Device_ID gibt es mehrere Module mit identischer Module_ID.
22. Es sind keine Port- und Interfacesubmodule in der GSD beschrieben.
23. Die Port- und Interface-MAC-Adresse vom Device sind identisch.
24. Die Vendor-ID in den I&M0-Daten von Slot 0 und Slot 1 entspricht nicht der in der GSD eingetragenen.
25. Die eingetragene Order-ID in den I&M0-Daten von Slot 0 und Slot 1 ist unterschiedlich zu der Order-Number in der GSD.
26. In der GSD sind keine Port- und Interfacesubmodule eingetragen.
27. Gerät liefert keine IM0FilterData zurück.
28. Gerät führt ein *ResetToFactorySettings* nicht korrekt aus. Es muss in den Auslieferzustand rückgesetzt werden.
29. Die SubmoduleIdentNumber vom DAP, die Port- und die Interfacesubmoduleident-Nummern müssen unterschiedlich sein.
30. Gerät übernimmt die Router-IP 0.0.0.0 nicht, wenn kein Router vorhanden ist.
31. Bei PTCP-Telegrammen wird als Source-MAC-Adresse nicht die Port-MAC-Adresse verwendet.
32. Nach einem *ResetToFactorySettings* sind die IP-Adresse, die Subnetmask und die Router IP nicht 0.0.0.0.

19 Die PROFINET IO-Conformance Classes

Die PROFIBUS Nutzerorganisation hat den PROFINET IO-Funktionsumfang in Conformance Classes/Applikationsklassen eingeteilt. Ziel ist es, die Anwendungsgebiete von PROFINET IO zu vereinfachen. Die daraus resultierenden Applikationsklassen ermöglichen dem Anlagenbetreiber eine einfache Auswahl von Feldgeräten und Buskomponenten mit eindeutig definierten Eigenschaften. Dies ist ein weiterer Schritt, die Interoperabilität aller an der Kommunikation beteiligten Komponenten sicherzustellen, was durch einen bestandenen Zertifizierungstest bescheinigt wird.

Es wurden die Mindestanforderungen für 3 Conformance Classes (A, B, C) definiert. Neben den drei Applikationsklassen wurden zusätzliche Festlegungen für

- Gerätetypen,
- Art der Kommunikation,
- das verwendete Übertragungsmedium und
- Redundanzverhalten

definiert.

Durch diese Definitionen sind die Interoperabilität in einer Automatisierungsanlage hinsichtlich Funktionsumfang und Leistungsparameter gewährleistet. Der Anlagenbetreiber hat den Vorteil, dass er sich bei der Auswahl der einsetzbaren Komponenten nur für eine CC entscheiden muss, ohne sich um weitere Details zu kümmern. Er kann sicher sein, dass innerhalb der gewählten CC alle Feldgeräte dieselben Mindestanforderungen erfüllen.

Folgende Gerätetypen sind dabei berücksichtigt:

- **IO-Device:** Prozessnahes Ein-/Ausgabegerät;
- **IO-Controller:** Intelligentes Feldgerät, das den Datenaustausch mit den IO-Devices bewerkstelligt;
- **IO-Supervisor:** Parametrier-/Programmiergerät, das Parameter mit den IO-Devices austauscht;
- **Netzwerk-Komponenten:** Switches zum Anschluss der Feldgeräte an PROFINET IO und Accesspoints für die drahtlose Datenübertragung.

Ein Feldgerät kann zur gleichen Zeit mehrere Geräteklassen implementiert haben wie IO-Controller und IO-Device oder integrierter Switch innerhalb eines Feldgerätes.

19.1 Art der Kommunikation

Nachfolgende Kommunikationsmöglichkeiten sind definiert:

- **TCP/IP (UDP/IP):** Standard Ethernet-Kommunikation nach IEEE 802.3;
- **RT:** Real Time Kommunikation zur Übertragung der Prozessdaten in Echtzeit. Typische Reaktionszeiten liegen hier im Bereich von 2 … 8 ms;
- **IRT:** Isochronous Real Time: Hochperformante, deterministische Datenübertragung für taktsynchrone Anwendungen im Bereich ≤ 1 ms.

19.2 Übertragungsmedien

Bei den Übertragungsmedien wurden die leitungsgebundene und die drahtlose Datenübertragung berücksichtigt. Das Ergebnis ist folgendermaßen definiert:

- Kupferleitung: Standard Ethernet-Kabel der Kategorie 5 oder 5e für 100 Mb/svoll duplex und switched (100 Base TX);
- LWL-Leitungen gemäß 100 Base FX-Definition;
- Wireless.

19.3 Redundanzklassen

Für die sichere Erreichbarkeit aller Teilnehmer wurde ein gestuftes Redundanzkonzept definiert. Folgende Redundanzklassen resultieren daraus:

- MRP (**M**edia **R**edundancy **P**rotocol nach IEC 61158) in Form einer Ringredundanz mit typischen Umschaltzeiten von ca. 200 ms.
- MRPD (**M**edia **R**edandancy with planned Delay nach IEC 61158) in Form einer Ringredundanz für RT-Anwendungen mit stoßfreier Umschaltung. Bei dieser Art der Redundanz werden die Weiterleiteinformationen im Ring für beide Seiten projektiert.

In der nachfolgenden Tabelle sehen Sie die CCs im Überblick.

Nutzung der PROFINET-Standarddienste

Die im PROFINET-Konzept definierten Dienste sind bei den Conformance Classes zusammengefasst. Die Kombination der definierten Dienste können in einer Automatisierungsanlage gut genutzt werden und erleichtern dem Anlagenbetreiber den Umgang mit der Automatisierungsanlage. In diesem Zusammenhang werden die Themen „Darstellung der Anlagentopologie“ und „Gerätetausch ohne Engineering Tool“ behandelt.

Tabelle 19.1: Die PROFINET Conformance Classes definieren die Mindestanforderungen an ein PROFINET IO-Feldgerät und an Netzwerk-Komponenten.

	Conformance Class A	Conformance Class B	Conformance Class C
Geräteklasse	IO-Device, IO-Controller	Netzkomonente, IO-Device, IO-Controller	Netzkomponente, IO-Device, IO-Controller
Applikations-klasse	non isochronous	non isochronous	Isochronous
Kommunika-tionsklasse	UDP/IP, RT	UDP/IP, RT	UDP/IP, RT, RTClass3
Synchronisation	nein	nein	ja
Redundanz-konzept	optional	optional	optional
Sonstige Services	Standard Ethernet Netzkomponenten	Wie Class A plus: Topologie-Erkennung mit LLDP, Topologie-Upload mit SNMP MIB II-Support MCR (optional)	Wie Class A plus: Topologie-Erkennung mit LLDP, Topologie-Upload mit SNMP MIB II-Support MCR (optional)
Diagnose	Physical device (Port Diagnose)	Über SNMP auslesbar	Über SNMP auslesbar
Zertifizierung	IO-Device IO-Controller	Device IO-Controller Netzwerkkomponenten	Device IO-Controller Netzwerkkomponenten

Im folgenden Bild sehen Sie eine Zusammenfassung der Funktionen in den einzelnen Conformance Classes.

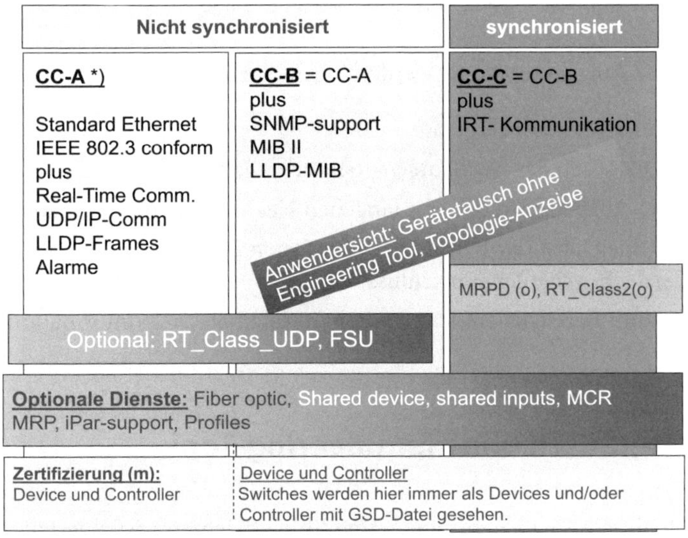

Bild 19.1: Übersicht der Funktionen der PROFINET Conformance Classes

19.4 Darstellung der Anlagentopologie

Die Darstellung der Anlagentopologie in einem Engineering-Tool oder einem HMI-System bietet dem Anlagenbetreiber eine übersichtliche Darstellung, wie die Anlage aufgebaut ist und welche Feldgeräte mit welchen Switches oder anderen Feldgeräten verbunden sind. Somit ist im Fehlerfall eine Fehlerortung leichter möglich, da die Fehlerorte direkt angezeigt werden können.

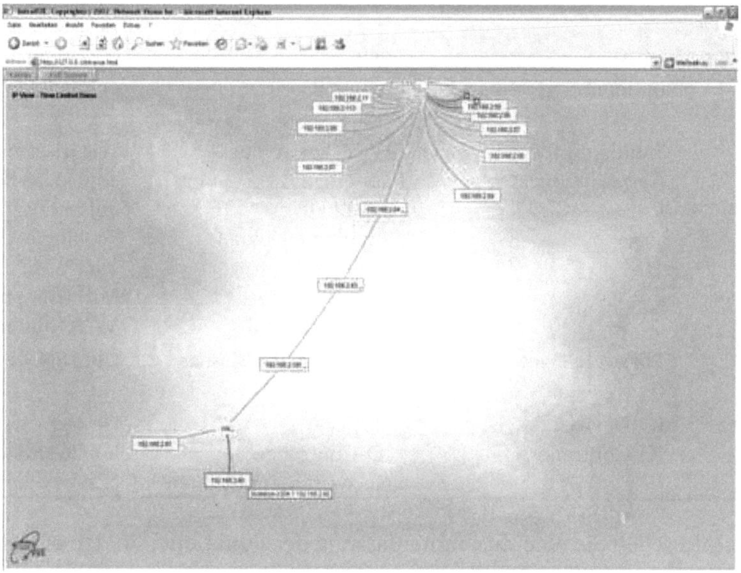

Bild 19.2: Beispiel einer übersichtlichen Anlagentopologie-Anzeige

Zur Darstellung der Anlagentopologie werden folgende Dienste in einem Feldgerät genutzt:

- DCP zum Adressieren der Feldgeräte,
- LLDP – zum Austausch der Nachbarschaftsinformationen,
- LLDP-MIB zum Abspeichern der empfangenen Nachbarschaftsinformationen,
- das PDev zum Speichern der hardwarenahen Daten eines Feldgerätes (z. B. Ports, Kupferanschluss oder Lichtwellenleiteranschluss, ...),
- SNMP-Server zum Bereitstellen der ermittelten Nachbarschaftsinformationen.

19.5 Gerätetausch ohne Engineering-Tool

Der Gerätetausch ohne zusätzliches Engineering-Tool erleichtert im Fehlerfall das Austauschen eines fehlerhaften Feldgerätes, da der Anwender keine speziellen Kenntnisse benötigt. Der Gerätetausch ohne Engineering-Tool basiert auf folgenden PROFINET-Diensten:

- DCP zum Adressieren der Feldgeräte,
- LLDP zum Austausch der Nachbarschaftsinformationen und Erkennen der Nachbarschaft durch Aliasnamen,
- LLDP-MIB zum Abspeichern der empfangenen Nachbarschaftsinformationen,
- SNMP-Server zum Bereitstellen der ermittelten Nachbarschaftsinformationen.

Wenn optional noch die Dienste TCI und iPar-Server unterstützt werden, können auch dynamische Parameter wieder automatisch in das IO-Device geladen werden. Somit kann ein getauschtes Feldgerät mit einem evtl. optimierten Anlagenverhalten den Produktivbetrieb aufnehmen.

Anhang: Beispiel der Alarmanwendung (Meldehierarchie)

Alarmmeldungen

- Diagnosealarme sind immer kommend und gehend.
- Prozessalarme sind immer user specific (user structure identifier).

VLAN	Ethertype	FrameID	RTA Header	Alarm Notification	FCS
4	0x8892	2	12	**64**	4

RTA Header

N	Octet N	Octet N + 1	Octet N + 2	Octet N + 3	Type	Field name
0	$dref_0$	$dref_1$	$sref_0$	$sref_1$	UInteger16 | UInteger16	dref … Destination Reference | sref.Source Reference
4	pdt	addfl	$sseq_0$	$sseq_1$	UInteger8 | UInteger8 | UInteger16	Pdt … PDUType Bit 0 … 3: (1 = Data, 2 = NAK, 3 = ACK, 4 = ERR) Bit 4 … 7: version = 1 Addf (1 = when DATA, 0 = otherwise) sseq … SendSeqNum*) 0 … 0x7FFF gültige Seq No, Start mit 0xFFFF. 0xFFFE for synchronisation between sender and receiver
8	$aseq_0$	$aseq_1$	$vlen_0$	$vlen_1$	Unsigned16 | Unsigned16	aseq … AckSeqNum*) 0 … 0x7FFF shows the no. of Seq No. Which have to be acknowledged) | vlen … VarPartLen is 0 when Ack and NAK 1 … 1 432 when Data 4 when ERR indicated
12	siehe Alarm Notification or					

*) Wie im Aufruf angegeben, wird diese Nummer im Ack-Frame gespiegelt.
Bei Daten gehören SendSeqNo und AckSeqNo immer paarweise zusammen.

AlarmNotification

N	Octet N	Octet N + 1	Octet N + 2	Octet N + 3	Type	Bedeutung
0	0x00	btype	$blen_0$	$blen_1$	UInteger8 | UInteger8 | UInteger16	**request** | btype AlarmHi(1) Process alarm (high), AlarmLo(2) *all others are low* blen. BlockLength (without btype and blen)
4	verh(1)	verl(0)	$atyp_0$	$atyp_1$	UInteger8 | UInteger8 | UInteger16	verh … Version High (1) | verl … Version Low (0) | atyp. **AlarmType see Tabelle 1**
8	ap_0	ap_1	ap_2	ap_3	UInteger32	ap … **API** (default = 0)
12	sl_0	sl_1	ssl_0	ssl_1	UInteger16 UInteger16	sl … **Slot** (0 … 0x7FFF) which caused the alarm ssl … **SubSlot** (0 … 0x7FFF)

N	Octet N	Octet N + 1	Octet N + 2	Octet N + 3	Type	Bedeutung
16	mid_0	mid_1	mid_2	mid_3	UInteger32	mid … **ModuleIdent** | see GSD-file
20	$smid_0$	$smid_1$	$smid_2$	$smid_3$	UInteger32	smid … **SubmoduleIdent** |
24	as	as	**usi_0**	**usi_1**	UInteger16 UInteger16	as … **AlarmSpecifier.ChannelDiagnosis** Bit 0 … 10: SequenceNumber Bit 11: = 0 keine Channel Diag = 1 Channel od. ExtChannelDiag vorhanden Bit 12: Manufacturer Specific Diag = 1 Mindestens eine ManufacturerSpecificDiagnosis mit ChannelProperties. Maintenance (= diagnosis) und ChannelProperties.Specifier (= appear or disappear) für dieSubslotNumber Bit 13: = 0, no error = 1 = SubmoduleDiagState Mindestens ein DiagnosisData mit ChannelProperties.Maintenance (= diagnosis) und ChannelProperties.Specifier (= appear) existiert für dieses Submodul. Bit 14: reserved Bit 15: ARDiag State = 0 no error Mindestens ein DiagnosisData mit ChannelProperties.Maintenance (= diagnosis) und ChannelProperties.Specifier (= appear) existiert für diese AR ***Usi0/1 User structure identifier (Alarm item)*** **0 … 0x7FFF herstellerspezifisch (wird für Prozess Alarme benutzt)** 0x8000 = ChannelDiagnosisData 0x8001 = Diagnosis Data (Multiple) 0x8002 = ExtChannelDiagnosisData 0x8003 = QualifiedChannelDiagnosis 0x8004 … 0x80FF reserved 0x8200 = upload&retrieval 0x8201 = für iPar Server muss in Verbindung mit upload&retrieval verwendet werden.
28	**Daten gemäß „user structure identifier“ (Alarm item)**					

Channel Diagnosis Data (User structure identifier = 0x8000)

N	Octet N	Octet N + 1	Octet N + 2	Octet N + 3	Type	Field name
28	cn_0	cn_1	cp	cp	UInteger16 UInteger16	cn … **Channel Number** (0x8000 = Submodule) | cp … **ChannelProperties.Type** Bits 0 … 7 → 1 = 1 Bit, 2 = 2 Bits … 7 = 64 Bits Bit 8 = 1 wenn es eine Diagnose von mehreren Kanälen ist. Ansonsten 0. Bits 9.10 = **Channel.Properties.Maintenance** Bit 11 … 12 = **ChannelProperties.Specifier** 1 = appears, 2 = disappears 3 = disappears but others remain Bits 13 … 15 **ChannelProperties.Direction**: 0 = manufacturer specific 1 = Input, 2 = Output, 3 = Input/ Output
32	$etyp_0$	$etyp_1$			UInteger16	etyp … **ChannelErrorType** siehe Tabelle 2 ChannelErrorType 0 = reserved ***1 … 0x7FFF = manufacturer specific to specify the error type in detail***

DiagnosisData with BlockVersionLow = 1 (User structure identifier = 0x8001)

N	Octet N	Octet N + 1	Octet N + 2	Octet N + 3	Type	Field name
28	btype(0)	Btype(1)	$blen_0$	$blen_1$	 UInteger16 | UInteger16	**Block Header Begin** btype … 0x0010 blen0/1 … BlockLength (ohne btype und blen)
32	Verh(0)	Verl(0)	api	api	UInteger8 | UInteger8 | Unsigned16	verh … Version High (= 0) | verl … Version Low (= 1) | **Block Header End** api … API
36	sn	sn	ssn	ssn	 Unsigned16 Unsigned16	**Channel Diagnosis oder ManufacturerSpecificDiagnosis oder ExtChannelDiagnosis** sn … Slot Number ssn … Subslot Number
40	chno	chno	cp	cp	Unsigned16 Unsigned16	chno … Channel Number (0x8000) Cp … Channel Properties
44	usi	usi	Chnu	chnu	Unsigned16 Unsigned16	usi = 0x8000, if ChannelDiag usi = 0x8002, if ExtChannelDiag ***(Ext)ChannelDiagnosisData kann mehrfach vorhanden sein*** chnu … Channel Number cp … Channel Properties
48	cp	cp	cet	cet	Unsigned16	Cet … Channel Error Type spezifiziert den Fehler detailliert (siehe Tabelle 2)

ExtChannelDiagnosis ab Offset 46 (user structure identifier = 0x8002)

N	Octet N	Octet N + 1	Octet N + 2	Octet N + 3	Type	Field name
44	cp	cp	usi	usi	Unsigned16 Unsigned16	Cp … Channel Properties usi … 0x8002
48	chnu	chnu	cp	cp	 Unsigned16 Unsigned16	**ExtChannel DiagData** chnu … Channel Number cp … Channel Properties
52	cet	cet	ecet	ecet	Unsigned16 Unsigned16	**Cet … Channel Error Type** ecet … ExtChannelErrorType
56	ecav	ecav			Unsigned16	ecav … ExtChannel AddValue

Upload&Retrieval der iPars (User structure identifier = 0x8200/0x8201)

N	Octet N	Octet N + 1	Octet N + 2	Octet N + 3	Type	Field name
28	btype(0)	Btype(1)	$blen_0$	$blen_1$	UInteger16 | UInteger16	**Block Header Begin** btype … blen0/1 … BlockLength (without btype and blen)
32	Verh(0)	Verl(0)	pad	pad	UInteger8 | UInteger8 | Unsigned16	verh … Version High (= 0) | verl … Version Low (= 1) | **Block Header End** pad … padding
36	Sr_type	Ipar0	Ipar0	Ipar0	Unsigned32	Sr_type = 1, Upload, 3, Restore Ipar0: Ipar_Req_Header
40	Ipar1:	Ipar1	Ipar1	Ipar1	Unsigned32	Ipar1: Max_segm_size
44	Ipar2:	Ipar2	Ipar2	Ipar2	Unsigned32	Ipar2: Transfer_Index for read/write record transfer
48	Ipar3:	Ipar3	Ipar3	Ipar3	Unsigned32	Ipar3: Total_ipar_size

Tabellen:

Tabelle 1: AlarmType

Value (hexadezimal)	Meaning
0x0000	Reserved
0x0001	**Diagnosis**
0x0002	**Process**
0x0003	Pull[a]
0x0004	Plug
0x0005	Status
0x0006	Update
0x0007	Redundancy
0x0008	Controlled by supervisor
0x0009	Released
0x000A	Plug Wrong Submodule
0x000B	Return of Submodule
0x000C	Diagnosis disappears
0x000D	Multicast communication mismatch notification
0x000E	Port data change notification
0x000F	Sync data changed notification
0x0010	Isochronous mode problem notification
0x0011	Network component problem notification
0x0012	Time data changed notification
0x0013	Dynamic Frame Packing problem notification
0x0014 – 0x001D	Reserved
0x001E	**Upload and retrieval notification (for iPar Server)**
0x001F	Pull module[b]
0x0020 – 0x007F	**Manufacturer specific**
0x0080 – 0x00FF	Reserved for profiles
0x0100 – 0xFFFF	Reserved

[a] Bei ARProperties.PullModuleAlarmAllowed (= 0), subslot number 0x0001 – 0x8FFF verwendet, muss als „Pull submodule" und subslot number 0 als „Pull module" verwendet werden.

[b] Bei ARProperties.PullModuleAlarmAllowed (= 1) der AlarmType(Pull) muss das Ziehen eines Submoduls signalisieren und AlarmType(Pull module) muss das Ziehen eines Moduls signalisieren.

Fehlertypen (Errortypes):

Tabelle 2: ChannelErrorType (Kanalspezifische Diagnose Standard)

Wert (hexadezimal)	Bedeutung	Erklärender Text
0x0000	Reserved	Unknown error
0x0001	Short circuit	Short circuit
0x0002	Under voltage	Under voltage
0x0003	Overvoltage	Overvoltage
0x0004	Overload	Overload
0x0005	Over temperature	Over temperature
0x0006	Line break	Line break
0x0007	Upper limit value exceeded	Upper limit value exceeded
0x0008	Lower limit value exceeded	Lower limit value exceeded
0x0009	Error	Error
0x000A	Simulation active	Simulation active
0x000B	Reserved	Unknown error
0x000C	Reserved	Unknown error
0x000D	Reserved	Unknown error
0x000E	Reserved	Unknown error
0x000F	Manufacturer specific Recommended for „parameter missing"	The channel needs (additional) parameters. No or too less parameters are written
0x0010	Manufacturer specific Recommended for „parameterization fault"	Parameterization fault. Wrong or too many parameters are written
0x0011	Manufacturer specific Recommended for „power supply fault"	Power supply fault
0x0012	Manufacturer specific Recommended for „fuse blown/open"	Fuse blown/open
0x0013	Manufacturer specific Recommended for „communication fault"	Communication fault. Sequence number wrong/sequence wrong
0x0014	Manufacturer specific Recommended for „ground fault"	Ground fault
0x0015	Manufacturer specific Recommended for „reference point lost"	Reference point lost
0x0016	Manufacturer specific Recommended for „process event lost/ sampling error"	Process event lost/sampling error
0x0017	Manufacturer specific Recommended for „threshold warning"	Threshold warning

Tabelle 2: (Fortsetzung) ChannelErrorType (Kanalspezifische Diagnose Standard)

Wert (hexadezimal)	Bedeutung	Erklärender Text
0x0018	Manufacturer specific Recommended for „output disabled"	Output disabled
0x0019	Manufacturer specific Recommended for „safety event"	Safety event
0x001A	Manufacturer specific Recommended for „external fault"	External fault
0x001B	Manufacturer specific	Manufacturer specific
0x001C	Manufacturer specific	Manufacturer specific
0x001D	Manufacturer specific	Manufacturer specific
0x001E	Manufacturer specific	Manufacturer specific
0x001F	Manufacturer specific Recommended for „temporary fault"	Temporary fault
0x0020 – 0x00FF	Reserved for common profiles[a]	Central administrative number to unambiguous distinguish between common profiles
0x0100 – 0x7FFF	Manufacturer specific	Manufacturer specific
0x8000	Data transmission impossible	Data Transmission Impossible
0x8001	Remote mismatch	Remote Mismatch
0x8002	Media redundancy mismatch	Media Redundancy Mismatch
0x8003	Sync mismatch	Sync Mismatch
0x8004	Isochronous Mode mismatch	Isochronous Mode Mismatch
0x8005	Multicast CR mismatch	Multicast CR Mismatch
0x8006	Reserved	Reserved
0x8007	Fiber optic mismatch	Information for fiber optic link
0x8008	Network component function mismatch	Network functionality problems occur
0x8009	Time mismatch	Time master not existent or precision problems
0x800A	Dynamic frame packing function mismatch	DFP problems occur
0x800B – 0x8FFF	Reserved	Unknown error
0x9000 – 0x9FFF	Reserved for profiles[a]	Profile specific
0xA000 – 0xFFFF	Reserved	Unknown error

[a] Central administrative number to unambiguous distinguish between profiles

Tabelle 3: ExtChannelErrorType

Wert (hexadezimal)	Bedeutung
0x0000 – 0xFFFF	Definition is depending on the ChannelErrorType (see tables below).

Im Zusammenhang mit den ChannelErrorTypes muss ExtChannelErrorType gemäß den Tabellen 3 bis 13 gemeldet werden.

Tabelle 4: ExtChannelErrorType für ChannelErrorType 0 – 0x7FFF (herstellerspezifisch)

Wert (hexadezimal)	Bedeutung	Verwendung
0x0000	Reserved	–
0x0001 – 0x7FFF	Manufacturer specific	Alarm/diagnosis
0x8000	Accumulative Info	Alarm/diagnosis
0x8001 – 0x8FFF	Reserved	–
0x9000 – 0x9FFF	Reserved for profiles	Alarm/diagnosis
0xA000 – 0xFFFF	Reserved	–

Tabelle 5: ExtChannelErrorType für ChannelErrorType „Data transmission impossible"

Wert (hexadezimal)	Bedeutung	Verwendung
0x0000	Reserved	–
0x0001 – 0x7FFF	Manufacturer specific	Alarm/diagnosis
0x8000	Link State mismatch – Link down	Alarm/diagnosis
0x8001	MAUType mismatch	Alarm/diagnosis
0x8002	Line Delay mismatch	Alarm/diagnosis
0x8003 – 0x8FFF	Reserved	–
0x9000 – 0x9FFF	Reserved for profiles	Alarm/diagnosis
0xA000 – 0xFFFF	Reserved	–

Tabelle 6: ExtChannelErrorType für ChannelErrorType „Remote mismatch"

Wert (hexadezimal)	Bedeutung	Verwendung
0x0000	Reserved	–
0x0001 – 0x7FFF	Manufacturer specific	Alarm/diagnosis
0x8000	Peer Chassis ID mismatch	Alarm/diagnosis
0x8001	Peer Port ID mismatch	Alarm/diagnosis
0x8002	Peer RT_CLASS_3 mismatch[a]	Alarm/diagnosis
0x8003	Peer MAUType mismatch	Alarm/diagnosis
0x8004	Peer MRP domain mismatch	Alarm/diagnosis
0x8005	No peer detected	Alarm/diagnosis
0x8006	Reserved	–
0x8007	Peer Line Delay mismatch	Alarm/diagnosis
0x8008	Peer PTCP mismatch[b]	Alarm/diagnosis
0x8009 – 0x8FFF	Reserved	–
0x9000 – 0x9FFF	Reserved for profiles	Alarm/diagnosis
0xA000 – 0xFFFF	Reserved	–

[a] This events occurs, if the remote *RTClass3_PortStatus.State* is not *RTCLASS3_RUN*. This could also happen, if the remote *IRDATAUUID* is not equal to the local *IRDATAUUID*.
[b] This events occurs, if the remote *PTCP_SubdomainUUID* is equal to the local *PTCP_SubdomainUUID* and the remote *PTCP_MasterSourceAddress* is not equal to the *local PTCP_MasterSourceAddress*.

Tabelle 7: ExtChannelErrorType für ChannelErrorType „Media redundancy mismatch"

Wert (hexadezimal)	Bedeutung	Verwendung
0x0000	Reserved	–
0x0001 – 0x7FFF	Manufacturer specific	Alarm/diagnosis
0x8000	Manager role fail	Alarm/diagnosis
0x8001	MRP ring open	Alarm/diagnosis
0x8002	MRPD ring open	Alarm/diagnosis
0x8003	Multiple mananger	Alarm/diagnosis
0x8004 – 0x8FFF	Reserved	–
0x9000 – 0x9FFF	Reserved for profiles	Alarm/diagnosis
0xA000 – 0xFFFF	Reserved	–

Die Quelle einer *Media redundancy mismatch* ist immer ein Port. Wenn 2 Ports davon betroffen sind, muss der mit der niedrigeren Portnummer benutzt werden.

Tabelle 8: ExtChannelErrorType für ChannelErrorType „Sync mismatch" und für ChannelErrorType „Time mismatch"

Wert (hexadezimal)	Bedeutung	Verwendung
0x0000	Reserved	–
0x0001 – 0x7FFF	Manufacturer specific	Alarm/diagnosis
0x8000	No sync message received	Alarm/diagnosis
0x8001 – 0x8002	Reserved	–
0x8003	Jitter out of boundary	Alarm/diagnosis
0x8004 – 0x8FFF	Reserved	–
0x9000 – 0x9FFF	Reserved for profiles	Alarm/diagnosis
0xA000 – 0xFFFF	Reserved	–

Tabelle 9: ExtChannelErrorType für ChannelErrorType „Isochronous mode mismatch"

Wert (hexadezimal)	Bedeutung	Verwendung
0x0000	Reserved	–
0x0001 – 0x7FFF	Manufacturer specific	Alarm/diagnosis
0x8000	Output Time Failure – Output update missing or out of order	Alarm/diagnosis
0x8001	Input Time Failure	Alarm/diagnosis
0x8002	Master Life Sign Failure – Error in MLS update detected	Alarm/diagnosis
0x8003 – 0x8FFF	Reserved	–
0x9000 – 0x9FFF	Reserved for profiles	Alarm/diagnosis
0xA000 – 0xFFFF	Reserved	–

Tabelle 10: ExtChannelErrorType für ChannelErrorType „Multicast CR mismatch"

Wert (hexadezimal)	Bedeutung	Verwendung
0x0000	Reserved	–
0x0001 – 0x7FFF	Manufacturer specific	Alarm/diagnosis
0x8000	Multicast Consumer CR timed out	Alarm/diagnosis
0x8001	Address resolution failed	Alarm/diagnosis
0x8002 – 0x8FFF	Reserved	–
0x9000 – 0x9FFF	Reserved for profiles	Alarm/diagnosis
0xA000 – 0xFFFF	Reserved	–

Tabelle 11: ExtChannelErrorType für ChannelErrorType „Fiber optic mismatch"

Wert (hexadezimal)	Bedeutung	Verwendung
0x0000	Reserved	–
0x0001 – 0x7FFF	Manufacturer specific	Alarm/diagnosis
0x8000	Power Budget	Alarm/diagnosis
0x8001 – 0x8FFF	Reserved	–
0x9000 – 0x9FFF	Reserved for profiles	Alarm/diagnosis
0xA000 – 0xFFFF	Reserved	–

Tabelle 12: ExtChannelErrorType für ChannelErrorType „Network component function mismatch"

Wert (hexadezimal)	Bedeutung	Verwendung
0x0000	Reserved	–
0x0001 – 0x7FFF	Manufacturer specific	Alarm/diagnosis
0x8000	Frame dropped – no resource	Alarm/diagnosis
0x8001 – 0x8FFF	Reserved	–
0x9000 – 0x9FFF	Reserved for profiles	Alarm/diagnosis
0xA000 – 0xFFFF	Reserved	–

Tabelle 13: ExtChannelErrorType für ChannelErrorType „Dynamic Frame Packing function mismatch"

Wert (hexadezimal)	Bedeutung	Verwendung
0x0000	Reserved	–
0x0001 – 0x7FFF	Manufacturer specific	Alarm/diagnosis
0x8000	Frame late error	Alarm/diagnosis
0x8001 – 0x8FFF	Reserved	–
0x9000 – 0x9FFF	Reserved for profiles	Alarm/diagnosis
0xA000 – 0xFFFF	Reserved	–

Literaturverzeichnis

[1] PROFINET IO Specification V 2.3 PROFIBUS Nutzerorganisation

[2] GSDML Specification for PROFINET IO, Version 2.25 April 2010, PROFIBUS Nutzerorganisation (GSDML_Spec_2352_d225_Apr10)

[3] PROFINET IO, Application Layer Service Definition & Application Layer Protocol Specification, PROFIBUS Nutzerorganisation

Stichwortverzeichnis

T

U

V

W